LUN SHENGTAI WENMING JI QI
DANGDAI JIAZHI

张 敏·著

论生态文明及其
当代价值

吉林出版集团股份有限公司

图书在版编目（CIP）数据

论生态文明及其当代价值 / 张敏著. -- 长春：吉

林出版集团股份有限公司，2015.12（2025.4重印）

ISBN 978 - 7 - 5534 - 9812 - 6

Ⅰ. ①论… Ⅱ. ①张… Ⅲ. ①生态文明－建设－研究

－中国 Ⅳ. ① X321.2

中国版本图书馆 CIP 数据核字（2016）第 006785 号

论生态文明及其当代价值

LUN SHENGTAI WENMING JI QI DANGDAI JIAZHI

著　　者：	张　敏
责任编辑：	杨晓天　　张兆金
封面设计：	韩枫工作室
出　　版：	吉林出版集团股份有限公司
发　　行：	吉林出版集团社科图书有限公司
电　　话：	0431 - 86012746
印　　刷：	三河市佳星印装有限公司
开　　本：	710mm×1000mm　　1/16
字　　数：	239 千字
印　　张：	13.75
版　　次：	2016 年 4 月第 1 版
印　　次：	2025 年 4 月第 3 次印刷
书　　号：	ISBN 978 - 7 - 5534 - 9812 - 6
定　　价：	59.50 元

前　言

　　生态文明是指人们在改造客观物质世界的同时，不断地克服改造过程中的负面效应，积极改善和优化人与自然、人与人的关系，建设有序的生态运行机制和良好的生态环境所取得的物质、精神、制度方面成果的总和。它反映了人类处理自身活动与自然界关系的进步程度，体现了人类文明发展的一种必然趋势，成为现代文明发展的基本标志和本质体现。当代生态文明的发展状况已经成为衡量一个国家整体发展水平的重要指标。但人类要实现从工业文明范式向生态文明范式的转换，需要进行一场思想理论上的"哥白尼革命"。在我国，经济社会发展的重要目标，已经内在地构成了生态文明建设的基本内容，体现了社会主义文明体系的基本特点和发展趋势。因此，从现实的角度对生态文明建设中的问题进行理论探讨，对我国和谐社会的建设和中华文明的伟大复兴具有理论与现实意义。

　　本书认为，生态文明建设是我国经济社会发展中的现实问题，是有生命力、现实性的哲学问题。为此，要在马克思主义的生态文明思想指导下，借鉴和吸收中西方文化中生态文明的理论与实践成果，从人类文明范式的角度去反思工业文明出现的生态环境问题。在此基础上，提出了生态文明的新理念和经济发展的新范式，指导我国的生态文明建设，使中华民族引领生态文明的发展。

目　录

导　言

第一节　背景和意义

一、背景

文明是人类社会文化发展的成果，是对人类物质的、政治的、文化的生活和生产方式以及相应的创造模式的总概括，是人类社会进步的标志。从时间上看，人类文明具有阶段性，它已经经历了三个阶段：第一阶段是原始文明，约在石器时代，人们必须依赖集体的力量才能生存，物质生产活动主要是靠简单的采集渔猎，为时上百万年；第二阶段是农业文明，铁器的出现使人类改变自然的能力产生了质的飞跃，为时一万年；第三阶段是工业文明，18世纪英国工业革命开启了人类现代化生活，为时200多年。从20世纪70年代以后，人类又开启了生态文明。人类文明的历史表明：农业文明是一种黄色文明，工业文明是一种黑色文明，生态文明是一种绿色文明。因此，生态文明体现了人类文明发展的一种必然趋势。

近年来，学术界对生态文明含义与内容的探讨表明，生态文明时代的到来已经在逐渐形成一种共识。2007年，从实践的角度，中国共产党的"十七大"报告明确地提出了我国建设生态文明的要求。然而，人类要实现从工业文明范式向生态文明范式的转换，首先需要进行一场思想理论上的"哥白尼革命"，然后才有可能在实践层面上实现人与自然、人与人的双重和谐关系，进而实现人类社会与自然的协调发展。

二、理论意义

生态文明是指人们在改造客观物质世界的同时，不断克服改造过程中的负面效应，积极改善和优化人与自然、人与人的关系，建设有序的生态运行机制和良好的生态环境所取得的物质、精神、制度方面成果的总和。显然，生态文明反映的是人类处理自身活动与自然界关系的进步程度，是人类社会的重要进步标志。

随着经济社会的快速发展和生态环境问题的日益严重，生态文明在现代文明中的地位日趋突出，成为现代文明发展的基本标志和本质体现。生态文明继承和发扬了农业文明与工业文明的成果，以人类与自然的相互作用为中心，把自然界放在人类生存与发展的基础地位，强调人类与环境的共同进化，倡导对自然的开发利用应该既满足当代人的需求，又不损害后代人需求的可持续发展。在处理人与自然的关系时，应该尊重和关心生物群体，保护地球上生物物种的多样性；把非再生资源的损耗减少到最低程度，保持和关注地球的承载能力；增强人们的生态理念和环保意识，建立一个人与自然和谐相处的社会。毋庸置疑，生态文明作为现代文明的基本追求，其实现是一个长期的过程，我们要在理论上把握其不同阶段、不同领域的特点，并建构生态文明建设的总体框架，指导人类的生态文明社会建设，推动生态文明建设从初级阶段向高级阶段不断发展。

三、现实意义

在当代，生态文明的发展状况开始成为衡量一个国家整体发展水平的重要指标。生态文明作为我国经济社会发展的重要目标，已经内在地构成了我国现代文明发展的基本内容，体现了社会主义文明发展的基本特点和趋势。对于实现我国经济和社会的全面发展来讲，需要良好的生态环境和充足的自然资源作保证。但是，我国的基本国情尤其是生态环境和自然资源状况，已经成为制约我国经济和社会发展的主要"瓶颈"。在资源方面，我国人均资源占有量少，且分布很不平衡，经济发展与资源短缺的矛盾十分突出；在生态方面，许多生物物种濒临灭绝，生态系统十分脆弱，自然灾害频繁；在环境方面，随着我国工业化、城市化的加快，"三废"问题十分突出。现实向人们提出：应该摈弃以牺牲资源和环境为代价来换取经济暂时繁荣的落后的发展模式，贯彻落实科学发展观，构建人与自然和谐发展的理论，在全社会倡导生态文明，实现经济发展和人口、资源、环境相协调，坚持走生产发展、生活富裕、生态良好的文明发展道路，保证一代接一代地持续发展，建设生态文明社会。

生态文明应该成为社会主义文明体系的基础和保障。社会主义的物质文明、政治文明、精神文明离不开生态文明，没有良好的生态条件，人不可能有高度的物质享受和精神享受。没有生态安全，人类自身就会陷入不可逆转的生存危机。生态文明是物质文明、政治文明、精神文明的前提。在由农业文明向工业文明的历史性转变中，我国大大落后于工业化发达国家，然而，在这次新的文明转型中，为了避免再次落伍，我们应该抓住机遇，努力利用后发优势，加快经济发展模式的改变，大力开发生态化科学技术，实现中华民族的伟大复兴。

第二节　有关生态文明的研究综述

20 世纪 90 年代以来，面对着工业文明所造成的日益严重的人类生存问题，国内外学者在环境保护、可持续发展的基础上，提出了生态文明的范畴，并对这一范畴的理论思想展开了研究。本书主要对以下五个方面的研究展开探讨。

一、有关生态文明的提出问题

1972 年，美国学者米都斯等人写的《增长的极限——罗马俱乐部关于人类困境的报告》一书出版，书中对工业文明发展模式的不可持续性进行了批判，引起了世界各国的关注。从文明发展史的角度，这必然会引出应该以什么样的新文明来取代工业文明、21 世纪人类未来的文明是什么的问题。这就涉及对人类文明的类型划分：一种观点认为，把文明的类型划分为狩猎文明、农业文明、工业文明和后工业文明；[1] 另一种观点认为，"人类社会的文明史已经经历了狩猎文明、农业文明、工业文明，正在走向信息文明的同时也孕育着生态文明"[2]。从文献来看，更多的人主张把人类的未来文明规定为生态文明，认

---

[1]　张坤民. 可持续发展论 [M]. 北京：中国环境科学出版社，1997：3.
[2]　刘宗超. 生态文明与中国可持续发展走向 [M]. 北京：中国科学技术出版社，1997：11.

为生态文明将取代工业文明,这是一种文明的转型,是对工业文明的扬弃,是一种具有新方向、新性质、新类型、新内容的文明。同时,工业文明也不会马上消失,而是在一定程度内继续发展并逐渐发生改变。这是因为:第一,从全球范围来看,工业化发展是一个不可跨越的历史过程。目前,世界上许多发展中国家在现代化过程中正在经历一个工业化的发展过程。第二,工业化的发展仍有很大的空间。随着许多新兴技术的出现,人类仍将不断开发新兴产业,促进经济和社会发展。第三,完成工业化的发达国家,面对生态环境的破坏,并没有完全从工业文明的发展模式中跳出来,开拓生态文明的经济发展模式。第四,从文明变迁史来看,新文明产生后并不会完全消灭旧文明,而是新文明通过对旧文明的要素加以改造使其成为新文明的组成部分。这些原因决定了工业文明将继续发展与存在,人类社会未来的文明形态将是生态文明与工业文明长期并存的局面。

二、有关生态文明的含义问题

对于生态文明的英文翻译,国内外专业研究对生态文明的英译有两种,一种是把它译为"ecological civilization";另一种是译为"conservation culture"。按照学者刘仁胜的观点,把生态文明翻译成"conservation culture"尽管能够反映保护生态环境的内容,但是,译成"ecological civilization"不仅包括保护自然资源的内容,而且还包括调节社会生产关系的内容,并且,这种译法已得到了国内外一致的认可。①

关于生态文明的含义,许多学者从不同角度进行了界定。从生态文明的目的指向来划分,我们认为主要有三种观点:

第一种观点认为,"生态文明是指人类在改造客观世界的同时,又主动保护客观世界,积极改善和优化人与自然的关系,建设良好的生态环境所取得的物质与精神成果的总和"②。这类概念表明了生态文明是在工业文明之后的相对于物质文明、政治文明、精神文明的一种文明形态,是人类改造生态环境、实现生态良性发展成果的总和,强调良好的生态环境是人类生存和发展的基础,要求人类尊重自然、善待自然、保护自然。

第二种观点认为,生态文明是"把社会经济发展与资源环境协调起来,即

① 刘仁胜. 关于生态文明的英文翻译 [EB/OL]. http://sl.iciba.com/viewthread-25-409784-1.shtml.
② 邱耕田. 三个文明协调发展:中国可持续发展的基础 [J]. 福建论坛(经济社会版),1997 (3):24~26.

建立人与自然相互协调发展的新文明"①。这类概念表明了人类在改造客观世界的各种实践中，要以人类与生态环境的共存为价值取向，实现自然生态平衡与实现人类自身经济目标相统一，强调生态文明是生产发展、生活富裕、生态良好的文明。

第三种观点认为，生态文明"是指人类能够自觉地把一切社会经济活动都纳入地球生物圈系统的良性循环运动。它的本质要求是实现人与自然和人与人双重和谐的目标，进而实现社会、经济与自然的可持续发展和人的自由全面发展"②。这类概念要求社会生态系统的良性运行、社会中各种关系的相互和谐，实现人类的一切活动既能满足人与自然的协调发展，又能满足人的物质需求、精神需求和生态需求，它所追求的是人与自然、人与人的和谐境界。

三、有关生态文明与其他社会文明的关系问题

关于生态文明与物质文明、精神文明、政治文明之间的关系，实际上也是生态文明在文明结构中的地位问题，目前主要有三种观点。传统的观点认为，生态文明是物质文明、精神文明和政治文明的一个内容。这是因为物质文明、精神文明、政治文明是一类实体性的文明形式，它们具有独立性、主导性的特征，而生态文明是一种依赖性的文明形式。人们对生态文明的建设只能以物质文明、精神文明、政治文明的建设为载体和基础，因此，生态文明的成果也主要在物质文明、精神文明、政治文明中得以体现。这种观点现在已经不被大家所认可。现在流行的观点认为，生态文明建设有其自身的内容，具有相对独立性。生态文明是与物质文明、精神文明、政治文明协调发展和相互统一的主要文明形态。有学者认为："对社会结构或文明结构的认识必须要随着时代的发展而发展，自然生态环境的恶化及其对人类社会的已有的和可能的威胁，需要我们把对自然生态系统的保护纳入到人类社会实践的自觉认识与规划之中，需要在理论上承认人类社会的基本结构是经济、政治、精神和生态保护四个方面的统一，相应地社会文明结构也应该包含着四种文明形式，即物质文明、政治文明、精神文明和生态文明，而社会文明发展就是由这四个文明交互作用而推进的过程。"③ 这种观点与我国全面建设小康社会目标的要求比较一致，被大家所认可。还有一种激进的观点认为，生态文明是一种取代工业文明的更高级的

①　李红卫.生态文明——人类文明发展的必由之路 [J].社会主义研究，2004 (6)：114～116.
②　廖才茂.论生态文明的基本特征 [J].当代财经，2004 (9)：10～14.
③　黄爱宝.生态文明与政治文明协调发展的理论意蕴与历史必然 [J].探索，2006 (1)：58～61.

文明形态，"它不仅追求经济、社会的进步，而且追求生态进步，它是一种人类与自然协同进化，经济——社会与生物圈协同进化的文明"①。因此，正像有的学者认为，"生态文明与物质文明、精神文明之间并不属于并列关系，生态文明的概括性与层次性更高、外延更宽"②。这种观点是一种与生态文明发展的未来相适应的观点。

四、有关生态文明的价值观问题

关于生态文明的价值观问题，是中外学者争论最多的问题。每一种文明形态都有其特定的价值观。当前，关于生态文明的价值观研究主要有三种不同的观点：第一种观点认为，工业文明的价值观是一种以人为中心的价值观，是一种经济价值观。生态文明是对工业文明的扬弃和超越，它要求形成一种"人—自然"的整体价值观和生态价值观。③ 这是一种走出人类中心主义的价值观，国内主要以著名学者余谋昌为代表。西方学者提出了把内在价值赋予其他自然物的非人类中心主义观点，主要是以辛格（Peter Singer）、雷根（T. Regan）、泰勒（Paul W. Taylor）为代表所倡导的生物中心主义观点和以利奥波德（A. Leopold）为代表所提倡的生态中心主义观点，他们认为大自然拥有内在价值，应当给予大自然一种与人平等的地位。第二种观点认为，人类中心主义与非人类中心主义观点之争的实质是人道主义与自然主义的对立，把人类生存和发展的需要作为人类实践的终极价值尺度的人类中心主义，是作为人类的一种实践态度和人类生存的永恒支点。澳大利亚哲学家帕斯摩尔（John Passmore）正是这种观点的代表人物，在他看来，认为自然物具有内在价值的观点是根本站不住脚的，人类倡导建设生态文明，保护自然环境，最终也是为了人类自己。④ 也就是说，人对人以外的生物和整个自然界给予道德关怀，保护生命和自然界，目的是为了保护人类自己以及子孙后代的利益。只不过工业文明是一种强式人类中心主义价值观，而生态文明则是一种弱式人类中心主义的价值观。西方学者诺顿和墨迪是弱式人类中心主义的倡导者。第三种观点认为，生态文明的价值观应该是人类中心主义与非人类中心主义的整合。学者杨

① 刘湘溶. 生态文明论 [M]. 长沙：湖南教育出版社，1999：30.

② 傅先庆. 略论"生态文明"的理论内涵与实践方向 [J]. 福建论坛（经济社会版），1997（12）：29～31.

③ 申曙光. 生态文明及其理论与现实基础 [J]. 北京大学学报（哲学社会科学版），1994（3）：31～37.

④ John Passmore. Man's Responsibility for Nature [M]. New York：Ecological Problems and Western Traditions，1974：187.

通进认为，人类中心主义与非人类中心主义，不是互相矛盾的，而是相互补充的。人类中心主义、动物中心主义、生物中心主义和生态中心主义这四种理论具有各自的合理成分，因而综合它们的合理思想，建立一种既开放又统一的生态伦理学，是必要和可能的。①这种观点强调以人类整体利益为出发点，以自然价值为基础，以自然权利为核心，它有利于人们哲学价值观的转变，我们认为随着生态文明的发展，这种观点将会逐渐被大家所认可。

五、有关生态文明的建设问题

如果说工业文明的发展体现了人类线性短期的发展，那么，生态文明的发展则是非线性的可持续发展。因此，从工业文明到生态文明，将发生一系列重大的变化。美国学者莱斯特·布朗认为，经济学家和生态学家携起手来就可以构建出一种经济，这是"一个能维系环境永续不衰的经济——生态经济，要求经济政策的形成，要以生态原理建立的框架为基础。生态学家与经济学家之间的关系，犹如建筑师与建造商之间的关系，理应由生态学家给经济学家提供蓝图"②。为此，他又提出了经济增长方式的转变，"现行的经济发展模式（姑且称之为 A 模式），使世界走上了导致经济衰退并且最终崩溃的环境道路。如果我们的目标是经济的持续进步，就必须转向新的道路——B 模式"③。这就需要生产方式和生活方式的转变，要求生态文明的生产方式是无废料和无污染的生产，使人类摆脱资源匮乏、环境污染的挑战。同时，"要实现可持续发展，必须合理消费，实现消费方式的生态化"④。要求人类从过度消费向适度消费转变，目的是减少对自然资源的消耗。

我国许多学者认为，要建设生态文明，应该大力发展生态农业、生态工业、生态服务业等一系列生态产业。"生态农业是按照生态学和经济学原理，运用现代科学技术和管理手段以及传统农业的有效经验建立起来，以期获得良好的经济效益、生态效益和社会效益的现代化的农业发展模式。"⑤在生态工业发展中，要运用生态工艺技术，提高资源利用率，最大限度地减少乃至消除废弃物，减轻工业生产导致环境污染的程度，走清洁生产的道路，这就是当前在

①　余谋昌.自然价值论［M］.西安：陕西人民教育出版社，1999：58～59.
②　［美］莱斯特·布朗.林自新等译.生态经济——有利于地球的经济构想［M］.北京：东方出版社，2002：2.
③　［美］莱斯特·布朗.林自新等译.B 模式2.0：拯救地球　延续生命［M］.北京：东方出版社，2006：1.
④　刘湘溶.生态文明论［M］.长沙：湖南教育出版社，1999：115.
⑤　申曙光.生态文明及其理论与现实基础［J］.北京大学学报（哲学社会科学版），1994（3）：31～37.

我国生产实践中倡导的资源节约型经济和循环型经济。在生态服务业中，要倡导服务产业的生态化，比如：通过绿色旅游等项目，使人类的身心健康与优美环境相结合，进行游览、体育活动、保健修养等人与自然之间协调的生态文化产业，提高人们的生态文明意识。正如有学者所指出的，"一个不懂得爱护生态环境和善待生灵的民族决不能称为具有伟大文明的民族；一个没有生态学知识和生态伦理责任的人决不能称为具有高素质的现代文明人"①。

第三节　本书研究的基本架构和基本方法

一、本书研究的基本框架

哲学中的问题只有来自问题中的哲学时，才是有生命力、有现实性的哲学问题。按照这样一种观点，生态文明建设是中国经济社会发展中遇到的现实问题，既具有时代性又具有理论发展的要求。为此，本书通过深入把握和准确理解生态文明的理论内涵和价值导向等思想，来阐述有中国特色的生态文明新理念。在此基础上，按照马克思主义哲学的观点，哲学家们只是用不同的方式解释世界，问题在于改变世界。为此，本书的落脚点应该是在实践维度，构想建设生态文明的总体思路，用生态文明的理论来指导我国社会的生产和生活实践，使中华民族顺应人类文明发展的趋势。因此，本书的基本架构主要由导言和七章内容组成。

导言主要是对生态文明研究的综述，表明学术界对生态文明时代的到来基本上已达成一种共识。2007年，中国共产党的十七大政治报告明确地提出了我国建设生态文明的要求。因此，按照综合集成就是创新的原则，作者设想通过融合中、西、马哲学中的生态文明思想对生态文明范式构建中的问题进行研究，并按照理论与实际相结合的方法，推进我国的生态文明建设。

第一章，人类走向生态文明时代。人类文明的发展史表明，每一种先进的文明形态都是对前一种文明形态的扬弃，从而表现为不同文明形态的交替发展。生态文明就是继工业文明之后人类提出的一种新文明形态，它是对工业文

---

① 陈少英等．论生态文明与绿色精神文明［J］．江汉学刊，2002（5）：44.

明的扬弃，它要求人类转变狭隘的人类中心主义，抛弃无视自然权利的旧文明，转向一种尊重自然、关心自然的新文明。通过对生态文明内涵和特征的探讨，表明生态文明是在和谐的生态发展环境、科学的生态发展意识和健康有序的生态运行机制基础上，实现经济、社会、生态的良性循环与发展，并具有平等性、多元化共存和循环再生的显著特征。以人与自然之间的关系及其规律为研究对象、以探索和协调人与自然之间的关系为己任的生态哲学，为人类社会从传统的工业文明向现代生态文明的转变提供了哲学基础。

第二章，马克思、恩格斯的生态文明思想。通过对马克思、恩格斯的生态文明思想研究发现，他们的许多思想与观点具有深远的前瞻性，对于我国生态文明的建设具有重要的指导意义。首先，人与自然的辩证关系是马克思主义生态文明思想的理论基石。一是从本体论的角度出发，揭示了自然对于人类的先在性，指出了人类在改造和利用自然的同时，必须尊重和善待自然。二是从实践论的观点出发，揭示了人与自然的一致性，指出了人类在自身发展的同时要与自然共同进化、协调发展。其次，人与自然和谐发展是马克思主义生态文明思想的目的指向。从人与自然和谐发展的历史观出发，指出了遵循自然规律是人与自然和谐发展的必要条件，处理好人与人的关系是实现人与自然和谐发展的关键；最后，正确处理人口、资源、经济协调发展是马克思主义生态文明思想的实践基础。从人口再生产与物质再生产、自然再生产与物质再生产协调发展的观点出发，指出了合理解决经济建设中的环境和生态问题的关键在于正确认识自然的价值，并在开发利用自然时加大对自然的再生产力度。

第三章，生态学马克思主义的生态文明思想。生态学马克思主义者在全球面临生态环境问题的大背景下，力图把生态学与马克思主义相结合，分析当代资本主义生态危机的原因，探讨危机的解决途径，从而形成的一种新的马克思主义理论。他们主要围绕三个大的方面进行研究：一是从资本主义社会生态危机的实质和产生根源进行探究，指出资本主义生产的扩张主义动力和异化消费是导致生态危机的根源；二是从价值观方面进行研究，指出统治自然的价值观是导致生态危机的根源，要以人的需要和生态系统的限制之间的辩证运动过程为基础，来建构生态学马克思主义理论；三是从政治制度的角度进行研究，指出生态社会主义是解决资本主义危机的根本途径。这不仅为我们深入理解生态危机、树立生态意识提供了启迪，而且也为我们倡导科学发展观、丰富和发展马克思主义生态文明的理论提供了新的视角。

第四章，中国传统文化中的生态文明思想。中国传统文化中的儒、释、道三家都非常重视生态文明问题。儒家从现实生产与生活需要出发，提出的天人合一的生态自然观，尊重生命、兼爱万物的生命伦理观，中庸之道的生态实践观，对社会作用与影响最为深远。道教提出的万物一体、道法自然的生态自然观，道生万物、尊道贵德的生态伦理观，自然无为的生态实践观，强调人要崇尚自然、效法自然、顺应自然，达到"天地与我并生，而万物与我为一"的境界，有利于我国广大民众的生态文明意识的培养。佛教倡导的佛性统一的生态自然观、万物平等的生态伦理观、慈悲为怀的生态实践观，有利于佛教徒从调整心灵、善待万物的立场出发，保护生物物种的多样性。儒、释、道三家的生态文明思想，为我们解决生态危机、超越工业文明、建设生态文明提供了一些有价值的思想，值得我们珍视。

第五章，西方后现代文化中的生态文明思想。后现代主义文化产生于对现代性危机的反思与批判过程中，尤其是建设性后现代主义，不仅否定和批判现代主义，而且还积极寻求解决方法，重新建构人与自然的有机整体关系，倡导绿色经济观，建立自然价值论，重视自然权利，树立生态世界观、价值观和生态思维方式，从而形成一种不同于现代性文化的新思想体系。这一思想体系对于我国的生态文明建设具有重要的理论借鉴，使我们既可以吸取经验教训，避免犯同样的错误，又可以吸收后现代文化的新理论，建立人与自然相互作用、和谐统一的新理念，建构一种适合我国国情的生态文明建设的新理论，走一条中国式的生态文明建设的新道路。

第六章，促进我国的生态文明建设。建设有中国特色的生态文明社会是新形势下对我国提出的新的更高要求，是顺应世界文明发展潮流的必然选择，同时也是中华民族伟大复兴的重要途径。在理论上，我们要把关于生态文明的一系列思想加以总结提升，成为中国特色社会主义理论体系的组成部分，武装广大领导干部和人民群众的头脑，提高建设生态文明的自觉性。在实践上，要把生态文明的建设作为中国特色社会主义现代化建设的发展方向，尤其是目前这个阶段，生态文明的建设应与落实科学发展观、促进现代化建设与构建社会主义和谐社会有机结合。为此，为了加快我国的生态文明建设，一是要增强人们的生态文明新理念，提高生态文明意识，树立生态文明的价值观、发展观和伦理观，倡导整体性、多维性、循环性的生态文明思维方式；二是要建立生态化生产方式，推广健康的生活方式；三是要加强有利于生态文明的制度建设与技术研发，最终建立生态文明的社会。

第七章，加快我国低碳经济的建设步伐。低碳经济正是在人类温室效应及由此产生的全球气候变暖问题日趋严重的背景下提出的。人们越来越清楚地认识到，要想解决全球气候变暖的问题，必须全人类共同携手，改变高碳经济模式。因此，以低碳经济发展模式为基本内涵的新模式就提到了人类议事日程之上。

作为一种新的发展模式，低碳经济将创造一个新的游戏规则，世界各国将在新的规则下重新洗牌，以低碳经济、生物经济等为主导的新能源、新技术将改变未来的世界经济版图；低碳经济将创造一个新的金融市场，碳排放是其新的价值衡量标准，这就使基于美元和高碳企业的国际金融市场将发生大的变革，基于新能源和低碳企业的新金融市场将大有作为；低碳经济将创造新的龙头产业，在企业实现向低碳高增长模式的转型机遇期，率先突破的企业可能成为新一轮经济发展的领跑者。因此，许多学者认为，低碳经济将成为国际金融危机后新一轮经济增长的主要带动力量，成为世界各国关注的焦点。总之，低碳经济是 21 世纪人类最大规模的经济、社会和环境革命，对人类社会从工业文明向生态文明转型来说，其意义尤为重大，影响更为深远。我国政府按照生态文明的建设要求，并且明确提出：立足国情发展绿色经济、低碳经济，把积极应对气候变化作为实现可持续发展战略的长期任务，并纳入国民经济和社会发展规划，明确目标、任务和要求。这充分表明了中国政府发展低碳经济的决心，也标志着低碳经济已经进入了我国的发展战略之中。

二、本书研究的基本方法

生态文明建设是我国经济社会发展中的现实问题，是有生命力、现实性的哲学问题。马克思主义哲学中的有关自然的观点、实践的观点等是我们研究的主要理论依据，同时，在马克思主义的唯物辩证法的方法论指导下，把马克思主义的辩证自然观思想与中西方文化中关于生态文明的思想相结合，运用历史考察与逻辑分析相结合、多学科交叉与视界融合的方法，梳理总结出我们应该遵循的世界观、价值观以及生态文明的新理念。最后，按照理论与实际相结合的方法，循序渐进地推动中国经济社会的生态文明化。

总之，一是要深刻挖掘马克思主义关于人与自然辩证关系的思想，把握生态文明的理论基础；二是要按照与时俱进的思想方法，合理地吸收西方生态学马克思主义关于生态文明的理论成果；三是要按照古为今用的思想方法，有机地吸收中华传统文化的生态文明的思想和理论；四是要按照洋为中用的思想方法，消化吸收西方后现代文化中关于生态文明的理论成果。

尽管有许多学者从不同角度对生态文明进行了理论与实践的研究探讨，但是，从马克思主义和中、西方文化的角度对生态文明思想进行综合研究，目前还不多见，为此，按照综合集成就是创新的原则，系统整合中、西、马哲学中关于生态文明的思想和理论观点，构建有中国特色的建设生态文明的世界观和价值观以及文化新理念，提出经济发展的新范式，加快我国经济发展方式的转变，促进我国生态文明的建设，使中华民族引领人类社会生态文明的发展。

生态文明作为一种不同于传统工业文明的新文明而崛起，绝不是工业文明诸要素的一般性组合，而是全球文明基因在新范式建构中的优化新生。由于生态文明具有鲜明的生成性与开放性特点，因此，人类对生态文明的研究将随着生态文明的实践而不断深化。

第一章　人类走向生态文明时代

文明是表征人类社会发展程度的一个概念，它反映了人类在认识自然、改造自然的过程中，创造的一个又一个光辉灿烂的伟大成就。然而，人类的文明又是一个连绵不断的历史过程，每一种文明形态都具有产生、发展、繁荣和衰落的过程，并且，每一种先进的文明形态都是对前一种文明形态的扬弃，从而表现为不同文明形态的交替发展。在当今世界居主导地位的是工业文明，工业文明发展到今天，一方面，它极大地促进了物质财富的增加和社会的繁荣发展；另一方面，它又陷入了难以自拔的危机之中。而生态文明就是继工业文明之后人类提出的一种新文明形态，它是对工业文明造成的生态危机深刻反思的结果，它要求人类在开发利用自然的时候，必须尊重自然，保护自然，选择一条既能保持经济增长，又能保持生态平衡、资源持续利用的发展模式。因此，生态文明是对工业文明的扬弃。它要求人类转变狭隘的人类中心主义，抛弃无视自然权利的旧文明，转向一种尊重自然、关心自然的新文明。生态文明是人类在经过原始文明、农业文明、工业文明之后进行的又一次选择，随着生态文明因子逐渐发展壮大并最终成为人类文明的主导因素之时，人类文明也就实现了从工业文明向生态文明的过渡，它必将使人类重新完成自我在世界当中的角色定位，从自然的主宰者转变为自然的守护者，它必将使人类的长久生存建立在与自然和谐发展的基础上，从而使人类社会进入一个新的文明高度。

第一节　人类文明的回顾与展望

人的实践活动使自然界打上了人的烙印，从而出现了自然界的人化过程。在人类发展和自然界人化所构成的统一过程的不同阶段，产生了不同的人类文明。从历史上看，人类文明的演变经历了由低级向高级、由简单向复杂的缓慢而曲折的进化过程，既可以看到不同地域文明各自独立的演化发展，以及彼此共存、交往、争斗、融合，又可以看到发展水平不同的文明之间的共存、交往、争斗、融合，形成等级不同的文明形态的兴衰替代序列。①从纵向的文明发展水平来看，人类文明先后经历了原始文明、农业文明和工业文明三个发展阶段。目前，人类文明正处于从工业文明向生态文明过渡的阶段。回顾人类文明演化的历史足迹，有助于我们深刻把握生态文明是社会文明发展的历史必然性，有助于我们了解生态文明是社会文明进步的产物，有助于我们自觉树立生态文明观念。

一、原始文明时代——人类慑服于自然威力之下

人类从动物界分化出来以后，经历了 300 多万年的原始社会阶段。人类社会从野蛮进化到文明的标志，就是使用劳动工具。当人类经过石器时代的文化之后，文明开始产生，通常把这一阶段的人类文明称为原始文明或渔猎文明。在原始文明时代，人类成群地聚集在一个自然资源相对丰富的地区，以山洞为居室，使用简单的石块和木棒等工具，靠采摘植物的果实或茎叶，狩猎野兽、捕捉鸟类、鱼类等动物来获得自己生存所需要的食物。人类主要依靠的采集和渔猎这两种物质生产活动，都是直接利用自然物质作为人的生活资料。这时，人类的生存十分艰辛，一方面，无法抵御各种自然力的肆虐；另一方面，又时时面临着寒冷、饥饿、野兽、疾病和死亡的威胁。尽管人类已经作为具有自觉能动性的主体呈现在自然面前，但由于生产力水平极低，人类的力量在大自然面前显得非常弱小，可以说，这一时期人类慑服于自然威力之下，是自然的奴隶。因此，在原始文明时代，人类把自然视为威力无穷的主宰，视为某种神秘的超自然力量的化身。马克思在谈到古代人类和自然界的关系时指出："自然界起初是作为一种完全异己的、有无限威力和不可制服的力量与人们对立的，人们同自然界的关系完全像动物同自然界的关系一样，人们就像牲畜一样慑服于自然界，因而，这是对自然界的一种纯粹动物式的意识。"②

原始人的精神生产能力同样低下，比如文字的产生就经历了一个长时期的发展过程。随着生产的发展和生活内容的丰富，口头语言已不能满足人类的需要，便逐渐产生了记录语言的符号和文字。按照美国学者摩尔根的观点，没有

---

① 苗东升．文明的转型［J］．湖北师范学院学报（哲学社会科学版），2007（1）：1～8.
② 马克思恩格斯选集·第 1 卷［M］．北京：人民出版社，1995：81～82.

文字记载，就没有历史，也就没有文明。因此，文字的产生，扩大了语言在时间和空间上的交际职能，促进了人类文明的发展。同时，原始人的绘画、雕刻、装饰等艺术形式也是人类进入文明时代的重要表现，如在我国发现的代表新石器时代的仰韶文化的彩陶，已显示出精美的造型和高度的绘画技巧。原始人主要的精神活动是原始宗教。原始宗教产生于人类对自然力量的尊重和敬畏，原始人以图腾崇拜和自然崇拜的形式表示对自然的尊重。所谓图腾崇拜就是人类把某种动物尊奉为自己崇拜的对象，即图腾神，如凶禽猛兽。中国人把龙作为中华民族的图腾，称自己为龙的传人。所谓自然崇拜，就是在自然界之外构想了一个超自然世界，认为自然界的秩序来自超自然力量的支配和安排，许多自然事物和现象，如日月星辰、风雨雷电等均为超自然神灵的体现，从而使得原始人对它们顶礼膜拜。这种原始宗教活动表明，人类已经意识到动物和自然界对人类生活的重要意义，并初步认识到了动物和自然界的价值。

在原始文明时代，尽管人对自然界的认识和改造作用是极其有限，但也开始了推动自然界人化的过程。随着人类适应自然环境能力的增强，表现为过度的采集和狩猎，往往造成了居住地的许多物种的消失，这样就破坏了自己的食物来源，使自己的生存受到了威胁，为了解决生存危机，一方面，人类依靠迁徙找到新的食物来源；另一方面，就是引进一种新的生产和生活方式。当采集和狩猎的生产方式已经不能满足人口的增长和人类的发展需要之时，农业生产随着农业技术的发展解决了原始人的生存危机，尤其是铁器的普及，极大地增强了人类对自然资源的利用能力，创造了人类光辉灿烂的古代文明——农业文明，实现了人类历史上第一次文明的转型。

二、农业文明时代——人类对自然的初步开发和利用

原始农业和畜牧业的产生，是人类进入农业文明时代的开始。自新石器时代以来的农业革命对人类的发展产生了深远的影响。尤其是农业生产方式的出现，使人类从食物的采集者转变为食物的生产者，这种获得食物方式的转变，改变了人与自然的关系，使人类不再依赖自然界提供的现成食物，而是通过创造适当的条件，使自己所需要的植物和动物得以生存和繁衍，并改变其某些属性和习性，使自然界的人化过程得到进一步发展。农业技术的发展，对自然力的利用已经扩大到若干可再生能源，如畜力、风力、水力等，加上各种金属工具的使用，从而大大地增强了人类改造自然的能力。

在农业文明时代，一是人类对自然的认识增强了。由于农业生产，人们不

仅需要了解农作物的生产情况，还需要通过对日月星辰、水土、气候等自然现象的长期观察和经验总结，了解天文、地理和数学等方面的知识。二是人类有了用文字记载的历史，并能用文字记录人类获得的自然知识，使其在空间和时间上便于传播。三是社会出现了分工。农业生产形成的稳定食物来源，使一部分人从事维持生存以外的社会活动成为可能，使得社会出现了体脑分工，有了专门的"劳心者"，从而提高了人类的精神生产能力。因此，以农耕和畜牧为主的农业，创造了人类光辉灿烂的古代文明，有闻名世界的两河流域的巴比伦文明、印度河流域的哈巴拉文明、中美洲的玛雅文明、黄河流域的中华文明，以及古埃及文明和古希腊文明等。

但是，在人类文明史上引起大家关注的一个重要问题是：除了中华文明，其他的古埃及文明、巴比伦文明、古希腊文明、哈巴拉文明和玛雅文明在兴盛和辉煌十几个世纪之后都毁灭了。这是因为人类为了发展农业和畜牧业，砍伐和焚烧森林来开垦土地和草原，过分强化使用土地，导致千里沃野变为山穷水尽的荒凉之地。有的学者在研究这种现象时认为，"文明之所以会在孕育了这些文明的故乡衰落，主要是由于人们糟蹋或者毁坏了帮助人类发展文明的环境"①。恩格斯更是明确地指出："我们不要过分陶醉于我们对自然界的胜利。对于每一次这样的胜利，自然界都对我们进行报复。每一次胜利，起初确实取得了我们预期的结果，但是往后和再往后却发生完全不同的、出乎预料的影响，常常把最初的结果又消除了。美索不达米亚、希腊、小亚细亚以及其他各地的居民，为了得到耕地，毁灭了森林，但是他们做梦也想不到，这些地方今天竟因此而成为不毛之地，因为他们使这些地方失去了森林，也就失去了水分的积聚中心和贮藏库。阿尔卑斯山的意大利人，当他们在山南坡把在山北坡得到精心保护的那同一种枞树林砍光用尽时，没有预料到，这样一来，他们就把本地区的高山畜牧业的根基毁掉了；他们更没有预料到，他们这样做，竟使山泉在一年中的大部分时间内枯竭了，同时在雨季又使更加凶猛的洪水倾泻到平原上。"② 因此，人类农业文明带来的最严重问题就是森林植被破坏以及随后导致的土地破坏，而环境迅速恶化是造成人类文明衰落的一个重要原因。

综观农业文明时代，人类在相当程度上保持了自然界的生态平衡。这是因为这一时期社会生产力和科学技术发展较为缓慢，人类物质生产活动基本上是

---

① ［美］弗·卡特等．庄崤等译．表土与人类文明［M］．北京：中国环境科学出版社，1987：5.
② 马克思恩格斯选集·第 4 卷［M］．北京：人民出版社，1995：383.

利用和强化自然的过程，对自然的开发利用是一种局部的、表层的，缺乏对自然实行根本性的变革和改造，尽管，人类对自然的破坏具有一定的规模，并且破坏的总趋势从未中止，但这只是造成整个自然界的局部斑秃和伤痕，并没有造成严重的生态危机，"所以，尽管农业文明在相当程度上保持了自然界的生态平衡，但这只是一种在落后的经济水平上的生态平衡，是和人类能动性发挥不足与对自然开发能力单薄相联系的生态平衡，因而不是人们应当赞美和追求的理想境界"[①]。从总体上看，农业文明尚属于人类对自然认识和改造利用的幼稚阶段。

三、工业文明时代——人类对自然的掠夺和征服

18 世纪 60 年代，英国纺纱机和蒸汽机的运用，标志着工业文明时代的到来，人类开始从农业文明转向工业文明，这是人类文明出现第二次重大转型。近代工业同古代农业的重要区别就在于它广泛采用机器进行生产，机械化工业大生产是其基本特征。随着世界工业化的发展和扩大、科学技术进步在生产中的广泛引用，人类极大地促进了社会生产力的发展，并以空前的规模作用于自然界，为人类社会创造了巨大的物质财富。为此，马克思和恩格斯在《共产党宣言》中写道："蒸汽机和机器引起了工业生产的革命。现代大工业代替了工场手工业；工业中的百万富翁，一支一支产业大军的首领，现代资产者，代替了工业的中间等级。"[②]"资产阶级在它的不到一百年的阶级统治中所创造的生产力，比过去一切世代创造的全部生产力还要多，还要大。自然力的征服，机器的采用，化学在工业和农业中的应用，轮船的行驶，铁路的通行，电报的使用，整个大陆的开垦，河川的通航，仿佛用法术从地下呼唤出来的大量人口——过去哪一个世纪料想到在社会劳动里蕴藏有这样的生产力呢？"[③]人类在工业文明时代确实取得了巨大成就，到 20 世纪 70 年代达到了它的顶峰时期，"这时，人类在传统生存方式意义上的工业生产和经济增长率达到最高点；传统科学技术和精神生产达到最高点；资源开发利用的数量和人口增长率达到最高点；发达国家进入所谓高消费社会，过度消费达到高水平的鼎盛时期"[④]。

工业文明时代是人类运用科学技术的武器以控制和改造自然并取得空前胜

利的时代。在农业文明时代，由于农业生产一般只引起自然界自身的变化，它的产品是在自然状态下也会出现的生物体，因此，人们力求顺从自然、适应自然。而在工业文明时代，由于工业生产则引起自然界不可能出现的变化，它的产品是在自然状态下不可能出现的、人工制成的产品。因此，工业生产对自然条件要求较间接，与自然界的距离较远，人们就认为自己是自然的征服者，人和自然只是利用和被利用的关系。① 这就表明：工业文明的出现使人类和自然的关系发生了根本的改变，人类利用现代科学技术这一巨大力量，极大地提高了人类认识自然和改变自然的能力，使人类的活动范围扩张到地球的各个角落，并且不再局限于地球的表层，已深入到地球的内部以及拓展到外层空间，对自然界展开了无情的开发、掠夺与挥霍，自然界成了人类征服的对象，人类成为主宰和统治地球的唯一物种，成为主导生物圈变化的最重要力量。同时，使人化自然得到了前所未有的拓展。

　　然而，当人类沉浸在自己取得的伟大成就而高奏征服自然"胜利"的凯歌的时候，大自然却向人类敲响了警钟：大气严重污染，温室效应加剧，臭氧层变薄，严重淡水资源短缺，资源枯竭，森林锐减，草场退化，土地侵蚀和荒漠化，酸雨污染，环境污染，人口爆炸等，全球性的环境污染和生态危机发生了，并且严重地威胁着人类自身的生存。美国著名社会学家、未来学家阿尔温·托夫勒认为："可以毫不夸张地说，从来没有任何一个文明，能够创造出这种手段，能够不仅摧毁一个城市，而且可以毁灭整个地球。从来没有整个海洋面临中毒的问题。由于人类贪婪或疏忽，整个空间可能突然一夜之间从地球上消失。从未有开采矿山如此凶猛，挖得大地满目疮痍。从未有过让头发喷雾剂使臭氧层消耗殆尽，还有热污染造成对全球气候的威胁。"② 这就表明：一方面，我们不顾一切地运用现代科学技术，力图取得人类更辉煌的成就；另一方面，却又不得不面对日益严峻的全球性生态环境问题。这是工业文明内在形成的、自身无法解决的一个的矛盾。人类通过反思深刻地认识到，在工业文明的框架内，采用"头痛医头，脚痛医脚"的方法，不能从根本上解决问题。工业文明的时代已经走到了尽头，人类再也不能继续按照工业文明时代的道路走下去了，这是因为工业文明依赖的是一种资源浪费型、环境污染型、生态破坏型的发展方式，这种以对自然资源掠夺为主要特征的发展模式是不可持续的。也

---

① 李红卫. 生态文明——人类文明发展的必由之路 [J]. 社会主义研究，2004 (6)：114～116.
② [美] 阿尔温·托夫勒. 朱志焱等译. 第三次浪潮 [M]. 北京：生活·读书·新知三联书店，1984：187.

就是说，当人的行为违背自然规律、资源消耗超过自然承载能力、污染排放超过环境容量时，就将导致人与自然关系的失衡，造成人与自然之间的不和谐。因此，人类就必须寻找一条新的发展道路，必须对工业文明发展模式改弦更张，突破工业文明的旧框架，建设一种新的文明形态，那就是可持续发展的生态文明之路。

四、生态文明时代——人类与自然的协调发展

人与自然的关系是文明的基础，文明转型的历史使命之一就是消除工业文明中人类对自然界的野蛮行为，将人类的长久生存建立在与自然和谐发展的基础上，实现人类与自然的和谐发展。也就是说，生态文明要抛弃那种只注重经济效益而不顾人类自身生态需求和自然界进化的工业文明发展模式，强调社会、经济、自然协调发展和整体生态化，真正采用可持续发展模式，使人类的生产和生活愈来愈融入自然界物质大循环中，逼近零污染、零浪费的境界，真正实现人与自然共同发展的和谐状态。

1. 生态文明时代的标志

我们判断人类社会是否进入生态文明时代，关键就是要找到进入这一大时代的一些最显著的标志，那就是导致人类文明世界发生根本变化的两件历史性事件："一是 20 世纪 80 年代末在苏美两霸对峙中持续 30 多年之久的冷战结束和和平与发展时代的开启；二是基于环境问题已成为威胁人类生存问题的共识，1972 年联合国在斯德哥尔摩召开人类环境会议并通过了《人类环境宣言》。"[①] 这两件具有历史性影响的事件，不仅对人类文明的发展具有决定性的影响，而且还标志着生态文明时代的开始。

在 20 世纪 60 年代，当环境污染和资源紧缺已经开始对一些国家的发展产生重要影响，地球范围的生态危机已经露出了征兆的时候，一些具有"先知先觉"的有识之士就开始反思与批判近代工业文明以来的"大量生产、大量消费、大量废弃"的生产和生活方式，对人类的前景发出了警告。其中，美国学者雷切尔·卡逊在 1962 年出版的《寂静的春天》一书引起了很大的反响，该书明确指出，人类大量使用化学产品和农药，不仅正在使众多的生物濒于灭绝，而且也使人的健康受到极大的损害。环境问题如果不解决，人类将"生活

---

① 张孝德等. 生态文明与未来世界的发展图景 [J]. 中国人民大学学报，1998（3）：7～12.

在幸福的坟墓中"。1972 年，罗马俱乐部发表了他的著名研究报告《增长的极限》，该报告提出了均衡发展的概念。所谓均衡发展，一是要把人类的发展控制在地球承载能力的限度之内，二是要缩小发达国家与发展中国家之间的差距，实现人类的共同发展。

具有划时代意义的是，1972 年 6 月 5 日，联合国在瑞典的斯德哥尔摩召开了人类环境会议，会议集中讨论了两个相互关联的重要问题：如何能在不破坏环境的状态下实现发展，如何能在不妨碍发展的条件下保护环境。最后参加会议的 113 个国家的 1300 多名代表共同通过了《人类环境宣言》，宣言明确提出，整个人类只有一个共同的地球，保护和改善人类环境已经成为人类一个迫切任务。"现在已达到历史上这样一个时刻：我们在决定世界各地的行动的时候，必须更加审慎地考虑他们对环境产生的后果。由于无知或不关心，我们可能给我们的生活和幸福所依靠的地球环境造成巨大的无法挽回的损害。反之，有了比较充分的知识和采取比较明智的行动，我们就可能使我们自己和我们的后代在一个比较符合人类需要和希望的环境中过着较好的生活。"① 人们开始普遍认识到，环境与经济发展密切相关。与此同时，冷战结束，绿色运动越来越成为国际性的强大浪潮，"在生态运动的强大压力下，环境问题成为社会中心问题，促使社会政治从只处理人与人之间的社会关系，发展到也处理人与自然的生态关系，环境问题进入政治结构，使政治开始带有生态保护的色彩"②。世界各国之间的生态外交活动越来越频繁，一系列国际环保协议被签订，同时，世界各国保护环境的环保联盟正在取代军事联盟，这也是冷战结束以后全球政治生活出现的一个明显的转变。

联合国环境与发展委员会 1987 年发布的研究报告《我们共同的未来》，是人类建构生态文明的纲领性文件。总结并统一了人们在环境与发展问题上所取得的认识成果，使它们构成了一个具有内在逻辑联系的有机整体，从而为人类指出了一条摆脱目前困境的有效途径。该报告首次提出："可持续发展是既满足当代人的需要，又不对后代人满足其需要的能力构成危害的发展。"③ 这是一个包容性极强的概念。1992 年 6 月，联合国在巴西里约热内卢召开的环境与发展首脑大会，把可持续发展思想由理论变成了各国人民的行动纲领和行动计划，制定了实现可持续发展的《21 世纪议程》，它不仅使可持续发展思想在全

① 余谋昌．当代社会与环境科学［M］．沈阳：辽宁人民出版社，1986：3.
② 余谋昌．文化新世纪［M］．哈尔滨：东北林业大学出版社，1996：92.
③ 世界环境与发展委员会．王之佳等译．我们共同的未来［M］．长春：吉林人民出版社，1997：52.

球范围内得到了最广泛和最高级别的承诺，而且还为生态文明社会的建设提供了重要的制度保障。2002 年，联合国在南非的约翰内斯堡又举行了可持续发展的世界首脑会议，进一步要求各国采取具体步骤，更好地完成《21 世纪议程》中的指标，可以说，这两次联合国关于环境与发展的首脑会议是人类建构生态文明的重要里程碑。

自 20 世纪 70 年代以来，人类社会已经开始向生态文明转变。要完全实现这个转变，还需要相当长的时间，因为人类的文明史表明，人类文明的发展过程是进化与分化的统一，新的文明形态产生后并不是完全消灭了旧的文明形态，而是通过一系列"范式"① 的转变，并对旧文明形态加以改造使它成为新文明的要素，才能形成具有新方向、新性质、新类型、新内容的新文明。所以，生态文明将成为 21 世纪的主流文明形态。

2. 生态文明时代的主题

生态文明是比工业文明更进步、更高级的人类文明形态，并且是在可持续发展理论与实践基础上发展起来的文明形态。如果说以工业生产为核心的文明是工业文明，那么，生态文明就是以生态产业为主要特征的文明形态。人类必须彻底改变工业文明时代的高消耗、高污染的产业，逐渐形成有利于生态环境、可持续发展的生态工业、生态农业、生态服务业等产业体系，因此，生态文明时代的主题就是建构新"范式"，来正确处理人类生存环境与发展之间的内在关系。

在人与自然协调发展的基础上，从工业文明向生态文明的转变，需要重点做好以下的转变工作：第一，产业的生产方式如何从资源攫取型向资源循环再生型转变。生态文明的生产模式必须按照资源循环再生的原理去建构，工业文明的生产方式的最大弊端就是缺乏资源循环再生机制，这就形成了"资源—生产—消费—污染"的恶性循环。生态文明的物质生产应该是一种无废料、无破坏、零污染的生产，这就要求我们如何创建一个"资源—生产—消费—再生资源"的循环再生生产模式，使人类摆脱资源匮乏、环境污染的局面，适应生态文明的要求。第二，经济增长方式如何从外延的扩张型向内涵的质量型转变。如何搞好经济增长方式的转变，实际上就是人类如何保护好自然资源与生态环境的问题。生态文明要求构建一个人类保护自然、自然养育人类的和谐发展模

---

① "范式"这个概念是美国哲学家库恩在《科学革命的结构》一书中首先提出来的，主要是指科学共同体内认可的研究规则、标准和方法。现在这个概念被广泛使用，本书主要指文明形态的规则、标准、生产方式、生活方式等。

式，而工业文明为了满足人类的无限欲望，追求的是高投入、高产出、高消耗、高污染的扩张型经济增长方式，这必然给人类的生存环境带来严重的破坏。而质量型的增长方式主要是在提高产品的功效上下功夫，更关注的是产品的科技含量和环保质量，而不再表现为资源与能源的大量消耗上，以及产品对环境的破坏方面。第三，生活方式如何从过度消费向适度消费转变。工业文明倡导人们追求奢侈豪华的消费方式，刺激人们的消费欲望来追求经济的高增长，实现利润的最大化，这种过度消费必然造成自然资源的极大浪费，形成人与自然发展尖锐对立。生态文明倡导适度消费和健康消费，抛弃不负社会责任的消费方式，树立环境道德，以节约自然资源为荣，适应了自然资源有限性的生态化要求，保证了人与自然的良性物质能量循环。总之，生态文明时代的主题就是通过保护生态环境，实现人与自然和谐发展的目的，最终形成人与自然关系相互协调的全新范式。

第二节　生态文明时代的自然观与价值观

人类文明的进程和人与自然的关系密切相关。文明的转型首先是人对自然的认识、理解和价值发生重要变革的结果。从工业文明向生态文明的转变，正是基于自然观与价值观的转变而发生的。生态文明认为，人与自然是一个相互联系、相互制约的整体，人类只有对人与自然关系的理解和认识同人类改造自然的能力相应增长，才能在谋求自身生存和发展的实践中，控制自身活动对自然造成的影响。如果以破坏自然界的生态平衡来满足人类不断增长的物质需求，只能导致整个自然生态资源的破坏和枯竭，最终危害的是人类自身。因此，生态文明要求人类重新认识自身与自然的关系，重新认识自然的价值。

一、生态整体自然观

自然观是关于自然界以及人与自然关系的总的看法、观点。[①] 自然观的核心问题是正确理解人与自然的关系和明确人类在自然界中的地位。

生态整体自然观是自然观不断演变的产物。自从人类文明诞生以来，自然

---

① 钱俊生等. 生态哲学 [M]. 北京：中共中央党校出版社，2004：53.

观的演进已经历了这样几个变化：原始文明时代的宗教自然观；农业文明时代的有机自然观；工业文明时代的形而上学的机械自然观；生态文明时代的生态整体自然观。生态整体自然观是立足于现代科技发展的最新成就，特别是系统论与混沌学等学科的发展，把人类对自然现象及其规律性的认识向前推进了一大步，揭示了物质世界三类现象及其规律性：必然现象及其动力学规律、偶然现象及其统计学规律、既必然又偶然的混沌现象及其非线性规律。因此，当代生态整体自然观就是一种确定性混沌自然观，它是有序与无序的对立统一体，并且遵循非线性规律，它是自然观的当代形态。

生态整体自然观是对工业文明时代自然观的积极扬弃，具有显著的时代特色。工业文明时代自然观是形而上学机械论的，它把自然理解为像一部钟表似的机器，认为组成这部机器的各部分之间的联系是机械的、线性的，表现为取出、置换或者增加一个"零件"，对于大局或整体的影响微乎其微。并且还认为对这部机器的总体认识可以通过对它的各个部分的认识来实现。工业文明对于自然的这样一种机械自然观，其非常明显的缺陷就是，人类只能看到自己的生产行动所导致的较为近期的影响，较为直接的作用结果，预见不到比较远的未来将要出现的后果。人类对自然的内在复杂性的低估和对自身认识和控制能力的高估，这就造成了对自然的控制和开发利用过程，变成了对文明的根基——自然生态平衡的破坏，变成了对人类的生存环境和家园的毁灭过程。与工业文明时代自然观不同，生态整体自然观把包括人类在内的整个自然界理解为一个整体，认为组成自然整体的各部分之间联系是有机的、内在的、动态发展的，人与自然界的其他存在物都是自然整体存在链上的环节，地球的资源储量和生态环境的承载能力是有限的，如果人类的经济活动超过生态限度，自然生态平衡就遭到破坏，并且还认为人对自然的认识过程只能是一个逐步接近真理的过程。总之，生态整体自然观作为自然观的当代形态，与工业文明的形而上学机械自然观最大的不同就是：人类不再寻求对自然的控制和征服，而是努力与自然和谐相处、共同发展。因此，在生态文明时代，人类要以人与自然和谐发展的原则为依据来比较生态系统和社会系统的需求，在维护生态系统的平衡的基础上，满足人类生存和发展的需要。科学技术不再是征服自然的工具，而是维护人与自然和谐的助手。

当代生态整体自然观的形成，是在资源枯竭、环境趋向恶化、人类生存受到威胁的历史条件下，在解决这些危机的基础上实现的，因而，这种对于自然的重新认识和理解，对于人与自然关系的重新调整，构成了生态文明的自然观。

首先，生态整体自然观注重生态系统的整体性、有机性和持续性。人类深刻地认识到自然界是由一个个复杂系统构成的有机体，其中的组成要素是相互关联，相互制约，往往牵一发而动全身。这就表明人对自然界内在的复杂性有了较为清晰的了解，认识到地球上每个自然生态系统遭受破坏，整个地球都会受到影响。比如，人类砍伐一片又一片热带雨林，就有可能抑制雨林的自我恢复能力，就可能使地球上这个重要的组成部分消失，并且极大地改变全球气候。因此，人类与自然界打交道时，需要从全局性、动态性、特殊性、长期性等各个角度关注自然的反映，尊重地球上存在的各种各样的自然过程。人类不能孤立、片面地来寻求自己的发展，更不能以牺牲自然为代价来换取人的发展。

其次，生态整体自然观强调人与自然互惠共生、协调发展。人是自然进化的产物，始终是自然界的一部分，人不能脱离自然而存在，人作为生命的存在体与自然生态系统具有不可分割的联系。因此，人必须牢记自己在自然界中的恰当位置，不能站在自然界之上来改造自然而造成自然生态的破坏。人类有意识地改造自然和利用自然的活动作用，影响着自然的变化过程，就目前而言，正处在一个历史性选择的临界点上，人类既可以以现有的力量在短时间内毁灭地球的生态系统，导致人与自然遭受灭顶之灾，也可以以正在形成的生态整体自然观为指导，重建人类生态文明的新家园。这就要求我们在自然面前要有一种理智的谦卑，放弃随心所欲的狂妄；正确认识人的能动性和创造性，尊重自然规律。人类只有正确地理解和积极地顺应自然规律，才是人与自然和谐相处的前提，才是人类生存和发展的基础。

再次，生态整体自然观承认人与自然是一种平等的关系。人与其他物种都是组成大自然家庭的成员。大自然家庭中的每一种生物，不是为人类而诞生的，并不是人类的征服对象，它们理应是大自然家庭中平等的一员。而且，人与自然在本质上是一个不可分割的整体。"人类以其他自然存在物作为表现自己生命本质的对象，并不是以某一种或某一类自然存在物为对象，而是以所有自然存在物或整个自然界作为表现自己生命本质的对象。同样，人类在作为表现它物生命本质的对象时，也不是表现某一自然存在物的生命本质，而是表现整个自然界的生命本质。"[①] 人类要真正认识到，"我们站在大地之上，并非我

① 曹孟勤. 人是与自然界的本质统一 [J]. 自然辩证法研究，2006（9）：18～21.

们对大地的征服，而是大地对我们的承托；我们立于天空之下，也并非我们对天空的撑持，而是天空对我们的笼罩"①。因此，生态文明要求构建一种新型的人与自然关系，要求人类绝不凌驾于大自然之上，充当大自然的征服者和统治者，而是应在保持人与自然平等地位的基础上，师法自然，建设一种人与自然和谐相处的平等关系，实现良性互动、协调发展。如果一味只想"征服"和"统治"自然，势必破坏人与自然的平等关系，丧失人类生存的环境基础，导致人类生存与发展必然面临巨大危机。

二、对人类中心主义的反思

近代人类中心主义是从宇宙人类中心主义、神学人类中心主义演变而来，是在欧洲文艺复兴时代开始萌发的，它是伴随着近代主客二分哲学的发展和以人为中心的科学技术体系的逐渐完备基础上发展起来的。它的产生标志着人类认识上的伟大成就，表示人类对自己利益的自觉意识。尤其在冲破宗教神学的禁锢，促进人类主体意识的觉醒，曾经起到过革命的作用。它作为价值观指导人类的伟大实践，创造了整个现代工业文明。即人类为了满足自己生存与发展的需要，发挥了人的巨大创造力，改变了人从属于自然和完全依附自然的地位，人定胜天，改造自然取得了很大的成功，但是这种工业文明又是片面的，或者说是短视的。尤其是这种反自然的价值观，成为人类改造自然、破坏自然的理论根据，导致了全球范围内的环境污染与生态破坏，因此，人类在构建生态文明社会时，必须对人类中心主义价值观进行彻底的反思。

人类中心主义或人类中心论，是一种以人为中心的价值观。它的核心就是：一切从人的利益出发，为人的利益服务，以人的利益作为唯一的尺度去对待其他自然物。首先，人类中心主义把人作为唯一的价值和目的中心，自然界只是人的对象和手段。人与自然界价值地位的不平等，明显地表明了人与自然界之间的对立和斗争的关系，人类是自然生态系统中唯一的、至高无上的主人和中心，他们可以任意地支配、统治、主宰其他一切自然物，自然是人类征服和改造利用的对象。在人与自然关系中人是主体，自然是客体，人作为主体，是有确定的和有独立存在意义的实体，并且，以人的需要和利益作为判断和衡量其他一切事物的价值，认为只有人才是目的，其他一切自然物如动植物等对人来说只具有工具价值，自然本身没有内在价值，都是为了人而存在的。只关

---

① 王进. 我们只有一个地球：关于生态问题的哲学 [M]. 北京：中国青年出版社，1999：267.

注人类自身的生存和发展，无视自然界的发展变化，只知道从自然界索取，不知道对自然界给予保护和补偿。对非人类的动物、植物乃至整个自然界的关心完全是从人的利益出发。因此，这就导致了人类对自然的无情掠夺和利用，毫不顾忌自然界其他物种的生命及其内在价值。

其次，人类中心主义夸大了人的理性作用。坚信人类通过自己的理性，能对人类的整体利益与长远利益的关心而规范自身的需要，促使全球性生态危机的解决。人类盲目地认为，作为客体的自然界服从因果性、必然性以及决定论的规律，否定自然界存在目的性、偶然性和非决定性。人类通过发明制造和使用更先进、更强有力的工具，在自然界打下了自己意志的印迹，自然界也似乎向人类屈服了，人类要耕地得到耕地，要资源可以获得资源，人类想要的似乎都能得到。面对如此"驯服"的自然，人类幼稚地认为用理性可以揭示自然界的全部秘密，进而能够改造、利用和控制自然，这种理性万能的思想为人类中心主义提供了信心和可能性，为此，在决定对待自然的方式时，过高地估计了对自然界操控能力，过分地相信自己支配自然的能力，把人类当作世界的中心，把人类的意愿看成是自然的未来。这样就在满足了人类不断增长的物质需求的同时，造成了全球性的环境污染、生态危机和资源短缺的困境。这就清楚地表明，人的理性万能思想也是造成环境破坏的原因之一，这是因为人的行为是由人的思想意识支配的，人的实践活动是由人的理性支配的，这种理性万能思想助长了人类以征服者和统治者的身份粗暴地对待自然，结果造成了以人类的长远和整体利益的损失来换取一时一地的短期发展。

面对生态环境日益恶化的局面，持有人类中心主义价值观的人们也在深刻反思，并对人具有至高无上的地位也产生了怀疑，也开始强调人类应该尊重自然，要求人类应该与自然共同进化、长期共存。人类为了生存和发展，必须要向自然索取，但又不可过分索取，既要对自然进行改造，又要善待自然。学界把这种思想的转变称为由"强式人类中心主义"向"弱式人类中心主义"的转变。弱式人类中心主义的重要代表人物美国学者布莱恩·诺顿（Bryan G. Norton）认为，弱式人类中心主义是以人的理性意愿的满足为标准，肯定人类能够依据合理的价值观对人的合理性要求进行评价，从而防止人对自然界的随意破坏。如果仅仅为了个人的感性意愿而破坏自然，是一种不道德行为，人们必须对这种行为进行道德上的谴责。诺顿承认自然客体具有满足人的需要的价值，但是不承认自然界的固有价值，拒斥把内在价值赋予自然客体。弱式人类中心主义的另一位重要代表人物墨迪（William H. Murdy）认为，人类评价自身利益高于其他自然物，这是自然的。人类不同于其他生物，他们具有特殊的文化、知识和创造力，人类依据这种能力，使自己成为地球上占统治地位的物种。作为完善的人类中心主义，需要揭示自然事物的内在价值。他明确指出："一种对待自然界的人类中心主义态度，并不需要把人看成是价值的源泉，更不排除自然界的事物有内在价值的信念。"① 弱式人类中心主义的这些观点并不能被环境主义者所接受，美国哲学家胡克明确指出："人类没有哲学所封授的特权。科学的最大成就或许就是突破了盛行于我们人类中无意识的人类中心论，揭示出地球不过是无数行星中的一个，人类不过是许多生物种类中的一种，而我们的社会也不过是许多系统中比较复杂的一个。尽管这类认识给予人们以强烈的震撼，但它们使我们对自身真实状况的认识极大地清晰起来。此外，它们可能也是其他领域中任何进一步重大成就的必要条件。因此，自然主义的一个重要结论是反人类中心论的。"② 我们只有走出或超越人类中心主义，用人与自然和谐发展这种新的价值观来指导自己的行动，才能消除工业文明时代"竭泽而渔"式的发展模式，才能根本改变人类生态环境遭到重创的命运，真正建设人与自然和谐发展的生态文明社会。

三、对生态人类中心主义的选择

走出人类中心主义，是当今时代人类的必然选择。在消除把人作为自然对立的主体的人类中心主义价值观之后，人类需要在人与自然关系中重新为自己定位，要求人从"自然的主人"地位向"自然普通一员"地位的转变。为此，依据人类道德关怀对象范围的不同，主要包括生物中心主义和生态中心主义。

生物中心主义的主要代表人物有法国哲学家阿尔伯特·施韦兹（Albert Schweitzer）、美国哲学家皮特·辛格（Peter Singer）和保罗·泰勒（Paul Taylor）。施韦兹第一次明确地提出把价值领域扩大到所有生命的观点。他在《敬畏生命》一书中认为，自然界每一种有生命的或者具有潜在生命的物种都有某种神圣的或内在价值，应当受到尊重。辛格在《动物解放：我们对待动物的一种新伦理学》一书中认为，要把人类平等的原则扩展到动物身上。他认为，种族歧视主义者由于过分强调自己种族成员的利益，而违背了人类的平等原则。同样，物种歧视主义者为了人类的利益而牺牲其他物种的利益，这也是

---

① 　William H. Murdy. Anthropocentrism：A Modern Version，Science，Vol. 187，pp. 1168～1175.
② 　钱俊生等．生态哲学［M］．北京：中共中央党校出版社，2004：264.

违背了大自然物种之间平等的原则。泰勒发展了施韦兹的生物中心主义思想，坚持生物的平等主义价值观。他认为，所有的生命存在物，从变形虫到人类虽然有不同的自组织方式，但是它们都有维持生存的生命目的，自身是目的就是内在价值，就具有自身的善，因而，所有的生命存在物都具有平等的内在价值。

生态中心主义认为，生物中心主义只是强调物种的价值与权利，而生态系统比物种更加重要，它不及包括生物，还包括构成生态系统的非生物的自然存在物，提倡整体主义的价值观。生态中心主义的代表人物是美国的环境主义者利奥波德（Aldo Leopold），他认为，人类不应该把自然环境仅仅看作是供自己享用的资源，而应当把它看作是价值的中心，生物共同体具有最根本的价值。他提出了一个著名的观点："当一个事物有助于保护生物共同体的和谐、稳定和美丽的时候，它就是正确的，当它走向反面时，就是错误的。"① 这就是说，生物共同体成员的价值要服从其整体的价值，这样，他就把地球生态系统作为价值的评判标准，以是否有利于地球生态系统的存在状况作为判断人的行为是否正确的标准。因此，人类必须转变自己的角色，从生物共同体中的征服者，转变为生物共同体中平等的一员，承担起对土壤、水、动植物等生物共同体的责任和义务。

面对人类中心主义和非人类中心主义的争论，作者认为他们都有失偏颇，都不能成为生态文明时代的价值观。弱式人类中心主义面临着难以克服的困难，它提出的在尊重自然规律基础之上，以人类利益的实现为中心的合理性，或称为有责任的支配，这是以世界彻底可知的乐观主义为前提的，对于现实人类而言，这个前提只不过是一种理想状态，所以这种合理性只是一句空话。而生物中心主义与人类中心主义一样，是站在"主客二分"的立场上，这只是从一个极端走向另一个极端，在逻辑上不能自圆其说，也是自相矛盾的。整体主义立场上的生态中心主义，把人类降为生态系统的一般物种，"主体性"和"自由"等概念都被消解，没有了人，只有自然的必然性，这种价值观念对于我们建设生态文明没有指导意义。

因此，我们认为需要整合人类中心主义和非人类中心主义中的合理部分，其前提就是既要关注人类与自然的生态关系，防止人类对自然的损害，又要关注建立一个符合人类目的和需要的人类世界。根据这样一种思路，生态人类中心主义是生态文明时代的必然选择。一方面，生态人类中心主义是从人与自然

---

① ［美］利奥波德. 侯文蕙译. 沙乡年鉴 [M]. 长春：吉林人民出版社，1997：213.

的生命联系中考察人类的地位，人类在自然界里的中心地位是相对的。生态人类中心主义认为，人作为物质性的生命体存在于自然生态系统中，并与其他生命体相互联系、相互作用，共同构成生态有机整体，离开了生态系统中的其他生命体的存在与发展，人类的生命也就会终结。虽然现代人类在自然生态系中已处于主动地位，但人始终是其中的一员，人的生存、繁衍、发展，都要从自然生态系统中获取物质与能量。所以，反对人与自然割裂的主客二分观来对待人类的中心地位。因为在生态系统中，人与其他自然物互为环境。生态人类中心主义是一种相对的人类中心主义。也就是说，"在将其他自然物作为人类的环境来看待时，人类处于'中心'的位置；但如果把人类作为其他自然物的环境时，其他自然物则处于'中心'的位置"①。这样，从人与自然的内在联系来看，自然生态环境的利益与人类自己的利益是一致的，因此，人类应自觉以维护生态系统的整体利益和价值作为人类实践的出发点，这就使人类从个体中心主义转向生态整体主义。

另一方面，过去我们理解的人类中心主义，实际上并不是以"类"为中心，而是以某个国家、某个民族、某个地区甚至某一部分人为中心。在生态人类中心主义看来，人类并不是彼此分隔的一个一个的原子，而是相互联系、休戚与共的整体。"所谓人类存在的唯一性，就是地球上只有一个人类，并不是有多少个民族就有多少个人类的存在。任何民族作为类整体的一部分，都不能凌驾于类整体之上，代表人类而存在。"② 所以，生态人类中心主义在处理人类与自然的利益关系时，要以人类整体利益为中心，要把整个人类的生存和发展的需要作为人类实践的终极价值尺度。这里的人类利益不是代表某个国家、某个集团，而是代表人类整体的、长远的、根本的利益。具体来分析，主要包括两方面的内容：代内之间的人类整体利益和代际的人类整体利益。

因此，这种真正以"人类"的生存与发展利益为中心的生态人类中心主义，必将摆正人类在大自然中的位置，必将超越工业文明时代那种认为保护环境只是一种权宜之计的肤浅的观点，大大改善人与自然的关系，自觉地把维护地球的生态平衡视为实现人的价值和主体性的重要方式，把关心生态系统中其他物种的命运视为人的一项重要使命，把人与自然的协调发展视为人类在生态文明时代的一种新的存在方式。

---

① 王进．我们只有一个地球：关于生态问题的哲学 ［M］．北京：中国青年出版社，1999：273.
② 张孝德等．生态文明与未来世界的发展图景 ［J］．中国人民大学学报，1998（3）：7～12.

第三节　人类对生态文明的认识

生态文明是在"解构"①工业文明的范式中产生的一种新文明。虽然目前还没有出现被广泛认可的、具体化的生态文明范式，但从全世界的角度来看，人类对生态文明的认识和研究，已经在可持续发展理论的基础上向前迈进，它要求我们转变工业文明的自然观与价值观，建构生态文明时代的物质生产方式、生活消费方式以及经济增长方式等新范式，在自然生态进化规律与人类社会发展规律的基础上，建设一个人与自然和谐发展的生态文明时代。因此，需要我们对生态文明的概念、特征，以及哲学理论基础有一个更加明晰的认识和理解。

一、生态文明概念的界定

生态文明不是一种局部的社会经济现象，而是相对于农业文明、工业文明的一种社会经济形态，它是比工业文明更进步、更高级的人类文明新形态。应该说，生态文明是一个既高度复杂又有广泛认同的概念，如何对它加以科学的界定和阐明，需要把文明和生态的概念融入生态文明的内涵中。

按照美国学者摩尔根的观点，文明是人类社会发展到高级阶段的产物，文明是与蒙昧、野蛮相对应。他认为在人类最近的 10 万年历史中，蒙昧时期占6 万年，野蛮时期占 3.5 万年，文明时期只有 5000 多年。一直以来，文明是指人们改造世界所获得的对人类生存和发展有价值的物质成果和精神成果的总和。具体表述为：文明是指人类借助科学、技术等手段来改造客观世界，通过法律、道德等制度来协调群体关系，借助宗教、艺术等形式来调节自身情感，从而最大限度地满足基本需要、实现全面发展所达到的程度。② 它既从历史的纵坐标反映人类社会的发展程度，又从历史的横坐标反映一个国家或民族的经济、社会和文化的发展水平与整体风貌。因此，文明是表征人类社会进步的标志。

---

① "解构"这个概念来自于后现代哲学流派解构主义中的一个术语，此处表示对工业文明的批判和改变。
② 陈炎. 文明与文化 [J]. 学术月刊, 2002 (2).

生态，在英文中用"ECO"表示，源于希腊文"Oikos"，意为"人和住所"。原始的生态概念，是在生态学中用它来表示生物有机体与其他生物之间、与非生物之间的关系。随着人们对生态问题的研究与深化，"生态"的含义理解为"生物和人类与环境的关系"。环境与生态并非同一个概念。任何事物的主体都有环境，但并非任何事物都有生态。生命和非生命都处于一定的环境中，但只有生命处于生态中。生态是生命的环境。对任何生命而言，其环境都是一个生态系统。这里所指的环境不仅包括无机环境如土壤、气候等，也包括有其他生物组成的有机环境。在生态系统中，物质循环与能量流动是通过食物链环环相扣地运行着，任何一种自然物都在这个系统中发挥着自己特有的功能。人是生物群落中的消费者。他处于生物群落中生产者和分解者的关系之中，处于非生物环境的能量交换之中。在有人参加的生态系统中，主要存在着人与自然、人与社会这两个子系统的统一。生态系统的平衡就是这两个子系统及其相互之间的平衡，即"自然—人—社会"的生态系统平衡。① 因此，目前对人类的生态环境的理解不仅包括自然环境，还包括政治环境、经济环境、文化环境和社会环境。

由于对生态和文明概念的不同理解，造成对生态文明概念的界定也是众说纷纭，仁者见仁、智者见智。本书在导言关于生态文明的研究综述里已经比较分析了三种类型的生态文明概念，从生态文明概念的不同指向，表明人对生态文明的认识与理解有很大的差距，同时也反映了生态文明概念逐步递进的发展理念。然而，我们认为第一种类型的概念，是针对包括人在内的自然生态系统的平衡为目标而界定的，比如，俞可平认为，"生态文明就是人类在改造自然以造福自身的过程中为实现人与自然之间的和谐所做的全部努力和所取得的全部成果，它表征着人与自然相互关系的进步状态"②。直接反映出其概念提出的实践意图，保护与恢复自然生态平衡，它是生态生产发展水平及其成果的体现，是社会文明在人类赖以生存的自然环境领域的扩展和延伸。第二种类型的概念，是针对可持续发展的理论而界定的，能更好地与当前可持续发展战略相吻合，生态文明就是要求人类通过有意识、有目的的实践活动，创造人类所需要的各种物质产品，满足人类生存与发展的需要。做到既改造和利用自然，又保护自然，维护人与自然的协调发展，尤其对解决当前工业文明造成的生态危

---

① 李良美. 生态文明的科学内涵及其理论意义 [J]. 毛泽东邓小平理论研究，2005 (2)：47～51.
② 俞可平. 科学发展观与生态文明 [J]. 马克思主义与现实，2005 (4)：4～5.

机具有很强的针对性。第三种类型的概念，超越了人与自然的关系，认为生态文明不仅要积极改善和优化人与自然的关系，同时也要协调和优化人与社会的关系。这是一种理想的要求，也是生态文明的发展方向和目标，反映了历史发展的必然趋势，如国家环境保护部潘岳所提出的，"生态文明，是指人类遵循人、自然、社会和谐发展这一客观规律而取得的物质与精神成果的总和；是指以人与自然、人与人、人与社会和谐共生、良性循环、全面发展、持续繁荣为基本宗旨的文化伦理形态"①。它所追求的人与自然、人与人和谐的境界与马克思所讲的共产主义理想相一致，"这种共产主义，作为完成了的自然主义，等于人道主义，而作为完成了的人道主义，等于自然主义，它是人和自然界之间、人和人之间的矛盾的真正解决"②。因此，生态文明是在和谐的生态发展环境、科学的生态发展意识和健康有序的生态运行机制基础上，实现经济、社会、生态的良性循环与发展。生态文明是人类社会全面进步的一个重要标志。

二、生态文明的主要特征

文明的发展是一个历史过程。目前，生态文明正处于不断发展的过程之中，其内涵也在不断丰富之中，为了了解生态文明发展的趋势和方向，我们需要通过深刻理解生态文明的主要特征来把握。生态文明具有以下三个主要特征：

首先，平等性是生态文明最根本的特征。生态整体自然观告诉我们，人类与自然处在生态复杂巨系统中，人与其他物种并没有高低之分，对整个生态系统而言，都具有不可缺少性，从而维持整个生态系统的稳定和完整。生态文明的发展就是要消除工业文明的不平等发展模式：一是消除人与自然的不平等关系。在工业文明时代，人类把自己的发展建立在掠夺自然的基础上，而在生态文明时代，人类的发展建立在人与自然平等的基础上，实现人类与自然的和谐发展。二是努力消除国家之间的不平等地位。工业文明是以少数国家奴役、剥削大多数国家为前提建立起来的。他们在经济、政治、军事、文化上追求霸权主义，坚持不合理的国际政治经济格局和弱肉强食的游戏规则，维护本民族的发展。而在生态文明时代，着眼于全人类的平等与发展，承认人类在地球上存在的唯一性，从人类统一性的高度来认识民族国家的存在，认为任何民族的存在与发展都必须以其他民族的存在与发展为前提，人类是一个密不可分的整

① 潘岳. 社会主义生态文明［N］. 学习时报, 2006-9-27.
② 马克思恩格斯全集：第 42 卷［M］. 北京：人民出版社, 1979：120.

体。因此，从全球范围来看，生态文明的发展，迫切需要建构一个以维护世界和平与发展、民族平等为核心的、公正、公平的世界政治经济新秩序。三是在国家内部，生态文明强调全体社会成员公正平等的地位，人人为国家层面的人类社会生态系统创造应有的贡献，同时也拥有公平地享受这个系统的好处。也就是说，"人人都能过上高质量的生活，都有受教育的机会，都能得到卫生医疗保健，都有丰富健康的文化娱乐生活，都能享受到社会发展的成果"①。人类还要在代内公平的基础上，追求代际公平，实现占有社会产品和自然资源的数量、质量与承担生态责任之间的统一。当代人要为后代人保留优美的生态环境和发展资源。

其次，多元化共存是生态文明最基本的特征。在自然生态系统中，不同物种相互共存，它们之间存在着相生相克的相互制约关系，这种关系可以保持整个生态系统的稳定，不会因某种生物过分的发展而导致其他物种的灭绝。这种生态法则对我们理解生态文明有很大帮助。在人类社会的生态文明发展进程中，要正确处理人与自然的关系，不能因为人类的过度发展，而导致其他生物物种的消失，更不能导致地球生态系统的破坏，目前，地球仍是唯一适合人类生存的星球，因此，人类要有计划地控制人口发展，积极保持生物物种的多样性，维护地球生态大系统的平衡与完整。要正确处理人与人的关系，要消除工业文明的单一化发展模式和高消费的生活方式，这种单一范式造成了人们都集中于城市、围绕相同的能源而过度竞争，竞争的结果造成了能源的短缺，环境的污染，必然造成生存空间和能源利用的不合理，因此，生态文明要建构多元化共存的模式，在世界各国竞争与共生的相互制约中，由于地域、民族、宗教、文化传统、社会制度、社会发展水平的不同，因此，各国生态文明发展的进程也不同。如何使人类文明在多元化的时空中共相发展，充分发展和全面提升全世界的民族多样性，实现生态文明的全球化与本土化的和谐统一，最终使人类社会的文明像多样化物种共生的生态自然一样实现生态化，是人类在生态文明时代的主要历史使命。

再次，循环再生是生态文明最显著的特征。自然生态系统能够保持稳定与发展的一个很重要的原因，就是其内部的循环再生机制。从无机环境和太阳光能中获取生命所需的物质与能量的植物，到以植物为食物的食草动物，再到以食草动物为食物的食肉动物，最后还有以腐生物为食物的数量巨大的微生

---

① 廖才茂．生态文明的内涵与理论依据［J］．中共浙江省委党校学报，2004（6）：74～78．

物。这样就构成了一个循环再生的生物链再生系统。在这个循环再生的生物链系统，自然界中的物质从生产到消费，又经过微生物的分解回到自然中，形成的物质循环再生中没有"废物"之说。比如，动物所排出的二氧化碳是一种呼吸后的废物，这正是绿色植物所需要的一种基本营养。我们看到工业文明的生产方式就是缺乏这种循环再生机制。它是一种高消费刺激高产出，高产出凭借高投入，高投入引起高消耗和高污染，形成了"生产—消费—污染"的恶性循环。人类生态文明的发展模式也必须按照这种循环再生的机制去建构。可喜的是循环再生机制已经被世界各国所认可，并在积极的发展之中。逐步形成了"资源—产品—消费—再生资源"的物质反复循环利用的经济发展模式，实现低开采、高利用、低排放，努力实现经济效益、生态效益和社会效益的最大化。目前，"3R"原则正成为循环再生机制的操作原则。第一，减量化（Reduce）原则，目的是减少进入循环再生系统中的物质，节约资源和能源。第二，再利用（Reuse）原则，目的是提高产品和服务的利用效益，比如，要求许多产品的包装多次使用。第三，再循环（Recycle）原则，产品完成使用功能后进入循环再生系统，经过处理重新变成资源。因此，通过建构无数个大大小小的循环再生系统，促使整个生态文明健康稳步发展。

总之，生态文明表达了人类保护环境、优化生态与社会的全面发展高度统一，体现了社会、经济与资源的可持续发展思想，符合人类社会的根本利益。

三、生态文明的哲学基础

哲学的最大功能是提供人类文明发展的整体范式，进而指引人类从事各种物质与精神的实践活动。人类要实现从工业文明范式向生态文明范式的转变，就需要一场哲学理论上的哥白尼式的革命。与工业文明时代立足于主客二分的二元论哲学的机械世界观范式相比，生态文明时代立足于生态哲学的整体世界观同它有了根本的不同。正如美国物理学家卡普拉认为，在生态世界观中，一切现象之间有一种基本的相互联系和相互依赖的关系。它要求把部分和整体的关系颠倒过来。在以笛卡尔为代表的传统哲学中，部分是首要的，整体的动力学由部分的性质决定。在新的生态世界观中，整体的动力学是首要的，它决定部分的性质。①

---

① ［波］维克多·奥辛廷斯基. 徐元译. 未来启示录：苏美思想家谈未来［M］. 上海：上海译文出版社，1988：245.

　　首先，生态哲学认为世界是系统性的关联存在，是由各种共生的关系网络构成的有机整体，而不是近代哲学所认为的世界是由机械联系和简单的因果线性关系的物质实体构成。在人与自然关系方面，生态哲学认为，人与自然共同存在于生物圈这个不可分割的有机整体中，整个生物圈形成了人类与各种生物以及生态环境构成的关系网络中，是一个相互相异、自稳自组、共生相融的生态巨系统，这个生态巨系统是由一个一个的小系统组成的有机整体，并且每一个小系统都成为更高一级系统的环境，其中任何一个小系统都会对整个系统产生影响。系统的整体性是生态哲学的本质特点。因此，尽管人类是自然界进化的"万物之灵"，对其他系统产生着能动的复杂的影响，但人类不是"万物之主"，人类要从属于生态系统，要求人及其社会活动必须遵从自然规律，承担维护生态系统整体稳定和发展的责任和义务。人类作为生态巨系统的组成部分，他们的利益受生态系统整体利益的制约和影响。

　　其次，生态哲学认为世界是一个自组织演化的动态过程。"人—社会—自然"作为一个复合的自组织演化的系统整体，宏观整体上的有序状态，是通过系统内部的自组织力与系统外部的环境影响力相互作用形成的一种动态平衡的形式。这就表明，"在宇宙的演化过程中，不断创造着众多的事物，创造着事物之间的关系，创造着不同层次的结构和整体上的有序性。正是由于宇宙演化过程中的创造性，自然界的演化才出现了从简单到复杂，从低级到高级，从无机界到有机界，进而到人类社会的一系列质的演进和飞跃"①。所以，人的存在状态、性质及其发展趋势，与自然生态系统密切相关，人类正是在"人—社会—自然"复合生态系统自组织演化中生成、发展，并丰富自身的本性。在生态世界观看来，人与自然组成的复杂生态系统，是一个不断打破原有的平衡，又不断创造着新的平衡的动态过程，人类作为有理性的实践者，应该成为生态系统发展过程中平衡的引导者、调控者和建设者，有效地促进生态系统整体的优化，从而实现人与自然、人与社会的协调发展。

　　第三，生态哲学是从人类与自然的生态系统进化过程中来把握人类的价值。生态哲学认为，人类的价值，不仅存在于人类社会之中，而且还存在于自然界的进化之中。人与自然组成的生态系统整体发展是一切价值之源。因此，从系统的观点来看，人的价值不能高于生态系统的整体价值。而近代主客二元论哲学片面地强调人的价值的观点，为了实现人类的价值而把自然界作为征服

和统治的对象，结果在破坏生态系统整体价值的同时，也使自身的最根本价值——生存价值受到了损害。生态哲学的观点告诉我们，人类的价值应该在保护生态系统整体价值的基础上来实现。一方面，人类必须尊重自然、爱护自然，维护生态系统的稳定性、完整性和多样性，保护生物物种的多样性；另一方面，人类应该把人类整体与自然的协调发展作为自己的使命，把地球视为全人类共有的家园，地球的所有权属于全人类，而不属于任何一个具体的民族或国家，反对民族和国家的狭隘眼界，倡导人类共同遵循生态系统的发展规律。

最后，生态哲学从生态系统的整体的角度，承认自然界自身具有内在价值。E. 拉兹洛认为："所有系统都有内在价值。它们都是自然界强烈追求秩序和调节的表现，是自然界目标定向、自我维持和自我创造的表现。"① "每一生命有机体与活的复杂系统对于整体生态系统而言，都具有不可缺少性，并且本身都具有自我修复、自我完善能力，即具有自我目的性，因而具有自身内在价值。"② 从价值论的观点，工业文明就是由于人类忽视或者不承认自然的内在价值，为满足自己单方面需要，过度地对自然的改造和开发利用。因此，自然的内在价值不是根据对人类是否有用而确定的，而是作为地球生态系统整体的组成部分，服务于生态系统的发展和动态平衡所固有的。"例如在荒野中，有非常丰富的物种，它们的存在和运转是地球上生命维持系统的重要组成部分，它们支持地球上人和其他生命的生存以及生物物种的多样性。"③

人与自然的关系是哲学史上永恒的主题，而生态哲学恰恰就是以人与自然之间的关系及其规律为研究对象，它的产生与发展，必将为人类从传统的工业文明向现代生态文明的转变提供哲学基础。

---

① [美] E. 拉兹洛. 闵家胤译. 用系统论的观点看世界 [M]. 北京：中国社会科学出版社，1985：109.
② 杨冬梅. 生态文化的哲学蕴涵 [J]. 襄樊学院学报，2007 (4)：10～12.
③ 余谋昌. 自然价值论 [M]. 西安：陕西人民教育出版社，2003：72.

第二章　马克思、恩格斯的生态文明思想

生态文明是当代学术界从反思人与自然关系的演化进程，面向生态环境危机的严峻现实，展望人类生存发展前景等一系列活动中提升出来的文明新形态。然而，当我们深入研究马克思主义的经典著作，就不难发现马克思和恩格斯在揭示资本主义社会的经济危机和工人阶级的历史使命时，同时也提出了许多丰富而深刻的生态文明思想。但由于马克思和恩格斯生活的时代，社会生产力水平相对于今天来说还很低，工农业生产与人类社会生活对生态环境的破坏不像今天这样突出。处于当时的历史条件下，马克思和恩格斯不可能就生态问题进行专门的系统研究，因而，马克思、恩格斯关于生态文明的理论是零散地存在于他们的经济、社会、政治、哲学等理论体系中。我们在研究中深刻认识到，马克思和恩格斯的生态文明思想与许多生态观点超越时代局限，具有深远的前瞻性，对于当代人类解决环境问题、生态危机有重要的指导意义。其中，马克思和恩格斯关于人与自然辩证关系的思想，人类与自然界和谐发展的观点，以及正确处理人与自然关系的理论，深刻揭示了人与自然的关系及其对经济和社会发展的重大影响和作用，可以说是马克思主义生态文明的基本思想，是我们构建社会主义生态文明社会的理论基础和行动指南。

第一节　人与自然的辩证关系是马克思主义
生态文明思想的基石

人与自然的关系是一切哲学自然观研究的核心问题。哲学自然观的任务就是对人与自然关系做出理解和阐释，以便为人们处理自身与自然的关系提供某种范式，规范人类对待自然的行为。马克思和恩格斯创立的辩证唯物主义自然观是对旧的哲学自然观、特别是黑格尔哲学自然观的积极扬弃。恩格斯曾经写

道："马克思和我，可以说是把自觉的辩证法从德国唯心主义哲学中拯救出来并用于唯物主义的自然观和历史观的唯一的人。"① 马克思和恩格斯不仅坚持唯物主义的基本原则，承认自然界的客观实在性及其对于人类的优先地位，而且批判性地吸取了黑格尔关于劳动中介性的观点，确立了从实践出发去考察人与自然关系的视角，既从生存实践的观点去理解人与自然的分化与对立，又从生存实践的原则去探寻人与自然的和谐统一，从而真正揭示了人与自然关系的全部奥秘，成为我们当今研究马克思主义生态文明思想的理论基础。

一、从本体论的角度揭示了自然对人的先在性，决定了人必须尊重和善待自然

在马克思和恩格斯看来，自然界先于人类而存在，人起源于自然界，并且是自然界发展到一定历史阶段的产物。同时，自然界是人生存和发展的前提和基础，人存在于他们的环境中并且和这个环境一起发展。因此，人离不开自然界，对自然界具有根本的依赖性，人类必须尊重和善待自然。

1. 人类是自然界的一部分

马克思认为人类是自然界中的一员，而非外来的征服者。他指出："所谓人的肉体生活和精神生活同自然界相联系，也就等于说自然界同自身相联系，因为人是自然界的一部分。"② 人作为自然生态系统中的一员，必然与其他自然物有着共生共存的关系。

首先，人类是自然界的产物。马克思认为："整个所谓世界历史不外是人通过人的劳动而诞生的过程，是自然界对人说来的生成过程，所以，关于他通过自身而诞生、关于他的产生过程，他有直观的、无可辩驳的证明。"③ 恩格斯也认为："我们连同我们的肉、血和头脑都是属于自然界和存在于自然界之中的。"④ 自然界先于人类历史而存在，人类是自然界长期进化的产物。

其次，人是自然的存在物。马克思认为："人直接地是自然存在物。人作为自然存在物，而且作为有生命的自然存在物，一方面，具有自然力、生命

---

① 马克思恩格斯选集·第 3 卷 [M]．北京：人民出版社，1995：349.
② 马克思恩格斯全集·第 42 卷 [M]．北京：人民出版社，1979：95.
③ 马克思恩格斯全集·第 42 卷 [M]．北京：人民出版社，1979：131.
④ 马克思恩格斯选集·第 4 卷 [M]．北京：人民出版社，1995：383～384.

力，是能动的自然存在物；这些力量作为天赋和才能、作为欲望存在于人身上；另一方面，人作为自然的、肉体的、感性的、对象性的存在物，和动植物一样，是受动的、受制约的和受限制的存在物，也就是说，他的欲望的对象是作为不依赖于他的对象而存在于他之外的；但这些对象是他所需要的对象；是表现和确证他的本质力量所不可缺少的、重要的对象。"① 马克思把人作为自然存在物来看待，具有多方面的生态伦理意义：①人作为自然存在物，是自然大家族中的一个成员，他应该关心和爱护自己的家园，善待自然界。因此，我们要重新审视我们的价值观、伦理观，要树立同其他自然存在物一荣俱荣、一损俱损的生态伦理意识，摆正人在自然界中的位置。②人作为自然存在物，是自然界中唯一具有自觉意识，并且能体察到生态危机的能动的生命物。因此，在保护自然生态平衡，维护其他物种生存权利方面，人类有着不可推卸的道义责任。③人作为自然存在物，他的一切活动都要受到自然规律的限制和约束。这就要求人类不可莽撞行事、胡作非为，而应该自觉地按生态自然规律办事，这样才能合理地利用自然资源，维护自然生态系统的平衡。

最后，人是属人的自然存在物。人既能通过自己的劳动占有外部世界，又能通过自己的劳动使自然界受自己的支配。正如马克思所指出："人不仅仅是自然存在物，而且是人的存在物，也就是说，是为自身而存在着的存在物，因而是类存在物。他必须既在自己的存在中，也在自己的知识中确证并表现自身。"② "有意识的生命活动把人同动物的生命活动直接区别开来。正是由于这一点，人才是类存在物。"③ 人不是为了其他自然存在物的存在而存在着，而是为了自身的存在而存在着。人类爱护动植物，保持生态平衡，是为了更好地实现人类的整体利益和自身生存与发展的需要。

2. 人类要靠自然界生存与发展

人是有生命的存在，需要靠自然来维持自己的生存，人对自然有高度的依赖性。离开自然的人就失去了获取物质生活资料以及人与自然之间进行物质、能量、信息变换的可能性。自然界不仅为人类提供赖以生存、发展的物质资料，而且还给人类提供丰富的精神食粮。因此，人类的生存和发展无论是从物质的层面还是精神的层面上来讲，都要依赖自然界。

---

① 马克思恩格斯全集·第 42 卷 [M]．北京：人民出版社，1979：167～168．
② 马克思恩格斯全集·第 42 卷 [M]．北京：人民出版社，1979：169．
③ 马克思恩格斯全集·第 42 卷 [M]．北京：人民出版社，1979：96．

首先，自然界是人类生存与发展的物质前提。作为人类生存物质基础的自然界，是人类物质生产活动的自然环境和自然条件。马克思指出："人（和动物一样）靠无机界生活，而人比动物越有普遍性，人赖以生活的无机界的范围就越广阔……人在肉体上只有靠这些自然产品才能生活，不管这些产品是以食物、燃料、衣着的形式还是以住房等等的形式表现出来。"① 在强调自然界对人的重要性时，马克思还提出了"自然界是人的无机的身体"的命题。"自然界，就它本身不是人的身体而言，是人的无机的身体。人靠自然界生活。这就是说，自然界是人为了不致死亡而必须与之不断交往的、人的身体。"② 既然自然"是人的无机的身体"，是与人类生存和发展息息相关的，那么，人类就应该像对待自己的身体一样来对待自然界，要求人类树立应有的环保意识和生态伦理意识。

其次，自然界给人类提供了丰富的精神食粮。自然界是人的精神的无机界，人的情感、意志、智慧和灵气都是大自然赋予的。马克思认为："从理论领域说来，植物、动物、石头、空气、光等，一方面作为自然科学的对象，一方面作为艺术的对象，都是人的意识的一部分，是人的精神的无机界，是人必须事先进行加工以便享用和消化的精神食粮。"③ 因此，自然界的神秘启迪着人类的智慧，自然界的灵秀培养了人类的美感，自然界的厚德载物造就了人类的宽容和合作精神。人类应该使大自然青山常在、绿水长流，这样，人类精神的源泉将永不枯竭。

最后，自然界是人与人联系的纽带。马克思指出："自然界的人的本质只有对社会的人说来才是存在的；因为只有在社会中，自然界对人说来才是人与人联系的纽带，才是他为别人的存在和别人为他的存在，才是人的现实的生活要素；只有在社会中，自然界才是人自己的人的存在的基础。只有在社会中，人的自然的存在对他说来才是他的人的存在，而自然界对他说来才成为人。"④

因此，我们要时刻牢记：人作为自然的组成部分，不是在自然之外（或之上），而是存在于自然之中的。如果我们把人和自然的关系对立起来，把人类摆在自然界之外、凌驾于自然界之上去统治自然、主宰自然，那么就会造成人类对地球上生态资源的贪婪索取和无情掠夺，结果将会既破坏自然界，又破坏

---

① 马克思恩格斯全集·第 42 卷 [M]．北京：人民出版社，1979：95．
② 马克思恩格斯全集·第 42 卷 [M]．北京：人民出版社，1979：95．
③ 马克思恩格斯全集·第 42 卷 [M]．北京：人民出版社，1979：95．
④ 马克思恩格斯全集·第 42 卷 [M]．北京：人民出版社，1979：122．

人类自己的生存环境。长期以来，人类为了生存而与自然斗争，人类如再不改变态度，就必将自食恶果。历史事实雄辩地证明，人类如不善待自然，自然就会报复我们人类，其破坏力之强大，将足以影响人类的命运。

二、从实践论的观点揭示了人与自然关系的一致性，决定了人类要与自然界共同进化、协调发展

自然对人的先在性决定了人类对自然界的依赖性和受动性。然而在马克思和恩格斯的视野里，实践对于人类来说更加重要。实践是人与自然联系的中介，是人与自然关系的实现形式。这是因为一般动物是依靠本能的活动来维持生存，而人区别于动物是依靠自己的实践活动来获得人类生存所必需的生活资料。自然界是人的实践活动的对象，是人的实践活动得以进行的前提，从而也是人得以存在和发展的前提。人通过自己的活动将自己从自然界中提升出来，又在能动的实践中改造着自然，从而在实践的基础上实现人类与自然的和谐与统一。

1. 人化自然的思想

马克思和恩格斯认为，人与自然的关系是一种相互作用、相互依存、相互制约的关系，因此，在对自然的理解中引入了人的主体性因素，阐述了人化自然的思想。人化自然就是在人的实践活动的基础上，自在自然不断被认识、加工、改造的自然界。人化的自然界是作为人的认识活动和实践活动对象的自然界，而不是脱离人、脱离人的实践活动和人的历史发展，仅仅从客体的、直观的意义去理解的纯粹自在的自然界。正如马克思所指出："被抽象地孤立地理解的、被固定为与人分离的自然界，对人说来也是无。"① 我们不能从纯粹自然的角度看待自然界，因为我们现在的世界绝不是开天辟地以来就已存在的、始终如一的自然界，而是工业和社会状况的产物。马克思还认为："在人类历史中，即在人类社会的产生过程中形成的自然界是人的现实的自然界；因此，通过工业——尽管以异化的形式——形成的自然界，是真正的、人类学的自然界。"② 这样，马克思的自然观与费尔巴哈为代表的直观唯物主义自然观明显不同。为此，马克思明确指出："这种先于人类历史而存在的那个自然界，不是

---

① 马克思恩格斯全集·第 42 卷 [M]．北京：人民出版社，1979：178.
② 马克思恩格斯全集·第 42 卷 [M]．北京：人民出版社，1979：128.

费尔巴哈生活其中的自然界；这是除去在澳洲新出现的一些珊瑚岛以外今天在任何地方都不再存在的、因而对于费尔巴哈来说也是不存在的自然界。"① 这种以现实的人与感性的自然界的对象性关系为基础的人化自然才有意义和价值，而旧唯物主义自然观不是从实践的观点、主体的观点去理解自然界的客观事物，而是从客观的、纯粹的角度去理解自在的自然界。这就表明：

第一，马克思和恩格斯的人化自然思想强调了人的参与，向人们呈现了一幅将人的力量投入其中的更为现实的自然图景，人与自然之间的物质变换既改变着人自身的自然，又改变着人身外的自然。马克思指出："从前的一切唯物主义（包括费尔巴哈的唯物主义）的主要缺点是：对对象、现实、感性，只是从客体的或者直观的形式去理解，而不是把它们当作感性的人的活动，当作实践去理解，不是从主体方面去理解。"② 恩格斯也明确指出："费尔巴哈不能找到从他自己所极端憎恶的抽象王国通向活生生的现实世界的道路。他仅仅抓住自然界和人；但是，在他那里，自然界和人都只是空话。无论关于现实的自然界或关于现实的人，他都不能对我们说出任何确定的东西。"③ 这是人类对自然界认识的重大飞跃，超越了以往狭义的自然观。

第二，马克思和恩格斯的人化自然思想与实践观点是紧密相连的。"通过实践创造对象世界，即改造无机界，证明了人是有意识的类存在物。"④ 实践是人的存在方式，实践活动是人的有目的的对象化活动。人与自然在实践基础上的统一是马克思主义人化自然思想的核心，这种实践主要源自人与自然之间的相互作用，这种实践世界不可等同于人与自然界的简单相加，其特点也绝非人和自然特征的约同，而是在两者相互关系中生成的整体性和一体化。这是因为：一是不存在脱离自然的人，脱离自然的人和社会只能是一种抽象的而不是现实的人和社会。二是人的实践从来不是抽象的，而是具体的，是和自然界有机结合在一起的。因此，自然界正是通过人的认识和改造活动才取得了现实的形态，出现了从未有过的物质新形态的自然过程。而人类由于受到思想意识、知识水平和认识能力的制约，对自然界的认识和改造是随着人类实践的发展而不断深入的。

第三，实践的观点并不是马克思主义自然观的终极解释原则。人依靠实践

---

① 马克思恩格斯选集·第 1 卷 [M]．北京：人民出版社，1995：77．
② 马克思恩格斯选集·第 1 卷 [M]．北京：人民出版社，1995：54．
③ 马克思恩格斯选集·第 4 卷 [M]．北京：人民出版社，1995：240．
④ 马克思恩格斯全集·第 42 卷 [M]．北京：人民出版社，1979：96．

活动从自然界获得生活资料来维持生存，生存是目的，而实践只是人类实现生存的手段，生存与实践的关系，是目的与手段的关系。在这一关系中，手段是始终服从和服务于目的的。马克思和恩格斯明确指出了生存价值在人的一切活动中的重要地位。他们认为："我们应当确定一切人类生存的第一个前提，也就是一切历史的第一个前提，这个前提是：人们为了能够'创造历史'，必须能够生活。但是为了生活，首先就需要吃喝住穿以及其他一些东西。因此，第一个历史活动就是生产满足这些需要的资料，即生产物质生活本身，而且这是这样的历史活动，一切历史的一种基本条件，人们单是为了能够生活就必须每日每时去完成它，现在和几千年前都是这样。"① 这就说明人的生存价值才是人与自然在实践基础上统一的终极价值。

2. 劳动是人与自然的现实统一

马克思和恩格斯认为，人与自然的现实统一，不是像动物那样直接生活在自然界中，而是以社会和自然之间特殊的联系形式——劳动作为基础的。生产劳动是人的最基本的实践活动形式，它是人与自然之间的物质变换过程。人类通过劳动作用于自然界，引起自然界的变化，以有用的形式占有自然物质，实现自己的生活和生存。马克思说："劳动首先是人和自然之间的过程，是人以自身的活动来引起、调整和控制人和自然之间的物质相对立。为了在对自身生活有用的形式上占有自然物质，人就使她身上的自然力——臂和腿、头和手运动起来。当他通过这种运动作用于他身外的自然并改变自然时，也就同时改变他自身的自然。他使自身的自然中沉睡着的潜力发挥出来，并且使这种力的活动受他控制。"② 自然界不会自然地满足人类需求，人类必须通过自己的生产劳动，创造出自然界中既不现成存在也不会自然产生但却为人所需要的东西。同时，马克思又指出："没有自然界、没有感性的外部世界，工人就什么也不能创造。它是工人用来实现自己的劳动、在其中展开劳动活动、由其中生产出和借以生产出自己的产品的材料。"③ 这就说明，"这种活动、这种连续不断的感性劳动和创造、这种生产，正是整个现存的感性世界的基础"④。因此，劳动是人与自然实现统一的中介，同时又是人类活动与自然规律直接结合在一起的社

---

① 马克思恩格斯选集·第1卷［M］．北京：人民出版社，1995：78～79．
② 马克思恩格斯全集·第23卷［M］．北京：人民出版社，1972：201～202
③ 马克思恩格斯全集·第42卷［M］．北京：人民出版社，1979：92．
④ 马克思恩格斯选集·第1卷［M］．北京：人民出版社，1995：77．

会过程。

　　人类的劳动与动物的本能活动不同，人类不仅使自然物发生形式的变化，同时还在自然物中实现自己的目的。马克思说："动物和它的生命活动是直接同一的。动物不把自己同自己的生命活动区别开来。它就是这种生命活动。人则使自己的生命活动本身变成自己的意志和意识的对象。他的生命活动是有意识的。这不是人与之直接融为一体的那种规定性。有意识的生命活动把人同动物的生命活动直接区别开来。正是由于这一点，人才是类存在物。"① 这就说明，人具有劳动的特质，能把自身和自身之外的他物作为劳动的要素和作用对象。马克思又指出："诚然，动物也生产。它也为自己营造巢穴或住所，如蜜蜂、海狸、动物等。但是动物只生产它自己或它的幼仔所直接需要的东西；动物的生产是片面的，而人的生产是全面的；动物只是在直接的肉体需要的支配下生产，而人甚至不受肉体需要的支配也进行生产，并且只有不受这种需要的支配时才进行真正的生产；动物只生产自身，而人在生产整个自然界；动物的产品直接同它的肉体相联系，而人则自由地对待自己的产品。动物只是按照它所属的那个种的尺度和需要来建造，而人却懂得按照任何一个种的尺度来进行生产，并且懂得怎样处处都把内在的尺度运用到对象上去；因此，人也按照美的规律来建造。"② 这就进一步说明，人具有主观能动性，能考虑到其他物种的生存需要及整个自然界的生态平衡，人类的生产应该是全面地、创造性的。因此，马克思又谆谆告诫我们："劳动本身，不仅在目前的条件下，而且一般只要它的目的仅仅在于增加财富，它就是有害的，造孽的。"③ 人类的劳动过程不仅满足人自身的需要，而且还引起自然界的变化，改变自然界。这就对我们人类的生产劳动提出了明确要求，我们在生产中不能只注重财富的积累，同时，还要对于自身行为对自然和社会所造成的长远影响进行预见与调节。

　　马克思在劳动是人与自然的现实统一思想中深刻揭示了人类生产实践所应遵守的基本生态伦理原则。第一，动物的生产是片面的、单一的。人具有自我意识，能把自身和自我之外的他物作为意识的对象，因此，人的生产是全面的、创造性的。这就决定了人的生产既要关注自身的需要，也要关注其他自然存在物的需要；既要关注当代人的利益，又要关注后代人的利益；既要重视经济效益，又要重视生态效益和社会效益。第二，人可以按照任何物种的尺度来

① 马克思恩格斯全集·第 42 卷 [M] . 北京：人民出版社，1979：96.
② 马克思恩格斯全集·第 42 卷 [M] . 北京：人民出版社，1979：96～97.
③ 马克思恩格斯全集·第 42 卷 [M] . 北京：人民出版社，1979：55.

进行生产。人的生产遵守内在尺度和外在尺度。内在尺度，是指人类生产时是按照人的需要和目的进行的，生产是以人为本；外在尺度，是指人类生产时要按照各个物种本身的要求来进行生产，要按照自然生态规律来进行生产。超出物种尺度的限制，人的尺度也往往不能满足，人的需要也就不可能实现。第三，人的生产是负责任的、建设性的生产。人是理性的动物，他要按照生态规律的要求从事生产，要自觉爱惜和保护其他自然存在物，尽可能地实现资源的循环再生，维护好和建设好整个自然界。

因此，马克思关于人与自然之间的物质变换思想，对于我们当前的生态文明建设具有重要的指导作用。一是马克思始终把生产劳动看作是调整、控制人与自然之间物质变换的手段，这就意味着我们在处理人与自然的关系时，不能撇开生产环节而孤立地谈论如何处理废弃物的问题，而应该从生产活动的可持续性角度出发，重点在于加大生产的资源节约与清洁力度，提高生产的循环工艺技术水平，从而减少废弃物的排泄，或者通过生产活动将废弃物转变为有用的资源，因为废弃物是放错了地方的资源，而要变废为宝离不开生产的中介与置换作用。二是马克思对于人与自然之间物质变换的观点，不是让人们对自然界实行统治与征服，而是要使两者之间进行合理的物质变换，并置身于社会的共同控制之下；不是让人们采用竭泽而渔的方式，而是要求人类合理地利用自然资源，树立生态平衡的理念，保证这样的物质变换在自然界承受能力允许的前提下顺利、健康和持续地进行。三是人在改造自然的生产活动中，不仅要满足自己物质生活资料的需要，而且要同自然建立起一种亲切的伦理关系，体现出人对大自然的爱护和关心。所以，人类不仅要利用大自然，而且还要保护大自然、关心自然生态系统的平衡，更重要的是，还要按照生态规律建设自然界、美化自然界，实现人类生活与生存的永续发展。

第二节　人与自然和谐发展是马克思主义生态文明思想的目的

马克思和恩格斯认为，人类活动主要应当从两方面进行考察：一方面是人对自然的作用，另一方面是人对人的作用。而且，这两方面的作用又是相互联系、相互作用和相互制约的。具体表现在：一方面，人对自然的关系受人与人的社会关系的制约；另一方面，人与人的社会关系又受人与自然关系的制约。

马克思一贯强调："历史可以从两方面来考察，可以把它划分为自然史和人类史。但这两方面是密切联系的；只要有人存在，自然史和人类史就彼此相互制约。"① 他还进一步指出："人们对自然界的狭隘的关系制约着他们之间的狭隘关系，而他们之间的狭隘的关系又制约着他们对自然界的狭隘的关系。"② 因此，马克思和恩格斯既重视人与人社会关系的分析，又重视人与自然相互作用的分析，并以人、社会和自然的相互关系作为哲学基础。在这里，马克思和恩格斯既不是从人之外的自然界出发，去寻找抽象的客观性；也不是从自然界之外的人出发，去分析抽象的主观性；相反，他们是从实际活动的人出发，从人、社会与自然的相互作用出发，建立自己实践的辩证观。这就表明现实的世界是人与自然相互作用的世界。它不是人的世界与自然界的简单的相加，而是他们相互构成的整体。因此，我们关于现实世界的研究，既要从人的视角又要从自然的视角，并且要按照人与自然和谐发展的观点，作为观察现实事物和解释现实世界的依据。

马克思和恩格斯进一步认为，人类社会的发展有两种决定作用，即自然环境决定作用和社会经济决定作用，并且是这两种作用的统一。如果我们把自然界对社会发展的作用排除掉，既不能正确认识社会，也不能正确认识自然界。因此，我们要实现人与自然的和谐发展，也不能仅从人与自然的关系来解决，还要解决好人与人之间的社会关系，而且随着人类对自然的认识能力和实践能力的提高，解决人与自然和谐发展的矛盾最终还是要靠人与人关系的解决来推动。

一、人与自然和谐发展的历史观

马克思和恩格斯认为，人与自然的关系是人类生存与发展的基础关系，一部人类社会的发展史，也是人与自然的关系史。马克思指出："因为只有在社会中，自然界对人说来才是人与人联系的纽带，才是他为别人的存在和别人为他的存在，才是人的现实的生活要素；只有在社会中，自然界才是人自己的人的存在的基础。只有在社会中，人的自然的存在对他说来才是他的人的存在，而自然界对他说来才成为人。因此，社会是人同自然界的完成了的本质的统一，是自然界的真正复活，是人的实现了的自然主义和自然界的实现了的人道

① 马克思恩格斯全集·第 3 卷［M］．北京：人民出版社，1960：20．
② 马克思恩格斯全集·第 3 卷［M］．北京：人民出版社，1960：35．

主义。"① 这就表明人与自然的关系，是在具体的社会发展中，以一定的社会形式，并借助这种社会形式进行和实现的。为此，人与自然的统一与和谐发展是在社会中实现的。

人类社会是在认识、利用、改造和适应自然的过程中不断发展的，人与自然和谐发展的历史演变是一个从和谐到失衡，再到新的和谐的螺旋式的上升过程。随着人类社会生产力发展水平的不断提高和人类对客观自然规律认识的不断深化，人类社会在不同的发展阶段，对自然的影响和作用有显著的不同。在原始社会中，马克思指出："自然界起初是作为一种完全异己的、有无限威力的和不可支付的力量与人们对立的，人们同它的关系完全像动物同它的关系一样，人们就像牲畜一样服从它的权力。"② 人类以狩猎和采集方式从事生产活动，人对自然的依赖性强，主要体现为依靠和适应，人类生产和生活受自然环境和自然资源的制约明显，人对自然曾保持了一种原始的和谐关系。在农业社会中，马克思指出："人的依赖关系（起初完全是自然发生的），是最初的社会形态，在这种形态下，人的生产能力只是在狭窄的范围内和孤立的地点上发展着。"③ 从事农业劳动是人类的主要生产方式，人作为生产者直接和作为劳动对象的自然界发生联系。马克思指出："个人或者自然地或历史地扩大为家庭和氏族（以后是公社）的个人，直接地从自然界再生产自己。"④ 由于生产规模小、强度低、其负面影响较小，人类与自然保持一种融合的非对立关系，但是在一些局部区域已经出现了过度开垦与砍伐等现象，特别是为了争夺水土资源而频繁发动战争，导致人与自然的关系在整体相对和谐的同时，出现了阶段性或区域性的不和谐现象。在工业社会中，科技进步和生产力显著提高，人类的活动范围已扩张到全球的各个角落，并且不再局限于地球表层，已拓展到地球深部及外层空间。人类认识自然的水平越来越高，同时，人类控制自然和改变自然的能力也极大地提高。马克思指出："它创造了这样一个社会阶段，与这个社会阶段相比，以前的一切社会阶段都只表现为人类的地方性发展和对自然的崇拜。"⑤ 这种大规模的、无序的人类活动打破了自然界的生态平衡和生态结构。这种由于主、客体对立造成的工业文明价值的急功近利，使今天的人类只

---

① 马克思恩格斯全集·第 42 卷［M］．北京：人民出版社，1979：122.
② 马克思恩格斯全集·第 3 卷［M］．北京：人民出版社，1960：35.
③ 马克思恩格斯全集·第 46 卷（上）［M］．北京：人民出版社，1979：104.
④ 马克思恩格斯全集·第 46 卷（上）［M］．北京：人民出版社，1979：103.
⑤ 马克思恩格斯全集·第 46 卷（上）［M］．北京：人民出版社，1979：393.

能用实用主义的观点来看待自然：一条河流在人看来只能是推动涡轮机的能源，森林是生产木材的地方，山脉是矿藏的产地，动物是肉食的来源。这就说明，现代人一味地将自然视作自己无偿的、取之不尽和用之不竭的客体，肆无忌惮地对自然大施淫威，强迫地球超出它力所能及的范围来满足人类的需要。尤其从 19 世纪中叶以来，人与自然之间的生态矛盾，开始呈现尖锐化的趋势，出现了全球性的人口急剧膨胀，自然资源严重短缺，生态环境日益恶化的状况，使人与自然的关系变得越来越不和谐，并深刻地影响和改变了地球生态系统的演变路径和方向，对人类生存安全构成了极其严峻的挑战。为此，马克思指出："要消灭这种新的恶性循环，要消灭这个不断重新产生的现代工业的矛盾，又只有消灭工业的资本主义性质才有可能。只有按照统一的总计划协调地安排自己的生产力的那种社会，才能允许工业按照最适合于它自己的发展和其他生产要素的保持或发展的原则分布于全国。"① 这为我们解决工业社会中人与自然的矛盾指明了方向，提出了工业生产要按照自然资源的分布，通过整体规划和区域协调来实现人与自然的和谐发展。

二、遵循自然规律是人与自然和谐发展的必要条件

马克思、恩格斯认为，社会物质生产，特别是工业生产，是人类改变自然，产生一个人类学的自然界的过程，是人与自然关系的主要形式。人与自然的物质变换不是单纯的作为生物个体所进行的生物学的物质新陈代谢，而是人类通过劳动和消费与整个自然界所进行的物质循环。因此，人与自然的相互作用主要表现在两个方面：一是人类对自然的影响与作用，包括从自然界索取资源与空间，享受生态系统提供的服务功能，向环境排放废弃物；二是自然对人类的影响与反作用，包括资源环境对人类生存发展的制约，自然灾害、环境污染与生态退化对人类的负面影响。然而，人对自然的认识与改造，都是每一个时代人与自然关系状况的产物。恩格斯认为："我们只能在我们时代的条件下进行认识，而且这些条件达到什么程度，我们便认识到什么程度。"② 人类的劳动是以改变自然形式、实现人的目的与遵循自然规律的统一。马克思指出："人在生产中只能像自然本身那样发挥作用，就是说，只能改变物质的形态。不仅如此，他在这种改变物质形态的劳动中还要经常依靠自然力的帮助。"③ 这

---

① 马克思恩格斯全集·第 20 卷 [M]．北京：人民出版社，1971：320．
② 马克思恩格斯全集·第 20 卷 [M]．北京：人民出版社，1971：585．
③ 马克思恩格斯全集·第 23 卷 [M]．北京：人民出版社，1972：56～57．

就表明，一是进入人的劳动生产过程中的自然物质，并没有失去它本身所固有的规律性，其固有本性人的意志一般是无法改变的。正如马克思所说："自然规律是根本不能取消的。在不同的历史条件下能够发生变化的，只是这些规律借以实现的形式。"① 二是人的目的的设定要从属于自然物质的规律性，人的目的只有与自然物质固有的规律相一致才能实现。也就是说：人的主观能动性再大，也要受客观条件的制约。在实践中，人类只有认识自然规律，遵循自然规律，坚持把人类需要和自然规律相结合，才能取得预期效果，这样才能实现人与自然的和谐发展。

然而，人类对于自然的必然性还缺乏认识和掌握，还不能从自然的必然性中获得自由。因此，人类在改造自然的劳动过程中，往往表现在：一是只注重眼前的经济利益而忽视长远的生态利益。正如恩格斯所指出："到目前为止的一切生产方式，都仅仅以取得劳动最近的、最直接的效益为目的。那些只是在晚些时候才显现出来的、通过逐渐的重复和积累才产生效应的较远的结果，则完全被忽视了。"② 二是人类随着认识水平的提高和科学技术的发展，出现了人主宰和统治自然的思想。这种思想导致人不再关心自然本身，而是更多地考虑如何利用自然满足人类的需求。然而，如果人类违背客观规律，造成自然生态系统的破坏，不仅不能达到自己的预期目的，反而受到自然界的报复。马克思早就明确地指出："不以伟大的自然规律为依据的人类计划，只会带来灾难。"③ 恩格斯也早就明确指出："事实上，我们一天天地学会更正确地理解自然规律，学会认识我们对自然界的习常过程所做的干预所引起的较近或较远的后果。特别自 20 世纪自然科学大踏步前进以来，我们越来越有可能学会认识并因而控制那些至少是由我们的最常见的生产行为所引起的较远的自然后果。但是这种事情发生得越多，人们就越是不仅再次地感到，而且也认识到自身和自然界的一体性，而那种关于精神和物质、人类和自然、灵魂和肉体之间的对立的荒谬的、反自然的观点，也就越不可能成立了，这种观点自古典主义衰落以后出现在欧洲并在基督教中取得最高度的发展。"④ 同时，他还告诫我们："我们不要过分陶醉于我们人类对自然界的胜利，对于每一次这样的胜利，自然界都对我们进行报复。每一次胜利，起初确实取得了我们预期的结果，但是往后和再往

---

① 马克思恩格斯全集·第 32 卷 [M]．北京：人民出版社，1974：541．
② 马克思恩格斯选集·第 4 卷 [M]．北京：人民出版社，1995：385．
③ 马克思恩格斯全集·第 31 卷 [M]．北京：人民出版社，1972：251．
④ 马克思恩格斯选集·第 4 卷 [M]．北京：人民出版社，1995：384．

后却发生完全不同的、出乎预料的影响，常常把最初的结果又消除了……因此，我们每走一步都要记住：我们统治自然界，决不像征服者统治异族人那样，绝不是像站在自然界之外的人似的——相反的，我们连同我们的肉、血和头脑都是属于自然界和存在于自然界之中的；我们对自然界的全部统治力量，就在于我们比其他一切生物强，能够认识和正确运用自然规律。"① 再进一步地说，人类由于认识自然和自身利益的理性能力的限制，不可能掌握自然界的全部奥秘，而只能循序渐进地加深对自然的认识和理解。如果以为我们已经穷尽了真理，那就大错特错了。因为规律的背后还有规律，人类若陶醉于一时之得，会导致盲人摸象般的境地，其结局是可悲的。马克思和恩格斯的思想要求我们在物质生产过程中，确立对自然的正确态度，即对自然应抱谦虚、尊重、负责和爱护的态度，遵循自然生态系统中的生态平衡规律，并按自然规律办事，把人类的生产和消费控制在自然生态系统可承受的范围内，这是因为，人类与自然万物共存于一个宇宙大系统中，他们之间有相互依赖的共生共存关系。因此，我们要改变人与自然之间的对立关系，实现人与自然的良性互动，才能实现与自然和谐发展的目的。

三、人与自然和谐发展，关键是要处理好人与人的社会关系

马克思、恩格斯认为，人作为社会存在物，不仅不能脱离社会而存在，而且作为现实的人无不生活在一定社会形态下的社会关系中。马克思指出："人并不是抽象的蛰居于世界以外的存在物。人就是人的世界，就是国家、社会。"② 而且，"以一定的方式进行生产活动的一定的个人，发生一定的社会关系和政治关系"③。从而把人与人的关系从个体与类的关系转化为人与社会的关系。这种社会关系一旦建立和发展起来，人类就再也不可能作为一个统一的整体使其成员平等地与自然界发生关系了，尤其是资本主义制度，它是建立在人们之间的利益分化、利益对抗等基础之上的，从本质上来看，它严重妨碍了人类平等地与自然界打交道。从这个角度上看，人与自然不和谐的问题，实质上是人与人之间不合理的社会关系特别是人与人之间的利益对抗关系，在人与自然关系上的极端化表现。正如马克思所指出："不是神也不是自然界，只有人

---

① 马克思恩格斯选集·第 4 卷 [M]．北京：人民出版社，1995；383～384．
② 马克思恩格斯选集·第 1 卷 [M]．北京：人民出版社，1995；1．
③ 马克思恩格斯全集·第 3 卷 [M]．北京：人民出版社，1960；28～29．

本身才能成为统治人的异己力量。"① 要真正解决人与自然和谐发展的问题，还必须从根本上变革资本主义社会不合理的社会关系和社会制度，建立马克思所提出的共产主义社会。

1. 资本主义制度是人与自然对立的根源

马克思、恩格斯认为，在资本主义社会中，资本家生产的目的主要是为了获得资本价值的最大化，导致资本主义生产呈现无限扩大的趋势，这必然造成人类对自然的利用规模在加速扩大。因此，资本主义这种生产方式所经营的工业和农业，给人和自然都带来了严重的灾难。

马克思指出："资本主义生产使它汇集在各大中心的城市人口越来越占优势，这样一来，它一方面聚集着社会的历史动力，另一方面又破坏着人和土地之间的物质变换，也就是使人以衣食形式消费掉的土地的组成部分不能回到土地，从而破坏土地持久肥力的永恒的自然条件。这样，它同时就破坏城市工人的身体健康和农村工人的精神生活。但是资本主义生产在破坏这种物质变换的纯粹自发形成的状况的同时，又强制地把这种物质变换作为调节社会生产的规律，并在一种同人的充分发展相适合的形式上系统地建立起来。"② 同时他又指出："资本主义农业的任何进步，都不仅是掠夺劳动者的技巧的进步，而且是掠夺土地的技巧的进步，在一定时期内提高土地肥力的人和进步，同时也是破坏土地肥力持久源泉的进步。"③ "自然力作为劳动过程的因素，只有借助机器才能占有，并且只有机器的主人才能占有。"④ 这就深刻揭示了在资本主义条件下，资本主义工业技术的进步是以破坏自然条件，特别是土地的自然条件为代价的。人与自然关系的对立，实质上是由资本家对自然资源的掠夺性利用所造成的。

在资本主义历史条件下，人与自然之间的物质变换不断加速，他们的关系也在不断异化。"只有资本才创造出资产阶级社会，并创造出社会成员对自然界和社会联系本身的普遍占有。由此产生了资本的伟大的文明作用；它创造了这样一个社会阶段，与这个社会阶段相比，以前的一切社会阶段只表现为人类的地方性发展和对自然的崇拜。只有在资本主义制度下自然界才不过是人的对

---

①　马克思恩格斯全集・第 42 卷 [M]．北京：人民出版社，1979：99.
②　马克思恩格斯全集・第 23 卷 [M]．北京：人民出版社，1972：552.
③　马克思恩格斯全集・第 23 卷 [M]．北京：人民出版社，1972：552～553.
④　马克思恩格斯全集・第 47 卷 [M]．北京：人民出版社，1979：569.

象，不过是有用物；它不再被认为是自为的力量；而对自然界的独立规律的理论认识本身不过表现为狡猾，其目的是使自然界（不管是作为消费品，还是作为生产资料）服从于人的需要。"① 这就表明资本主义制度下，人类对自然资源的利用呈现日益加大的趋势，导致自然资源过度消耗，造成了人与自然的对立。

马克思、恩格斯认为，资本主义生产目的也导致科学技术的应用同自然的对立。马克思说："自然科学本身（自然科学是一切知识的基础）的发展，也像与生产过程有关的一切知识的发展一样，它本身仍然是在资本主义生产的基础上进行的，这种资本主义生产第一次在相当大的程度上为自然科学创造了进行研究、观察、实验的物质手段。由于自然科学被资本用作支付的手段，所以，搞科学的人为了探索科学的实际应用而互相竞争。另一方面，发明成了一种特殊的职业。因此，随着资本主义生产的扩展，科学因素第一次有意识地和广泛地加以发展、应用并体现在生活中，其规模是以往的时代根本想象不到的。"② 为了满足资本追求利益的要求，人类运用科学技术对自然进行大规模的开发利用，造成了自然资源的过度开采，生态系统失衡，环境严重污染与破坏。这种人与自然之间对立，表面上看是由于大规模使用科学技术造成的，其实质是由于利益集团之间发生的涉及自然资源的利益之争。

因此，马克思、恩格斯认为，要实现人与自然的真正的和谐发展就必须摧毁资本主义制度，要求以良好的物质变换作为调节社会生产的规律，并与人的发展相适应，系统地建立起农业和工业的"更高级的综合"，实现代替资本主义性质的物质变换形式。这种新形式在技术和工艺方面可以克服人和自然之间的对抗，在精神文化和物质文化方面可以克服城乡之间的对立，在社会关系方面，可以促进全人类的解放和个人自由而全面的发展。

2. 共产主义社会才是人与自然和谐的社会

马克思、恩格斯认为，共产主义社会是对私有制扬弃的真正的自由王国。只有共产主义社会才能积极改善和优化处理人与人的关系，才能改革现存的不合理的社会关系，实现人与自然关系的和谐发展。

在资本主义生产方式下，人与自然的和谐发展是不可能解决的。恩格斯明

① 马克思恩格斯全集·第46卷（上）[M]. 北京：人民出版社，1979：393.
② 马克思恩格斯全集·第47卷 [M]. 北京：人民出版社，1979：572.

确地指出:"但是要实行这种调节,仅仅有认识还是不够的。为此需要对我们的直到目前为止的生产方式,以及同这种生产方式一起对我们现今的整个社会制度实行完全的变革。"① 然而,在共产主义社会,摆脱了资本主义条件下人对自然的疏离关系,自然不再作为异己的力量与人类对立。马克思早就指出:"像野蛮人为了满足自己的需要,为了维持和再生产自己的生命,必须与自然进行斗争一样,文明人也必须这样做;而且在一切社会形态中,在一切可能的生产方式中,他都必须这样做。这个自然必然性的王国会随着人的发展而扩大,因为需要会扩大;但是,满足这种需要的生产力同时也会扩大。这个领域内的自由只能是:社会化的人,联合起来的生产者,将合理地调节他们和自然之间的物质变换,把它置于他们的共同控制之下,而不让它作为盲目的力量来统治自己;靠消耗最小的力量,在最无愧于和最适合于他们的人类本性的条件下来进行这种物质变换。"② 这里,马克思实际上是提出了实现人与自然物质变换的两个前提条件:一方面,这种物质变换要在"最无愧于"人类本性的前提下进行,人既有自然属性,又有社会属性。因此,人与自然之间的物质变换要以维持人与自然之间互动平衡为目标,不要盘剥、掠夺、损坏自然资源和自然生态系统,否则,就会造成对人的自然属性的破坏。同时,人与自然之间的物质变换也要考虑到人的生存的社会属性。人类所面临的自然环境是全人类的财富,但在不同社会制度下人们对自然资源的占有、开发和利用的情况是不一样的,所以,人类在观察和解决自然环境问题时,一定要考虑到人类社会的整体情况,要树立解决自然问题的社会维度。另一方面,这种物质变换要在"最适合于"人类本性的前提下进行。也就是说我们的生产和生活要考虑到人的自然生存与社会生存的情况,无论是生产方式,还是生活方式都要以人为本,以人的全面发展为价值目标,既要避免生活方式的异化,又有避免生产方式的异化,如掠夺性的开采自然资源,导致地区经济发展乏力,生存出现危机。只有这种以人的全面发展为价值目标的生产方式和消费方式,才能遏制资本主义追求超额利润所必然导致的过度生产和过度消费,进而从根本上解决人与自然的不和谐发展问题。

因此,在共产主义社会,人与自然通过劳动实现内在的统一,其结果表现为人的自然主义和自然的人道主义的统一。劳动不仅仅是人与自然之间的中

---

① 马克思恩格斯选集·第 4 卷 [M].北京:人民出版社,1995:385.
② 马克思恩格斯全集·第 25 卷 [M].北京:人民出版社,1974:926~927.

介，它更具有调节和控制人与自然之间的物质变换趋向合理发展和良性循环的作用，使自然成为"人的无机的身体"，即"自然界的人道主义"；同时，以劳动为中介使人真正体现出自己是"自然存在物"，即"人的自然主义"。马克思对人类未来所要实现的就是"完成了的自然主义，等于人道主义，而作为完成了的人道主义，等于自然主义，它是人和自然之间、人和人之间矛盾的真正解决"①。这就是马克思所倡导的"自然主义—人道主义—共产主义"三位一体的原则，体现了人类文明的生态回归。

由于社会主义只是共产主义的初级阶段，而社会主义自身还存在着一个相当长的发展阶段，尤其是在社会主义的初级阶段，社会生产力发展水平不高，社会的主要矛盾是人民日益增长的物质文化需要同落后的社会生产之间的矛盾，国家面临的最迫切的任务是解决广大人民群众的吃、穿、住、行问题。这就说明社会主义社会也同样面临严峻的生态破坏与环境污染问题。但社会主义始终将人与自然和谐的全面发展作为自己的坚定目标，努力实现经济发展与人口资源环境相协调，使人民在良好的生态环境中生产与生活，朝着生态文明的社会发展方向而努力。

第三节 人口、资源、经济协调发展是马克思主义生态文明思想的实践指向

处理好人口再生产与物质资料再生产、自然再生产与物质再生产这两大关系，是马克思主义生产力决定生产关系的历史唯物主义理论指导生态文明实践的理论基础。人口再生产和物质再生产是人类社会发展的基础，然而，人口与物质再生产又受到自然再生产的制约，尤其是在有限的生态资源及环境容量下，人口控制的确是一个极重要的问题，这是因为自然资源不仅要满足当代人的需要，而且还要满足人类世世代代繁衍生息和可持续发展的需要。

一、人口再生产与物质资料再生产协调发展

马克思和恩格斯认为，社会再生产过程是物质资料再生产与人口再生产的

---

① 马克思恩格斯全集·第42卷 [M]．北京：人民出版社，1979：120．

统一，并且两者只有协调发展，才能保证社会扩大再生产顺利进行。他们是在批判马尔萨斯人口论的基础上，提出了人口再生产与物质资料再生产协调发展的观点。这是因为马尔萨斯在其《人口原理》一书中认为，按几何级数增长的人口数量与按算术级数增长的谷物数量之间始终存在着不可调和的供求矛盾，这个矛盾构成并决定了整个人类的发展历史。马尔萨斯的人口理论将自然资源与人口之间的供求关系引入了人类的视野。为了批判马尔萨斯的观点，马克思和恩格斯提出了人口再生产与物质资料再生产协调发展的理论。

首先，马克思和恩格斯认为，科学技术可以使人口增长与自然资源保持动态平衡。恩格斯在 1844 年的《政治经济学批判大纲》中写道："科学，它的进步和人口的增长一样，是永无止境的，至少也是和人口的增长一样快。仅仅一门化学，甚至仅仅亨弗利·戴维爵士和尤斯图斯·李比希二人，就使本世纪的农业获得了怎样的成就？但是，科学发展的速度至少也是和人口增长的速度是一样的；人口的增长同前一代人的人数成比例，而科学的发展则同前一代人遗留下的知识量成比例，因此在最普通的情况下，科学也是按几何级数发展的。而对于科学来说，又有什么是做不到的呢？当'密西西比河流域有足够的荒地可供欧洲的全部人口移居'的时候，当地球上的土地才耕种了三分之一，而这三分之一的土地只要采用现在已经是人所共知的改良耕作方法，就能使产量提高五倍甚至五倍以上的时候，谈论什么人口过剩，这岂不是非常可笑的事情。"① 人类社会历史发展表明，科学技术的发展确实能为人类带来源源不断的自然资源。然而，恩格斯的这段论述，并没有否定马尔萨斯关于人口增长与谷物增长之间必须保持平衡的前提，也就是说，马克思和恩格斯是在承认这个前提的基础上，仅仅否定了马尔萨斯关于谷物只能够按照算术级数增长的观点。② 这就说明，一方面，我们可以通过科学技术的进步，不断提高劳动者的生产效率和自然资源的利用效率；另一方面，人们可以通过科技创新，发现新的资源和能源，不断扩大自然界的利用对象，为将来的人口增长提供新的自然资源和活动空间。人类通过这两方面的努力，来解决人口增长所满足的物质生活资料增长的需求及其两者之间的协调发展问题。

其次，马克思和恩格斯认为，所谓的人口过剩只是相对于资本的过剩，而不是相对于谷物的过剩，资本对人口的掠夺是人口过剩的主要原因。同时，他

---

① 马克思恩格斯全集·第 1 卷 [M]．北京：人民出版社，1956：621～622.
② 刘仁胜．马克思和恩格斯关于人口与自然、社会和谐发展的基本观点 [J]．当代世界与社会主义，2007(3)：70～74.

们又指出，资本主义制度对土地的掠夺是造成人口过剩的另一个原因。这是由于资本主义制度对土地的破坏，造成了农业耕地的减少，最终造成了谷物产量不能满足人口增长的需要。因此，马克思和恩格斯认为只有消灭资本主义制度，才能从根本上消除人口过剩。恩格斯在《政治经济学批判大纲》就明确指出，"只要目前处于对立状态的各个方面的利益能够融合起来，人口过剩和财富过剩的对立就会消失，一国人民正是由于富裕和过剩而饿死的这种不可思议的事实，这种比宗教中一切奇迹的总和更不可思议的事实就不会存在。那种认为土地不能养活人们的荒谬见解也就会不攻自破"①。

最后，马克思和恩格斯认为，即使通过消灭资本主义制度解决了人口相对过剩的问题，但在未来的共产主义社会当中，也要考虑人口的增长与物质生产资料增长之间的协调关系。一是从人类自身生产必须和物质资料生产相适应的观点出发，提出了对人口增长进行控制的设想。恩格斯在1881年2月1日致卡尔·考茨基的信中，他明确地指出："人类数量增多到必须为其增长规定一个限度的这种抽象可能性当然是存在的。但是，如果说共产主义社会在将来某个时候不得不像已经对物的生产进行调整那样，同时也对人的生产进行调整，那么正是那个社会，而且只有那个社会才能毫无困难地做到这点。在这样的社会里，有计划地达到现在法国和奥地利在自发的无计划的发展过程中产生的那种结果，在我看来，并不是那么困难的事情。无论如何，共产主义社会中的人们自己会决定，是否应当为此采取某种措施，在什么时候，用什么办法，以及究竟是什么样的措施。"② 二是从自然界中自然资源和生态环境的状况，直接影响着作为社会生产力中最主要要素人的生存方式的观点出发，强调人类发展要与自然资源状况相协调。马克思认为："人们用以生产自己必需的生活资料的方式，首先取决于他们得到现成的和需要再生产的生活资料本身的特性。这种生产方式不仅应当从它是个人肉体存在的再生产这方面来加以考察。它在更大程度上是这些个人的一定的活动方式、表现他们生活的一定形式、他们的一定的生活方式。个人怎样表现自己的生活，他们自己也就怎样。因此，他们是什么样的，这同他们的生产是一致的——既和他们生产什么一致，又和他们怎样生产一致。因而，个人是什么样的，这取决于他们进行生产的物质条件。"③

马克思和恩格斯关于人口与自然和谐发展的论述，对于我国来讲，就是如

---

① 马克思恩格斯全集·第1卷 [M]. 北京：人民出版社，1956：620.
② 马克思恩格斯全集·第35卷 [M]. 北京：人民出版社，1971：145~146.
③ 马克思恩格斯全集·第3卷 [M]. 北京：人民出版社，1960：24.

何在提高人口质量和素质的基础上，实行人口的计划生育，协调人口与资源的关系，实现人口与自然的可持续发展。如果说物质资料的再生产在国家宏观调控下主要由市场机制调节的话，那么人口的再生产必须由政府计划调节。鉴于我国目前人口过多、高素质劳动力较少，人口再生产不能适应物质资料再生产发展的状况，我们要搞好计划生育，防止人口的过快增长，真正实现控制人口总量与提高人口质量的双重目标。

二、自然再生产与物质再生产协调发展

马克思、恩格斯认为，人是在自然的基础上进行创造性劳动，自然资源进入到社会物质生产过程中，是人类劳动借以创造经济价值的源泉。人们之所以赋予自然以价值，是因为自然能满足人的需要，即它对人有用，这是由自然物质的性质和人的需要决定的。然而，社会物质生产并非是由社会生产力所唯一主导的生产，人类社会的生产活动是自然关系与社会关系的统一。因此，马克思、恩格斯明确指出，人与自然形成和谐发展的局面还直接有赖于自然物质生产与社会物质生产协调关系的形成。

1. 自然对人类的价值和使用价值

所谓价值就是客体对主体的需要而言的某种有用性，"价值这个普遍的概念是从人们对待满足他们需要的外界关系中产生的"[①]。在此，马克思、恩格斯明确地指出了人与自然界之间存在着价值关系，始终肯定自然有使用价值。"没有自然界，没有感性的外部世界，工人就什么也不能创造。它是工人用来实现自己的劳动、在其中展开劳动活动、由其中生产出和借以生产出自己的产品的材料。但是，一方面，自然界在这样的意义上给劳动提供生活资料，即没有劳动加工的对象，劳动就不能存在；另一方面，自然界也在更狭隘的意义上提供生活资料，即提供工人本身的肉体生存所需的资料。"[②] 恩格斯也明确地指出："政治经济学家说，劳动是一切财富的源泉。其实，劳动和自然界在一起它才是一切财富的源泉，自然界为劳动提供材料，劳动把材料转变为财富。"[③]因此，自然资源和劳动产品一样都具有使用价值，自然资源与人的劳动一起成为社会的重要财富。

---

① 马克思恩格斯全集·第19卷［M］. 北京：人民出版社，1963：406.
② 马克思恩格斯全集·第42卷［M］. 北京：人民出版社，1979：92.
③ 马克思恩格斯选集·第4卷［M］. 北京：人民出版社，1995：373.

一方面，自然条件的好坏影响着劳动对象的数量和质量。"两个半球的自然资源不一样：东半球拥有一切适于驯养的动物和除一种以外的大部分谷物；西半球则只有一种适于种植的作物，但却是最好的一种（玉蜀黍）。这就给美洲的土著造成了在这一时期的优越地位。"① 另一方面，自然条件与自然资源的情况变迁，也影响着生产力中工具要素的构成。"各种经济时代的区别，不在于生产什么，而在于怎样生产，用什么劳动资料生产。劳动资料不仅是人类劳动力发展的测量器，而且是劳动借以进行的社会关系的指示器。"② 由此可见，自然资源天然分布与日后变动状况还影响着工业的布局和经济类型的构成。

通过对自然价值的考察，我们就会发现自然存在着不同向度意义上的价值。其一是"以人为尺度"，以人的需要和利益为视角，从自然作为客体对主体人所具有的有用性或积极作用向度上的价值；从这个层面讲，自然具有使用价值。其二是"以地球生态系统为尺度"，以超越人的需要和利益为视角，从自然界的万事万物共同承载着地球大系统的缔结来看，自然界对人来讲具有生态价值，它们都不同程度地对整个地球大系统的生态平衡产生着某种作用，都在生态系统的物质循环、能量流动和信息交换中发挥着各自的特殊功能。

但是在人类历史发展过程中，人类长期以来对自然使用价值的偏好而导致对自然生态价值的忽视，以至于以损害自然生态和环境为代价来谋求经济的发展。造成诸多不良后果：一是把自然界当作索取资源和能源的仓库，从不考虑对它进行补偿的问题，造成自然资源的短缺和生态系统破坏；二是把自然界当作人类排放废弃物的垃圾场，忽视对废弃物的治理，严重损害自然界本身的自净能力，造成环境污染，严重威胁人类的生存。马克思、恩格斯关于自然具有使用价值的思想告诉我们，正确处理人与自然的关系，就是要综合考虑"以人为尺度"和"以地球生态系统为尺度"之间的关系，应该以人的生存为最高利益，明确在满足人的生存需求方面，要以人的尺度为重；在满足生存的条件下，就要以地球生态系统为尺度，扼制人类对财富和其他欲望的无限贪求，限止人类对自然的大规模破坏性的开发和利用，保持地球生态系统的良性循环，促进人类可持续发展。

2. 自然再生产是物质再生产的前提

社会物质生产是由自然生产力和社会生产力共同作用的社会性实践的生成

---

① 马克思恩格斯全集·第 45 卷［M］．北京：人民出版社，1985：333．
② 马克思恩格斯全集·第 23 卷［M］．北京：人民出版社，1972：204．

物，社会物质生产要与自然物质生产保持协调性。马克思指出："大生产—应用机器的大规模协作—第一次使自然力，即风、水、蒸汽、电大规模地从属于直接的生产过程，使自然力变成劳动的因素。"① 因此，社会生产力推动社会物质生产，自然生产力推动自然物质生产，提高这两种生产率都是非常重要的。而且，社会生产率与自然生产率有密切关系。"撇开社会生产的不同发展程度不说，劳动生产率是同自然条件相联系的。这些自然条件都可以归结为人本身的自然（如人种等）和人的周围的自然。外界自然条件在经济上可以分为两大类：生活资料的自然富源，例如土壤的肥力，渔产丰富的水等；劳动资料的自然富源，如奔腾的瀑布、可以航行的河流、森林、金属、煤炭等。在文化初期，第一类自然富源具有决定性的意义；在较高的发展阶段，第二类自然富源具有决定性的意义。"② 由此可见，自然物质生产和自然生产率是剩余劳动的基础。"只要花费整个工作日的一部分劳动时间，自然就以土地的植物性产品活动、无形产品的形式或以渔业等产品的形式，提供必要的生活资料。农业劳动（这里包括单纯采集、狩猎、捕鱼、畜牧等劳动）的这种自然生产率，是一切剩余劳动的基础，因为一切劳动首先而且最初是以占有和生产食物为目的的。"③ 这就表明，人们在自然物质生产的基础上进行社会物质生产，把自然物质纳入到社会物质生产的过程中；同时，人类在社会物质生产过程中又创造了一个人化自然的世界，这样，自然物质生产与社会物质生产之间相互作用、相互转化。

因此，社会再生产包括物质再生产和自然再生产，社会再生产是这两个物质再生产过程的统一。"经济的再生产过程，不管它的特殊的社会性质如何，在这个部门（农业）内，总是同一个自然的再生产过程交织在一起。"④ 可以说，自然再生产是社会再生产的物质前提，也是社会再生产得以持续与扩大的物质保障。当然，自然物质生产绝不是一般意义上的自然生态的物质和能量的循环过程，而是直接或间接作用于社会物质生产过程的物质和能量的循环过程。

然而，人类通常情况下只关注社会物质生产，不关心自然物质生产，常常以损害自然物质生产的方式来发展社会物质生产。因为人类的生存和发展不仅

---

① 马克思恩格斯全集・第 47 卷［M］. 北京：人民出版社，1979：569.
② 马克思恩格斯全集・第 23 卷［M］. 北京：人民出版社，1972：560.
③ 马克思恩格斯全集・第 25 卷［M］. 北京：人民出版社，1974：712～713.
④ 马克思恩格斯全集・第 24 卷［M］. 北京：人民出版社，1972：398～399.

消耗了自然物质，同时还降低了自然生态系统的质量。因此，人类要可持续发展，一是需要自然生态系统有一个休养生息的过程。比如，河流、湖泊、海洋、森林、草原等重要生态系统是国家生态安全的主体。多年来，对这些生态系统的过度开发利用，造成了严重污染和生态退化。二是需要对其提供必要的补偿，这就要求在社会物质产品的价格中必须追加环境损耗的成本。为此，我们要在马克思主义观点的指导下，要合理解决在经济建设中环境和生态问题，在确立经济社会发展目标时，不仅要考虑环境和资源的约束，还要考虑子孙后代发展对自然资源和生态环境的需求，如果我们对自然资源消耗过大以及对环境造成损害，就要采取合适的"储蓄""贴现"等方式进行生态补偿。

马克思、恩格斯的生态文明思想，对于我国当代生态文明的建设具有重要的指导意义。首先，人与自然的辩证关系是马克思主义生态文明思想的理论基石。一是马克思、恩格斯从本体论的角度出发，揭示了自然对于人类的先在性，指出了人类在改造和利用自然的同时，必须尊重和善待自然。二是马克思、恩格斯从实践论的观点出发，揭示了人与自然的一致性，指出了人类在自身发展的同时要与自然共同进化、协调发展。其次，人与自然和谐发展是马克思主义生态文明思想的目的指向。马克思、恩格斯从人与自然和谐发展的历史观出发，指出了遵循自然规律是人与自然和谐发展的必要条件，实现人与自然和谐发展的关键是要处理好人与人的关系；最后，正确处理人口、资源、经济协调发展是马克思主义生态文明思想的实践基础。马克思、恩格斯从人口再生产与物质再生产、自然再生产与物质再生产协调发展的观点出发，指出了合理解决经济建设中的环境和生态问题的关键在于正确认识自然的价值，并在开发利用自然时加大对自然的再生产建设力度。

第三章　生态学马克思主义的生态文明思想

　　生态学马克思主义是当今西方马克思主义中最有影响的学派之一。它产生于 20 世纪 70 年代，主要流行于美国、加拿大和意大利等欧美国家。在全球面临生态环境问题的大背景下，生态学马克思主义者根据变化了的社会现实，力图把生态学与马克思主义相结合，分析当代资本主义的环境退化和生态危机原因，探讨危机的解决途径，从而形成的一种新的马克思主义理论。

　　生态学马克思主义者一般都承认他们与马克思主义理论的渊源关系，并且认为他们的理论观点是在马克思主义思想的指导下形成的。他们中的大多数人都认定马克思是早期的生态主义者，马克思的著作中已经包含着深刻的生态思想，现在需要做的是挖掘与发展工作。尽管也有一些人不主张一味地从马克思的著作中为生态文明社会寻找某种"合法性"的根据，但也不否认马克思主义对解决当代生态危机有着指导作用。同时，他们认为，对当代绿色运动来说，马克思主义的指导作用不在于著作中的具体内容，而在于它的批判精神和它的方法论。因此，从一定意义上讲，生态学马克思主义不但没有离开马克思主义的理论传统，而且是对马克思主义的一种发展。在全球生态环境日趋恶化的今天，生态学马克思主义越来越受到人们的关注，对于我国生态文明的理论研究与实践来讲，它都具有重要的理论借鉴和深刻的启示。

第一节　生态学与马克思主义的结合

　　面对全球性的生态危机，人类开始意识到自然与社会的密切关系，越来越多的学者把自然问题与人类社会的发展联系起来，认为生态危机就是人与自然关系在当代激烈冲突的表现。美国学者威廉·莱斯（William Leiss）和加拿大学者本·阿格尔（Ben Agger）首先认识到生态危机的严重性，对资本主义发展所带来的生态问题进行了有力的批判，并把这种批判与生态学研究结合起来，创立了生态学马克思主义。后经法国学者高兹、美国学者约翰·贝拉米·福斯特（John Bellamy Foster）和詹姆斯·奥康纳（James O'Connor）等人的进一步发展，形成了在西方有较大影响的生态学马克思主义学派。

一、生态学马克思主义的产生

生态学马克思主义的产生有深刻的社会历史背景。20世纪中叶以来，随着科学技术的发展和社会生产力的提高，人类大大地拓展了自然界的对象性领域，扩大了人化自然的疆域，控制自然的能力空前强大。人类对自然的这种征服，其后果是完全突破了农业时代那种平衡的限度，对全球范围内的自然生态系统造成了难以挽回的破坏，即出现了日益严重的水土流失、土地退化、资源匮乏、生态失衡、环境污染，这种大量生产、过度消费的生产生活模式导致了全球性生态环境危机的爆发，直接威胁到了人类和生物的生存，生态环境问题已经超越了地域和意识形态的樊篱而成为制约全人类生存和发展的共同困境。人们面对资本主义社会出现的生态环境危机，在理论上，引发了20世纪60年代在西方影响广泛的生态哲学的研究。作为一种自然哲学的视角，它要求对科学技术及其应用进行深刻的反思，限制工具理性的膨胀，控制社会生产力的发展，重新审视人与自然、科技与生态环境的关系，从而建立一种非人类中心主义的生态价值观。在实践上，生态危机唤醒了民众的生态意识，引发了20世纪70年代规模和影响较大的绿色环保运动，它是一场抗议资本主义制度，并演变为一种要求资本主义社会改革的群众性运动，旨在防止生态灾难，维护人类生存环境。结合这场绿色运动，西方马克思主义学者威廉·莱斯和本·阿格尔等人在法兰克福学派思想的基础上，面对资本主义的经济危机已转向生态危机的实际，自觉地运用马克思主义的资本主义危机理论，从不同方面剖析了资本主义生态危机产生的原因，创立了生态学马克思主义学派。

1. 威廉·莱斯的生态学马克思主义理论

美国学者威廉·莱斯在1972年出版的《自然的控制》一书中明确地指出，把自然界当作商品加以控制，把控制自然作为资本主义社会进行竞争的手段，是资本主义社会普遍面临生态危机的直接原因。控制自然的观念，"这种意识形态的行为的最根本不合理的目标就是，把全部自然（包括人的自然）作为满足人的不可满足的欲望的材料来加以理解和占用"①。从而导致市场无限地扩大，最终结果是人的自我毁灭。而且，威廉·莱斯进一步指出，控制自然和控制人之间有着不可分割的联系，对人的控制是以对自然的控制为条件，对自然控制的加强不是削弱对人的控制，而是强化对人的控制。这是因为科学技术已经成为特殊的社会利益集团维系其统治合法性的意识形态工具，他们运用科学技术这种手段，来控制自然和开发利用自然资源，通过占有的自然资源合理地进入到社会生产中而实现对人的控制，科学技术变成了一种统治的工具。所以，当前人类面临的最迫切的挑战，不是去谴责科学技术，而是应该建立一种更加民主的新型社会，使科学技术不是掌握在少数人手中，为少数人谋利益，而是为全社会所拥有，推进社会的和谐发展和文明进步。

威廉·莱斯在1976年出版的《满足的极限》一书中，着重分析了生态危机的原因和解决的途径。一是资本主义生产的无政府状态必然导致生态危机。这是因为资本主义生产的唯利是图，急功近利，利用科学技术大力开发自然资源来满足资本主义生产规模不断扩大的要求，把资本主义生产推到登峰造极的无政府地步，造成了过度生产。然而，由于资源的过度开发利用，终将超过自然界能够承担的限度，破坏地球生态系统，导致人和自然关系的尖锐冲突。这就表明，自然并不是一个任人摆布的客体，也并不服从社会的意志，相反，人类要生存就必须尊重自然、适应自然，才能更好地生存与发展。二是人类本身的需求与商品之间的关系在垄断的资本主义市场上已经被打乱和扭曲。莱斯认为，为了使资本主义社会更好地发展下去，必须发展一种新的需求观，面对自然资源短缺的现状，要大大削减人对商品的需求，并把人均使用能源及其他物质的数量降到最低限度，强调人的满足是在生产劳动中，而不是在消费方式中。他认为，人类之所以能在生产领域获得真正的满足，主要是因为其一，通过参加直接性的生产活动得以自我实现，使人们真正能创造性地生活，而且这种生活又是丰富多彩的，人们在这种生产活动中会获得精神享受；其二，由于这种生产不是为了支撑恶性消费而进行的生产，大大缩减了资本主义的生产规模，所以，这种生产活动不会造成自然资源的过度开发利用，人与自然之间不会形成日益对立的关系，人类在这种与自然日趋和谐的关系下劳动会产生一种新的幸福感。只有这样，才能解决生态环境危机，使人与自然的关系朝着和谐方向发展。

---

① ［美］威廉·莱斯．岳长龄等译．自然的控制［M］．重庆：重庆出版社，1993：8．

2. 本·阿格尔的生态学马克思主义理论

加拿大学者本·阿格尔在 1975 年出版的《论幸福和被毁的生活》一书以及 1979 年出版的《西方马克思主义概论》一书中，揭示了资本主义生态危机产生的根源，并以人的需要和生态系统的限制之间的辩证过程所导致的生态危机为基础，建构了他的生态学马克思主义理论。他认为，"历史的变化已使原本马克思关于只属于工业资本主义生产领域的危机理论失去效用。今天危机的趋势已经转到消费领域，即生态危机取代了经济危机"①。他认为马克思关于资本主义经济危机的理论已经过时，这是因为马克思所处的时代，资本主义社会的商品生产和消费没有发生今天这样的变化，特别是广告和商品消费没有形成如此紧密的联系，因此，马克思没有充分分析消费领域，错误地认为只有生产领域中的危机趋势，才能导致资本主义的消亡。然而，当代资本主义比马克思想象的更富有活力，所以，当务之急是重构马克思的危机理论，从马克思关于资本主义生产本质的见解出发，努力揭示生产、消费、人的需求和环境之间的关系。他认为这一理论既植根于资本主义的内在矛盾，也植根于资本主义生产过程同整个生态系统相互作用过程中的矛盾。

为此，他认为由于为了向人们提供所需要的无穷无尽的商品，资本主义社会不得不维持其现存工业增长速度，因而将触发生态危机。一方面，从资本主义制度的本质来看，资本为了追求利润和获取剩余价值，为了维持其统治的合法性，必然会利用科学技术进步不断地扩大其生产规模，创造巨大的物质财富。并且利用媒体在全社会大力宣传消费主义的价值观和生存方式，将人们的幸福和价值需求转移到物质商品消费上来，由此控制人们的消费观和消费方式，这样就造成了两大严重问题，即过度生产和过度消费。另一方面，从人们的价值观来看，在资本人主义社会，个人对物质利益的追求成为驱动社会发展的普遍原则，它使人与人之间在经济利益上产生激烈的竞争和对抗，而竞争和对抗的唯一目的就是最大限度地获取物质财富，从而摆脱他人的统治或者是获得更大的统治他人的社会权力。因此，这种人与人之间的竞争和对抗，产生了人的异化劳动，即在资本主义社会的劳动过程中人们无自由和幸福可言。而人们为了逃避劳动过程中的异化，往往通过过度消费来补偿异化劳动所遭受的痛苦。但这种商品消费并非产生于人的真实需要，而是人为了追求自由和幸福的

---

① ［加］本·阿格尔. 慎之等译. 西方马克思主义概论［M］. 北京：中国人民大学出版社，1991：486.

一种异化消费。它不仅使人性扭曲，加剧了人的异化现象，而且极大地破坏了环境和生态平衡，造成严重的生态危机。

本·阿格尔认为，消除异化消费的价值观和幸福观对于实现资本主义社会的变革具有重要的作用。"马克思的危机理论可以重新运用于当前的社会制度。因为我们放弃马克思的经济危机理论并不意味着也放弃他的关于非异化的人的活动的理论或他的矛盾的理论。相反，拯救马克思的观点和避免乌托邦主义的唯一办法，是分析目前存在于像受广告操纵的消费与受到威胁的环境之间关系的这样一些危机的新形式。"[①] 为此，他认为由有限生态系统所决定的人的需要和商品之间的相互作用正是当代资本主义社会变革的内在动力。这是由于地球生态系统是有限的，因此它根本就不可能支撑人们对无限增长的追求，这就要求人们应该重新思考人的需要与商品之间的关系，限制以广告为媒介的异化消费，并重新评价人们的劳动观和幸福观，使人们认识到人的满足最终在于生产活动而不在于消费活动。本·阿格尔把这一社会变革过程具体分为三个相互联系的阶段。第一阶段是生态系统无力支撑无限增长，从而需要缩减旨在为人的消费提供源源不断商品的工业生产；第二阶段是针对上述生态限制，人们应当首先缩减自己的需求，并重新思考自己的需求方式，最终改变那种把幸福完全等同于受广告操纵的消费的观念；第三阶段是对需求方式的思考使人们改变消费价值观，进而形成在劳动创造的过程中实现自己的自由和幸福的价值观。只有这样，才能解决资本主义的生态危机。

二、生态学马克思主义的发展

20世纪90年代，生态学马克思主义的主要代表人物福斯特和奥康纳发展了生态学马克思主义。一方面，他们坚持从马克思关于资本主义社会内在矛盾观点出发，分析这一内在矛盾与当代资本主义生态危机之间的必然联系；另一方面，他们则对自然展开价值和文化的批判，强调个人价值观的转变对于解决生态危机、实现工人阶级解放的作用。要求人们面对资本主义的生态危机，反思自己消费主义的价值观和生存方式，从而促使人们从异化劳动和异化消费中解放出来，走向生态社会主义社会。

---

① ［加］本·阿格尔. 慎之等译. 西方马克思主义概论［M］. 北京：中国人民大学出版社，1991：490.

1. 福斯特的生态学马克思主义

美国俄勒冈州立大学的约翰·贝拉米·福斯特是著名的生态学马克思主义理论家，他在《马克思的生态学——唯物主义和自然》（*Marx's Ecology: Materialism and Nature*）一书中，对马克思著作中的生态思想进行了探索，重新阐发了马克思唯物主义的自然观与社会观，并得出三大结论："①在马克思的著作中有比其他一些零散的生态学家更加详细的对生态学的关注。②人类与自然间的新陈代谢或称物质交换关系是贯穿整个马克思学说的根本观点，这是全面理解马克思生态思想的关键。③马克思关于自然和社会新陈代谢的观点为解决今天生态学的诸多问题，提供了一个唯物主义和社会历史学的角度。"①福斯特还在《生态危机与资本主义》（*Ecology Against Capitalism*）一书中，揭示了资本主义制度的反生态性质，提出了一种能够提供更加持久和可持续的解决生态危机的方案。

第一，福斯特指出，人与自然之间的关系是马克思的唯物主义所始终关注的内容。他认为马克思在《1844年经济学哲学手稿》一书中，对人和自然关系问题提出了三个重要思想：①马克思提出了"异化劳动"概念。福斯特认为马克思这里所讲的"异化"，既包括人类对自身劳动的异化，也包括人类同自然关系的异化，从而展示了自然主义、人本主义和唯物主义的一致性。②马克思强调了人类和自然之间的有机联系，强调了自然的历史性特征。"人类同自然的关系不仅可以通过生产来调节，而且可以通过更加直接的生产工具（它本身也是人类通过生产活动改造自然的产物）来调节——这使得人类能够通过各种方式改造自然。"②"根据这种观点，人类在很大程度上是通过生活资料的生产而产生了与自然的历史性联系。自然因此而对人类呈现出实践的意义，因为自然作为一种生命活动的结果，也是生活资料的一种结果。"③③马克思拒绝对异化问题的纯哲学解决方案。马克思提出的人的联合和联合产品的概念，对消灭资本主义私有制，从而消除人与自然的异化起到了决定性的作用。在人类历史中，只有在实践的王国中，才能发现解决人类对自然异化的方案。由此，福斯特得出结论：如果没有对马克思的唯物主义自然观和历史观之间关系的理解，就不可能全面理解马克思的生态思想，同时也不可能解决当代的生态危机。

---

① 弗朗西斯科·费尔南德斯·布埃. 评福斯特的《马克思生态学》[N]. 参考消息，2004-10-13.

② John Bellamy Foster. Marx's ecology: materialism and nature [M]. New York: Monthly Review Press，2000：72.

③ John Bellamy Foster. Marx's ecology: materialism and nature [M]. New York: Monthly Review Press，2000：73.

　　第二，福斯特认为，马克思对生态文明思想的最直接贡献就是马克思的物质变换断裂理论。"物质变换概念的自然内涵揭示的是以劳动为中介的自然同社会间物质的交换，社会内涵揭示的则是人类社会内部的以物质生产及其组织为基础的交换，即产品交换、分配、消费。物质变换的社会内涵是以自然内涵为前提条件和物质基础的。"①他明确地指出，马克思在《资本论》一书中，把自由竞争资本主义社会中的人口、土地、工业等三者作为一个生态系统来考察，揭示了工业资本主义财富积累的两个来源：一是自然界，特别是土地，解释了资本主义原始积累源于对土地的剥夺；二是工人阶级的劳动，阐明了资本主义财富的积累主要源自于工人阶级的劳动。在人口与土地的关系中，马克思认为，人口相对于谷物的过剩，是由于资本主义社会中土地的肥力受到人口的剥夺而无法恢复；同时，资本主义大工业迫使人口向工业城市流动，把农村土地上的肥力以谷物的方式带走，而以排泄物的形式留在城市的排泄系统中，造成人口与土地物质代谢的中断。因此，由于资本主义和私人所有制的存在，对劳动的剥削、形成劳动的异化以及资本主义社会贫富分化和对立，造成了社会再生产的中断，造成了自然与社会以及社会内部新陈代谢的断裂，破坏了自然与社会组成的生态系统。福斯特认为，马克思正是在这种系统的考察过程中，批判了资本主义制度对自然力的破坏，揭示了资本主义是导致自然异化的原因。因此，福斯特重构的物质变换断裂理论，揭示了马克思的自然观的唯物主义性质及其科学性。

　　第三，对于现代社会中的生态灾难源于自然科学技术这一观点，福斯特明确地指出，在资本主义社会许多新技术之所以造成生态环境破坏，是因为公司在开发或选择利用何种技术的时候，唯一关心的是利润的多少而不是生态的可持续性，因而是服务于赚钱目的的资本主义生产方式而不是技术本身构成了生态危机的根源，其真正的根源是资本主义制度。进一步地说，当代生态危机是资本主义追求生产的无限扩张、利润的高增长和以资本的形式积累财富的本性造成的，这是因为：一方面，地球生态系统的有限性与资本主义无限扩张之间必然会产生矛盾冲突；另一方面，资本主义为了追求利润，必然会不惜一切代价追求经济增长，同时由于忽视环境而对环境条件造成破坏。而这些环境条件直接关系到人类社会的可持续发展问题。因此，资本主义制度与生态环境的矛盾在整体上是对抗性的，生态危机不可能在资本主义制度下得到解决。

---

① 孙建平等．论福斯特对马克思生态学说的重新解释［J］．郑州航空工业管理学院学报（社科版），2007（3）．

在福斯特看来，人类解决生态危机的出路，一是要通过激进的生态革命，生态革命是一场与农业革命和工业革命同等规模的、旨在改变现行生产方式的社会革命，建立起一种由崭新的民主化的国家政权与民众权力之间的合作关系，建立一个以公正和可持续发展为基础的生态社会主义社会，才能建立人类与地球的可持续发展关系。这是因为要开展广泛的生态化运动和创造可持续发展的社会，这不是在现有制度下通过自然资本化、技术进步和技术良性应用能够解决的，而是需要通过一场激进的社会制度变革，必须要抛弃建立在以人类和自然为代价的基础上积聚财富的资本主义制度。二是要在全社会倡导和树立生态道德价值观。"只有承认环境的敌人不是人类（不论作为个体还是集体），而是我们所在的特定历史阶段的经济和社会秩序，我们才能够为拯救地球而进行的真正意义上的道德革命寻找到充分的共同基础。"① 从个体道德的角度看，建立生态道德价值观，可以引导我们重新学习在地球上如何生活，如何把自然看作是人类不可分割的一部分，如何实现人类与自然的和谐发展。这种生态道德价值观和流行的利己主义的价值观是直接对立的。从社会正义的角度来看，我们必须反对资本主义的生产方式，保持生态安全，保证环境公平，这是因为资本主义生产并不是以满足人们的基本生活需要为目的，而是为了追求资本利益的最大化而置环境于不顾，并利用不平等的国际政治经济秩序对第三世界国家进行资源掠夺。可以看出，福斯特强调社会变革和建立新的生态道德价值观对于解决环境问题两者缺一不可。

福斯特对马克思的物质变换断裂理论的建构为我们思考人与自然关系、经济发展与环境保护关系、城市与乡村均衡发展关系等问题提供哲学上的和社会学上的启发。这不仅有助于我们研究我国以及世界范围内的经济发展与环境生态问题和社会问题以及两者的关系，而且，对于我国如何科学地避免生态灾难、彻底解决生态环境问题具有重要的现实意义。福斯特认为，马克思主义之所以对解决生态问题具有巨大的潜在优势，正是因为它所依赖的社会理论属于唯物主义：不仅在于这种唯物主义强调物质生产条件这个社会前提，以及这些条件如何限制人类的自由和可能性，而且这种唯物主义从来没有忽视过这些物质条件与自然历史之间的必然联系，也就是与唯物主义自然观的必然联系。这就说明了一种生态唯物主义或一种辩证的自然观历史观的必要性，彻底的生态学分析同时需要唯物主义和辩证法两种观点。因此，福斯特的生态学马克思主

---

① John Bellamy Foster. Ecology against capitalism [M]. New York：Monthly Review Press，2002：50.

义创立，为我们沿着生态学和马克思的唯物主义思想方向进一步研究，提供了大量的文献信息和极其丰富的史料；为我们重新理解马克思的唯物主义及其同生态学思想的关系提供了重要启示，坚定了我们用马克思主义来分析当今现实问题的信念，确立了马克思对解决当代生态问题的发言权和指导作用；为我们发展马克思主义和实现马克思主义中国化提供了思路。

2. 詹姆斯·奥康纳的生态学马克思主义

詹姆斯·奥康纳是当代美国生态学马克思主义的领军人物之一，他在《自然的理由——生态学马克思主义研究》（*Natural Causes：Essays in Ecological Marxism*）一书中，不仅把"自然"和"文化"引入马克思的历史唯物主义理论之中，重构了历史唯物主义理论，形成了他的生态学马克思主义理论，而且在此基础上，通过对资本主义制度的生态批判，将他的理论应用到生态社会主义的实践，形成了他的生态社会主义理论。

（1）历史唯物主义理论的重构

奥康纳重构历史唯物主义理论，是在充分肯定历史唯物主义对资本主义批判的科学性和对社会发展的预见性的基础上，通过指认历史唯物主义的"理论空场"来重建的。他认为，历史唯物主义理论把整个社会物质生产和生活看作是由生产力和生产关系相互作用的双向过程。但问题在于，20 世纪 60 年代以来，伴随着生态危机的全球蔓延，时代的主题开始发生变化，人类和自然界之间的矛盾上升为人类面临的主要矛盾，因此，有必要对历史唯物主义内涵进行双向拓展。人类在生物学维度上的变化和已经社会化了的人类再生产都将对人类历史产生影响，这就要求历史唯物主义内涵的向内拓展；而作为人类赖以生存的基础的自然界，不管是"第一自然"还是"第二自然"，应该成为历史唯物主义内涵的向外拓展。"历史唯物主义事实上只给自然系统保留了极少的理论空间，而把主要的内容放在了人类系统方面。在历史唯物主义的经典阐述中，决定物质生产和自然界之间关系的，主要是生产方式，或者说是对劳动者的剥削方式，而不是自然环境的状况和生态的发展过程……自然界之本真的自主运作性，作为一种既能有助于又能限制人类活动的力量，在该理论中却越来越被遗忘或被置于边缘的地位。"[①] 这就说明历史唯物主义缺乏丰富的生态感受性。奥康纳认为，自然具有两个非常重要的特性：一是自然界之本真的自主运

---

① ［美］詹姆斯·奥康纳. 唐正东，臧佩洪译. 自然的理由［M］. 南京：南京大学出版社，2003：7.

作性；二是自然的终极目的性。"历史唯物主义的确没有一种（或只在很弱的意义上具体）研究劳动过程中的生态和自然界之自主过程（或自然系统）的自然理论。"① 他认为，传统历史唯物主义突出的是社会关系与物质技术关系之间的紧张关系，虽然成功地论证了在不同生产方式中，自然界遭遇不同的社会性建构，但自然界之本真的自主运作却边缘化了；由于缺少自然的终极目的性观念，即自然界本身的存在就是它自身的最终目的，这一目的具有无条件的至上性。而传统历史唯物主义只把自然当作生产、生活随意掘取的资源和驯化的对象。这样，对这两个特征的忽视或否定，导致传统历史唯物主义理论体系中的自然地位的缺失。

同时，奥康纳又认为，生产力和生产关系既具有客观性维度，同时又具有主观性维度，它们在本质上是社会的，它们深深植根于特定的文化规范和价值观之中。生产力的客观性维度是指由自然界所提供的（或通过劳动从自然界中获得的）生产资料和再生产工具以及生产对象。生产力的主观性维度是指除了包括总体上的活劳动力外，还包括受到文化实践活动影响的劳动力的不同组合。生产关系的客观性维度是指生产的发展是以价值规律、竞争规律、资本的集中与垄断规律以及其他的一些发展规律为基础的。生产关系同时也是主观的，因为它所包含的财富范畴同时具有文化的意蕴，它建构的特定劳动关系、分配关系也受制于具体的文化实践。然而，传统历史唯物主义理论只从技术的维度来规定生产力和生产关系，而缺乏文化维度的规定，把"文化"看作是上层建筑的组成部分，而不是把"文化"看作是与社会经济基础交织在一起。这种对生产力和生产关系的研究造成了自然和文化范畴在传统历史唯物主义理论中的缺失。因此，历史唯物主义的当代化，就是要把自然和文化范畴与历史唯物主义的生产力、生产关系和劳动结合起来。这就意味着历史唯物主义不仅要立足于对工业技术、劳动分工、财产关系以及权力关系的研究，而且要立足于对具体的、历史的文化和自然形式的研究。他从以下三个方面展开了对历史唯物主义的重构。

第一，建立了生产力和生产关系的文化维度。奥康纳认为，生产力和生产关系的构成不仅包括技术的因素，而且也包括文化的因素。"所有类型的文化实践对劳动关系以及包括政治关系在内的其他社会关系都起干预的作用。再进一步，政治与文化的实践活动不仅从上面，而且也从下面输入到工作场所之

① ［美］詹姆斯·奥康纳. 唐正东，臧佩洪译. 自然的理由［M］. 南京：南京大学出版社，2003：62～63.

中。在这一意义上，劳动关系既是政治的、意识形态的及文化的斗争的内容，也是其生成的语境。"① 因此，生产力和生产关系的发展不仅要受到技术方面的生产工具、生产对象的发展水平等因素的影响，而且还不可避免地受到文化规范、价值观念、文化传统等因素的影响。他认为，"协作范畴是一个明显的介入点，从此出发，我们可以深入到对历史唯物主义观念加以修正的计划之中，以此来有效地清理文化、社会劳动与自然界之间的辩证关系"②。传统历史唯物主义理论把协作简单地归入生产力范畴，归结为劳动的分工和专业化。而他则认为任何一种协作模式既是一种生产力也是一种生产关系，协作应或多或少建立在文化规范和生态样式的基础上，即由技术、权力关系、文化和自然"四因素"决定。作为生产力和生产关系的协作模式的劳动关系，在一定意义上总是由一定劳动者群体的文化决定的，如果对文化的主导模式、法律体系的作用、管理者控制劳动者的意识形态不甚了解，就根本不能理解生产力和生产关系协作的具体形式，也就对生产关系本身难以获得真正的理解。因此，他提出了"文化生产力"和"文化生产关系"概念。文化的生产力就是生产力中的文化内容和生产力存在及其作用的文化方式。文化的生产关系就是生产关系的文化内容及其存在和作用的文化方式。只有把握生产力和生产关系的文化维度，才能够既避免技术决定论的错误，同时也才能理解在相同的技术条件下形成的不同生产力以及人们之间的不同协作模式。

第二，建立了生产力和生产关系的自然维度。奥康纳认为，传统历史唯物主义的理论中，"自然界（自然系统）内部的生态与物质联系以及它们对劳动过程中的协作方式所产生的影响，虽不能说完全被忽略了，但也确实被相对地轻视了"③。但实际上，自然生态系统是人类生产实践活动的前提，不仅内在于生产力之中，而且也存在于生产关系之中，为此，他提出了自然的生产力和自然的生产关系的概念。自然的生产力，指的是自然系统或自然过程不仅仅是生产过程的合作者，而且是自主的合作者。"尽管自然系统（包括大气层本身的构成在内）之具体形式往往是人类作用于自然界的结果，但一个客观的事实是，构成自然系统的化学、生物和物理的过程是独立于人类系统而自主运作的。"④ 自然系统的自主性运作使它成为自主性的生产力，任何生产都必须受到

① ［美］詹姆斯·奥康纳. 唐正东，臧佩洪译. 自然的理由［M］. 南京：南京大学出版社，2003：70.
② ［美］詹姆斯·奥康纳. 唐正东，臧佩洪译. 自然的理由［M］. 南京：南京大学出版社，2003：66.
③ ［美］詹姆斯·奥康纳. 唐正东，臧佩洪译. 自然的理由［M］. 南京：南京大学出版社，2003：73.
④ ［美］詹姆斯·奥康纳. 唐正东，臧佩洪译. 自然的理由［M］. 南京：南京大学出版社，2003：74.

自然条件的规定和制约。因此，它是以自然生态系统内在的属性和规律影响着生产力的发展。同样，"自然的生产关系意味着自然条件或自然过程（不管是否受人类活动的影响）的一定形式，与任何其他因素相比，对任何一个既定的社会形态或阶级结构的发展，提供更为多样的可能性"①。生产关系总是建立在自然条件之上，自然生态系统会直接影响生产关系的形成与发展。例如，英国之所以没有经历严格意义上的封建主义，一定程度上同其拥有发达的内陆和沿海运输系统以及由此带来的商业机会有关，这是因为，在地中海和大西洋沿岸地区，其优越的自然条件使商业资本主义的社会经济结构很早就发展起来了。这就表明，生产力和生产关系的自然维度，决定了人和自然的关系必须建立在生态联系的基础上，决定了人类的力量和自然界本身的力量在具体的生产过程中将相互统一和共同发展。

第三，重构了作为人类社会和自然界中介的社会劳动。奥康纳指出，社会劳动在人类历史与自然历史之间起着调节作用，社会劳动也具有客观和主观两种功能：社会劳动的客观功能是指创造我们工作和生活的客观世界；社会劳动的主观功能则是建构自己的主观意识世界，以及对新的人类物质活动可能性的二重影响。从社会劳动同自然的关系看，"人类的劳动不仅建立在阶级权力、维持商品价格稳定的努力以及文化的基础之上，而且也建立在自然系统的基础之上。而自然系统反过来也被社会劳动所调节。资本内嵌于自然过程之中，改变着自然界的规律及可能的发展趋势，或者在创建一种先前不存在的自然界之新形式或新关系的意义上改变着自然界"②。社会劳动是建立在自然生态系统的基础上的，自然的客观规定性制约着人类的社会劳动过程，不能把自然界当作人类劳动的外在对象来考虑，同时社会劳动又通过对自然过程的调节和改造，不断创造出"第二自然"或自然界的新形式和新关系。从社会劳动与文化的关系看，"人类的劳动不仅建构在阶级权力和价值规律的基础上，而且也建构在文化规范和文化实践的基础之上，而文化规范和文化实践反过来又被社会劳动形式所决定"③。社会劳动是在文化规范和文化实践的基础上展开，而文化规范和文化实践又是在社会劳动中形成和发展，它们之间存在着相互决定和相互控制的关系。由此可见，文化和自然因素在社会劳动中是相互并存和相互融合的，它们是社会劳动中不可分割的两种规定性，也正是由于文化因素和自然因

① ［美］詹姆斯·奥康纳．唐正东，臧佩洪译．自然的理由［M］．南京：南京大学出版社，2003：74
② ［美］詹姆斯·奥康纳．唐正东，臧佩洪译．自然的理由［M］．南京：南京大学出版社，2003：77
③ ［美］詹姆斯·奥康纳．唐正东，臧佩洪译．自然的理由［M］．南京：南京大学出版社，2003：77

素在社会劳动中相互作用与相互融合，使社会劳动呈现出劳动水平的差异性、劳动本身的复杂化和不确定性。

奥康纳重构历史唯物主义，建构生态学马克思主义理论体系，其目的是为了建立人类实践与自然界的生态关系，克服传统历史唯物主义忽视文化和自然因素的技术决定论倾向，批判资本主义制度所引发的自然的异化和生态危机，从而为生态学社会主义的实践奠定理论基础。

（2）生态社会主义理论

奥康纳指出，"人类历史和自然界的历史无疑是处在一种辩证的相互作用关系之中的；他们认知到了资本主义的反生态本质，意识到了构建一种能够清楚地阐明交换价值和使用价值的矛盾关系的理论的必要性；至少可以说，他们具备一种潜在的生态学社会主义的理论视域"①。因此，"目前的关键问题是怎样使环境运动转变成促进激进的社会经济变迁的重要力量"②把激进的绿色思潮和环境运动纳入到社会主义运动，分析现实社会主义实践产生偏差和造成生态问题的原因，实现生态社会主义。"像传统马克思主义理论是对传统的劳工运动实践的阐明一样，生态学马克思主义所要阐明的是新社会运动的实践。"③

第一，奥康纳分析了社会主义国家在发展过程中产生生态问题的原因。一是由于大部分社会主义国家都是在经济和文化相对落后的基础上建立起来的，而且还面临着西方发达资本主义国家的敌视和封锁。他们为了迅速提高本国的综合国力和人民的生活水平，普遍实行了赶超型发展战略。在经济增长方面，一般都采取了高增长和高消耗的粗放型发展模式，虽然国民经济得到了很快的发展，但是生态环境也付出了沉重的代价。二是由于社会主义国家实现经济增长的手段也是利用工业化来实现的，而伴随工业化进程以及相关的科学技术的广泛运用，必然和资本主义国家一样也带来生态与环境问题。三是由于经济全球化的推进，社会主义国家的经济也要参与世界市场的竞争，同样也受市场规律的影响和制约，也会带来生态问题。

他认为，虽然社会主义国家也存在生态问题，但同资本主义国家的生态问题相比，它们有着本质上的区别。一是从生产的目的来看，资本主义生产是为了追求剩余价值，而社会主义生产是为了满足人民物质文化生活的需要。二是从生产运行方式来看，社会主义国家采取的是中央计划经济，中央计划经济将

① ［美］詹姆斯·奥康纳. 唐正东，臧佩洪译. 自然的理由［M］. 南京：南京大学出版社，2003：6
② ［美］詹姆斯·奥康纳. 唐正东，臧佩洪译. 自然的理由［M］. 南京：南京大学出版社，2003：19。
③ ［美］詹姆斯·奥康纳. 唐正东，臧佩洪译. 自然的理由［M］. 南京：南京大学出版社，2003：254

充分就业和工作保障作为一项基本任务，从而消除了企业之间为了争夺市场份额而展开的斗争，也削弱了企业通过外化成本和污染环境的动机。三是从实现生产目的的手段和消费方式来看，资本主义的市场经济，企业往往通过广告、包装以及产品的升级换代等手段促进商品的销售，其结果是浪费了资源，污染了环境，社会主义经济的消费方式是采取集体消费，这意味着社会主义的消费所耗费的自然资源和所产生的污染要少得多。四是从社会产品的分配来看，社会主义社会遵循平等原则，而资本主义社会在社会产品的分配上不仅导致贫富分化，而且还迫使贫困大众不得不以破坏环境的方式维系其生存。^① 因此，"社会主义国家的资源损耗和污染更多的是政治而非经济问题。这也就是说，与资本主义的情况不同，大规模的环境退化可能并非是社会主义的内在本质"^②。社会主义和生态之间不存在根本的冲突。

第二，奥康纳指出了生态社会主义实践的可能性。社会主义和生态学不仅不是相互矛盾的，而且是互补的。只要改革传统的社会主义，就能实现社会主义与生态运动的结合。其一，在实践中必须复活社会主义的理念，把社会主义从"分配正义"转向"生产正义"。他认为，传统社会主义提倡的是分配正义而不是生产正义。然而，分配正义在一个社会化生产已经达到高度发展的世界中是根本不可能实现的，正义唯一可行的形式就是生产正义。其二，在经济发展过程中必须重新定义生产主义。他对生产主义的内容定义为，"一个社会可以通过各种途径来达到更高的生产率水平，如采用更为有效的原材料再使用、循环利用等等方法；减少能源使用并在改良了的绿色城市内使用大众交通工具来上班；通过发展有机农业来阻止'反复喷施杀虫剂'；另外，还有一些别的方法——尤其是劳动和土地的商品化"^③。也就是说，通过有效的原材料循环利用、节能技术推广运用等途径来促进经济发展，改变传统的经济增长模式，防止经济增长对生态环境的破坏。其三，必须对资本主义国家的政治制度展开批判，使资本主义国家走向民主化。他认为，建立起一种能很好地协调生态问题的地方特色和全球性两方面之间关系的民主政治形式，可以"使生产的社会关系变得清晰起来，终结市场统治和商品拜物教，并结束一些人对另一些人的剥削"^④。其四，生态运动应该既是全球性又是地方性地思考和行动。生态运动提

---

① 王雨辰. 文化、自然与生态政治哲学概论 [J]. 国外社会科学，2005（6）：6.
② ［美］詹姆斯·奥康纳. 唐正东、臧佩洪译. 自然的理由 [M]. 南京：南京大学出版社，2003：418.
③ ［美］詹姆斯·奥康纳. 唐正东、臧佩洪译. 自然的理由 [M]. 南京：南京大学出版社，2003：425.
④ ［美］詹姆斯·奥康纳. 唐正东、臧佩洪译. 自然的理由 [M]. 南京：南京大学出版社，2003：439.

出的口号是"全球性地思考，地方性地行动"。所谓"全球性地思考"，就是指要思考你的所作所为对全球生态环境的影响；所谓"地方性地行动"，就是要求每一个地区都可以通过减少资源消耗对保护全球生态环境做出自己的贡献。但是，随着经济全球化的发展，"地方"愈来愈成为全球性分工的碎片，"地方环境"已经成为全球化发展的牺牲品。因此，大部分的生态问题不可能在地方性的层面上获得有效的解决，必须对生态运动的口号作相应的变革。即生态运动不仅要"全球性地思考，地方性地行动"，而且也要"地方性地思考，全球性地行动"，最后达到"既是全球性又是地方性地思考和行动"。他认为，生态运动只有具备"全球性地行动"的战略思维，才能够使其行动不仅停留于反对某一特定企业或工业部门对生态环境和社会的危害，而且要全世界行动起来，反对那些导致生态问题的全球性机构。通过以上的分析表明，只要社会主义和生态运动实现了上述变革，两者就能很好地结合。"社会主义需要生态学，因为后者强调地方特色和交互性，并且它还赋予了自然内部以及社会与自然之间的物质交换以特别重要的地位。生态学需要社会主义，因为后者强调民主计划以及人类相互间的社会交换的关键作用。对比之下，各种流行组织或运动则局限于社区、都市或村庄，仅凭他们本身是不可能同时有效地应对全球资本主义在经济和生态维度上的破坏性特征的，对于经济危机和生态危机之间的破坏性的辩证关系，他们就更是无能为力了。"① 总之，他认为只有走生态社会主义的发展道路，才能解决生态危机问题。

第三，奥康纳提出了生态社会主义的构想。奥康纳对生态学马克思主义的制度理想——生态社会主义作了如下描述："生态（学）社会主义是一种生态上合理而敏感的社会，这种社会以对生产手段和对象、信息等的民主控制为基础，并以高度的社会经济平等、和睦以及社会公正为特征，在这个社会中，土地和劳动力被非商品化了，而且交换价值是从属于使用价值的。"② 具体地讲，一是生态社会主义有别于资本主义。生态社会主义是按照需要（包括工人的自我发展的需要）而不是利润来组织生产的社会形态。生态社会主义这一主张实际上是回归到了马克思主义对资本主义生产关系的生产正义批判，真正体现了社会主义的本质。二是生态社会主义也有别于传统社会主义。"生态社会主义在多大程度上构成对资本主义的一种批判，那么它也就在多大程度上构成对传

---

① ［美］詹姆斯·奥康纳．唐正东，臧佩洪译．自然的理由［M］．南京：南京大学出版社，2003：434～435.
② ［美］詹姆斯·奥康纳．唐正东，臧佩洪译．自然的理由［M］．南京：南京大学出版社，2003：439～440.

统社会主义的一种批判。"① 传统社会主义关注资本的生产和再生产，而生态社会主义则关注生产条件的生产和再生产。三是对生态社会主义社会的一般规定性考察。"生态社会主义严格来说并不是一种规范性的主张，而是对社会经济条件和日益逼近的危机的一种实证分析。"② 然而，他并没有揭示走向生态社会主义的具体途径，以及未来生态社会主义社会的具体社会运行机制，还停留在探索阶段，有待于深化和发展。

总之，奥康纳的生态社会主义理论不仅系统地论证了社会主义和生态运动结合的必要性，而且强调了社会主义的本质规定在于使交换价值从属于使用价值，实现生产性正义。

第二节　生态学马克思主义的主要理论观点

生态学马克思主义一词来源于本·阿格尔的《西方马克思主义概论》一书，虽然目前没有形成一个统一的理论体系，但已形成了各具理论特色的、多向度发展的生态学马克思主义学派。这是由于不同学者的个人志趣、研究领域和观点不同造成的。总的说来，生态学马克思主义是把资本主义的基本矛盾置于资本主义生产和整个生态系统之间辩证运动中进行考察，主要围绕三个大的方面进行研究。一是从资本主义社会环境和生态危机的实质和产生根源进行探究。有的学者从生产方式入手，认为资本主义生产的扩张主义动力必然导致资源不断减少和环境受到污染的生态环境危机；有的学者从消费方式着手，认为资本主义社会中人们为了摆脱异化劳动而出现的异化消费是导致生态危机的根源。二是从价值观方面进行研究。有的学者指出，统治自然的价值观是导致生态危机的根源，要以人的需要和生态系统的限制之间的辩证运动过程为基础，来建构生态学马克思主义理论。三是从政治制度的角度对当今资本主义社会的替代方案进行研究。其目的是寻求一种既不同于现存的资本主义制度，也不同于存在的社会主义制度的第三条道路，他们把它称之为生态社会主义。

① ［美］詹姆斯·奥康纳. 唐正东，臧佩洪译. 自然的理由 ［M］. 南京：南京大学出版社，2003：529.
② ［美］詹姆斯·奥康纳. 唐正东，臧佩洪译. 自然的理由 ［M］. 南京：南京大学出版社，2003：527.

一、生态危机理论

第一，用生态危机否定经济危机。生态学马克思主义承认马克思对自由资本主义社会基本矛盾分析和批判的正确性。他们认为资本主义的基本矛盾——即生产的社会性与生产成果的私人占有之间的矛盾，最终决定了资本主义个别企业生产的有组织性和整个社会生产的无政府状态之间的矛盾，这种矛盾激化到一定程度就必然爆发经济危机，造成产品的相对过剩、劳动者的赤贫和资本主义生产的停滞，并最终引发无产阶级革命。然而，到了垄断资本主义社会，科学技术的迅猛发展和国家福利政策的普遍实施，资本主义并没有使工人阶级出现极端贫困现象，经济危机也难以大规模爆发。资本主义非但没有灭亡的迹象，相反却呈现出进一步在全球发展的态势。因此，生态学马克思主义认为，马克思关于资本主义的经济危机理论已经过时，不能够解释资本主义的继续存在和发展，也不能够为资本主义社会向社会主义社会的转变提供理论指导。但是，资本主义为了保持经济的增长，严重地损害了人类赖以生存的自然生态环境，导致了整个人类社会和整个自然的不可调和的矛盾。这种人类社会与自然的矛盾已经上升为资本主义社会的主要矛盾，马克思的经济危机理论不得不让位于生态危机理论。

第二，异化消费是导致资本主义生态危机的直接根源。异化消费理论是生态学马克思主义根据马克思的异化劳动理论而构造出的一个新理论。所谓异化消费，是指"为补偿自己那种单调乏味的、非创造性的且常常是报酬不足的劳动而致力于获得商品的一种现象"[①]。它是指人们并不真正需要某种商品，而是受到媒体广告和流行时尚的控制，人们用这种获得大量商品的消费来得到人生的乐趣，来表达人们对劳动领域中异化的不满及其反抗。生态学马克思主义认为，正是由于异化劳动才使人们把商品消费当作满足需要的唯一源泉，从而通过加速工业生产，来延缓资本主义社会的经济危机，维护资本主义社会的合法性。因此，当代资本主义社会的目标就是不断刺激人们的物质消费欲求。然而，在满足异化消费的过程中，生态系统的有限性和资本主义生产能力的无限性发生矛盾，这势必对自然生态系统造成巨大的生态灾难，威胁到整个人类的存在。这就需要通过消灭异化消费和生态危机的变革方法，来调整人们的需求和消费观念。"指的是这样一种状况，即在工业繁荣和物质相对丰裕的时期，

---

① ［加］本·阿格尔．慎之等译．西方马克思主义概论［M］．北京：中国人民大学出版社，1991：494.

本以为可以指望的源源不断提供商品的情况发生了变化，而这不管愿意与否无疑将引起人们对满足方式从根本上进行重新评价。最终走向自己的对立面，即对人们在一个基本上不完全丰裕的世界上的满足前景进行正确的评价。"① 生态学马克思主义认为，通过消费希望的破灭，既可以导致人们对需求的重新表达，又可以使人们对从劳动中获得满足的前景改变看法。这样才能从异化消费当中解脱出来，才能解决资本主义社会的生态危机。

第三，建立稳态经济模式，控制生产过度发展。对于如何解决资本主义社会的技术非理性运用，生态学马克思主义认为，关键是改造生产体系，建立一种新的经济增长模式。从工业生产技术来看，由于在生产过程中大规模技术的广泛运用，形成了资本高度密集、技术高度密集的大工业体系，推行的是官僚化的生产管理方式，它的本质是集权的、破坏生态的，而且还剥夺人的创造性劳动。为此，工业生产要倡导"分散化"和"非官僚化"的理念。所谓分散化，即不断缩减和分散庞大的工业经济体系，实现工业生产的小型化，来缓解人和自然关系的紧张。其关键就是要在工业生产中运用小规模技术，这种具有"人性的技术"，被英国经济学家舒马赫称之为既能够适应生态规律又能够尊重人性的"民主技术"。所谓非官僚化，即要反对资本主义生产过程中集权的官僚管理体制，而代之以工人民主管理的方式，让工人参与生产过程中的决策与管理，成为劳动过程中的主人，充分发挥人的创造性，从而体会到劳动创造的幸福。因此，生态学马克思主义观点就是应采取稳态经济模式。它是指既要满足个人的需要，同时又不损害自然生态系统，从而使人和自然得到和谐发展的经济发展模式。这就要求国家控制对稀有资源的消耗和缩减个人消费，并通过改进税收制度重新分配财富，以保证社会发展的稳定，倡导新的环境道德，反对那些损害人类利益的科学技术的运用，生产的产品应当具有耐用和易于回收的特点，使回到环境中的废物尽可能减少，使人类的生产真正根植于人与自然的和谐之中。

二、资本主义双重危机理论

20 世纪 90 年代之后，由于冷战结束，资本主义积极推行的经济全球化已成为不可阻挡的潮流，而生态环境灾难也伴随着经济全球化的进程向全球蔓延，造成了全球性的生态环境危机。生态学马克思主义重构马克思主义的基本

---

① ［加］本·阿格尔. 慎之等译. 西方马克思主义概论［M］. 北京：中国人民大学出版社，1991：490～491.

理论，分析了资本主义生态危机产生的原因，提出了资本主义双重危机理论。

第一，资本主义的双重矛盾和双重危机。生态学马克思主义认为，资本主义社会存在双重矛盾和双重危机。第一重矛盾就是历史唯物主义理论关于资本主义的基本矛盾，即生产的社会化与私人占有生产资料的矛盾，它主要是资本主义生产力与生产关系之间的矛盾，这种矛盾运动的结果就是造成需求不足、生产过剩的经济危机。第二重矛盾是指资本主义生产的无限性（包括自然资源在内的）与资本主义生产条件的有限性之间的矛盾。它是资本主义生产力、生产关系与资本主义生产条件之间的矛盾。生态学马克思主义对资本主义生态批判主要从对它的第二重矛盾的揭露着手，指出资本主义生产为了获取剩余价值和利润，在资本无限扩张的本性驱使下，不断扩大生产，从而对自然资源的需求就会不断增加，导致对自然资源的掠夺式开采与使用，造成自然生态环境严重破坏的生态危机。

第二，双重危机存在的原因。生态学马克思主义学者奥康纳认为，资本积累以及由此而造成的全球发展不平衡是造成双重危机存在的原因。一方面，资本主义的第一重矛盾是从需求的角度对资本积累构成冲击。在需求不足的情况下，剩余价值的生产没有问题，但价值和剩余价值的实现存在问题。而资本主义的第二重矛盾是从生产成本的角度对资本积累构成冲击。在生产总体成本提高的情况下，价值和剩余价值的实现没有问题，但剩余价值的生产存在问题。所以，当今资本主义的危机，"不仅是资本主义的生产过剩的危机，而且也是资本的不充分发展的危机。危机不仅来源于传统马克思主义所说的需要层面，而且也来自于生态学马克思主义所说的成本层面"①。"从总体上说，经济危机是与过度竞争、效率迷恋以及成本削减（譬如：剥削率的增强）联系在一起的，由此，也是与对工人的经济上和生理上的压榨的增强、成本外化力度的加大以及由此而来的环境恶化程度的加剧联系在一起的。"②另一方面，资本通过对自然资源和能源的开发，造成了发达国家和地区对发展中国家和地区的资源和能源掠夺，揭示了全球性生态危机的内在原因。为了提高本国的经济发展水平，发展中国家和地区不得不承受与发达国家和地区之间的不平等交易，向发达国家出售廉价的自然资源和能源产品而换取附加值高的工业产品。发达国家通过这种廉价的原材料则降低了生产成本，使资本积累加快，资本积累的加快

① ［美］詹姆斯·奥康纳.唐正东，臧佩洪译.自然的理由［M］.南京：南京大学出版社，2003：207.
② ［美］詹姆斯·奥康纳.唐正东，臧佩洪译.自然的理由［M］.南京：南京大学出版社，2003：293.

反过来又加快了对自然资源和能源的开采速度，形成恶性循环，最终导致全球性的生态危机和生态环境灾难。而生态危机反过来又会由于增加资本的成本和环境保护运动而进一步加剧经济危机。

三、生态辩证法与生态道德价值观

生态学马克思主义立足于马克思主义的立场和方法，通过建构马克思的生态哲学观，提出了系统的生态辩证法和生态道德价值观。

1. 生态辩证法

生态学马克思主义认为，当代生态危机表明了人对待自然的主观和随意，根本不顾及自然的客观性及规律，其结果是危及自身，因而，他们提出了系统的生态辩证法。其主要观点就是：一方面，人类通过自己的活动、社会生产与自然物质进行交换，建立起正向的积极关系；另一方面，人的异化活动必然引起"自然的异化"。所谓"自然的异化"是指人对外部世界的作用呈现出负面价值。

这种生态辩证法实际上就要求人们：一方面，要反对为了单纯的经济增长而破坏自然，主张经济系统与生态系统和谐、生产规模与生态平衡同步。这是因为人与自然之间存在着生态关系，只有当人的活动范围不超出生态系统的限度时，自然对人才具有正面价值。否则，人类就会受到自然的报复。如果人类对自然的这种警告置若罔闻，还是过度开发自然，满足人类不断增长的物质欲望，那么，人类将面临生存危机。因此，人类要保护自然、顺应自然、按自然规律办事。人与自然的关系不应是统治与被统治的关系，而应是一种平等和谐共同发展的关系。另一方面，要把自然的解放和人的解放紧密联系在一起。人控制自然并对自然资源进行掠夺，实际上是通过利益分配进行人对人的控制和掠夺。因此，人的异化是造成自然异化的根源。我们只有在人与人之间平等的基础上，实行自主的创造性交往和交换，才能在解放人的基础上解放自然。

2. 生态道德价值观

生态学马克思主义认为，"走出人类中心论还是走入人类中心论"的抽象价值争论，不能真正解决当代的生态危机。人类应该建立生态道德价值观，把价值关系拓展到自然领域，一方面，建立起无限开放的人类社会，另一方面，确定自然的主动性和人的活动的限度。因此，生态道德价值观既要反对资本主义条件下的人类中心主义，也要反对主流绿党的生态中心主义的观点。只有把技术理性批判和资本主义制度批判有机地结合起来，才能实现人类中心主义和生态主义的良性结合、人类与自然的统一发展。

第一，对技术工具理性的批判。生态学马克思主义认为，人类通过科学技术来控制自然，实际上是把人与自然对立起来，把人看作是宇宙万物的主宰，把人类的使命归结为不断地认识自然，进而开发利用自然。但自然界本身固有的发展规律决定了它不是一个任人摆布的客体，它具有自主性，并不服从社会的意志。因此，人类对科学技术的研究和开发，不能只考虑如何控制自然，如何开发与利用自然，还要考虑如何保护自然，如何促进自然的进化发展。因为自然不是一个可以被人无限开发和利用的对象，自然资源是一个有限的存在，它是可以耗尽的。如果人的欲望超过了自然的界限，自然界必然要进行报复。这就是说，我们利用科学技术不仅要研究自然对人的使用价值，还要研究自然对人的生存价值。这就决定了人类在生存和发展的过程中要学会尊重自然、利用自然和保护自然。

第二，对资本主义制度的批判。生态学马克思主义认为，人与自然的关系不是抽象的而是具体的，表现为人与自然的关系都是一定社会形态的产物，不同的社会形态赋予人与自然关系不同的特性。换言之，不同的社会形态决定了人的存在方式以及与自然的关系。当前生态危机之所以得不到根治，甚至越来越严重，其原因就在于资本主义制度，因为资本主义制度的目的和本质在于保护资本追求利润的需要，整个社会和人的发展服从和服务于资本的需要，完全受资本的支配。在此情况下，作为人类本质力量象征的科学技术不可能真正服务于作为整体的人类，而只能服务于资产阶级的需要。作为当代西方社会盛行的消费主义文化和生存方式，只能进一步强化当代生态危机。因此，要实现人与自然的和谐发展，使科学技术真正成为为人类谋福利的工具，就必须改变资本主义制度，用生态社会主义社会取而代之。

第三，确立人类的生态道德价值观。生态学马克思主义认为，必须改变人们把消费与满足等同起来的错误观念，进而树立在生产劳动中寻求满足的需要和幸福的观念，把对幸福的追求和确证建立在创造性的劳动过程中，使创造性的劳动成为自由和幸福的源泉，使人们从受支配、被牵引的异化消费需求中解放出来，倡导不以损害生态系统为前提的合理消费。同时，树立生态道德价值观，反对破坏环境的科学技术的应用，努力开发生产出对环境污染小、易于回收的产品，这样，人类使用后回到环境中的废弃物尽可能减少。最主要的是，把自然看作是人类不可分割的一部分，实现人与自然的和谐发展。

四、生态社会主义理论

20 世纪 80 年代，生态学马克思主义基本完成了从哲学批判到社会学批判和政治学批判的理论转向，为西方资本主义国家中的绿色运动和社会主义运动提供了相互结合的理论契机，它比较明确地提出了生态社会主义在政治、经济、文化等方面的具体构想，并使生态社会主义的理论日臻完善，初步实现了绿色生态运动向社会主义的转向。

第一，用使用价值替换交换价值。生态学马克思主义认为，要使人类在劳动生产中实现其使用价值或者内在价值，就必须推翻资本主义制度，消灭交换价值，从而使劳动得到解放，最终通过联合劳动实现使用价值。这是因为资本积累的前提条件就是资本主义市场上劳动力的商品化，造成劳动与劳动产品的分离、劳动与生产资料的分离，从而使资本主义商品的交换价值得以实现。因此，生态社会主义的基本原则就是推翻资本的统治，克服劳动与劳动者的分离、劳动与劳动产品的分离、劳动与生产资料的分离，根据具体的劳动能力来定义劳动力的使用价值，以生产使用价值的功能来定义货币资本的使用价值，劳动才能够从资本的锁链中解脱出来，劳动力才能够发挥其真正的潜能，使用价值才能从交换价值中解放出来。

第二，确立生态社会主义的经济原则。生态学马克思主义认为，生态社会主义坚持社会主义公有制，坚持计划与市场相结合的生产与分配制度，坚持集中与分散相结合、中央与地方相互补充的“混合型”经济；推行绿色经济发展模式，提倡在公有制和民主管理的基础上适当的经济增长，遵从外部自然的限制。为此，生态社会主义需要不断发展和挖掘打破商品生产的各种形式，建立劳动者自由联合的自主组织，改变劳动被资本雇佣的体制；建立经济合作社，改变资本主义的企业所有制；倡导合理消费的意识形态，改变人们对商品的崇拜。

第三，确立生态社会主义的政治原则。生态学马克思主义认为，生态社会主义没有固定的模式，唯一共同的特征就是民主。生态社会主义是一个基层民主充分发展但仍将存在国家或类似组织管理的社会。它实行基层民主，主张政权机构应由基层民主选举产生和政治权力应始终放在基层；主张意识形态多元化和权力资源的分散化。同时，生态社会主义也没有统一的实现道路，既可以采用非暴力手段，也要做好使用暴力手段实现生态社会主义的准备，“如果一个社会制度到了人们无法忍受的程度，并且制度力量和人民力量之间的平衡发生了逆转，革命暴力就可能成为改变现存社会制度的选择方式"①。在国际关系上，反对超级大国争夺，反对核试验，鼓励各国裁军；强调发展与第三世界国家的平等的伙伴关系，反对对不发达国家的剥削，更反对对第三世界国家的生态殖民主义政策；主张在全球范围内实现生态社会主义，反对现代民族国家。

第三节　生态学马克思主义对我们的启示

毋庸置疑，生态危机已经成为全球性的严峻现实，生态学马克思主义者试图解决这个世纪问题，他们在探索人与自然关系的异化及生态危机根源的时候，比一般的生态主义者和环境保护者要深刻得多，抓住了资本主义社会生态问题的关键，即把矛头直指资本主义制度，批判资本主义的生产方式，并使这种批判与全球化问题结合在一起。这不仅为我们深入理解生态危机、树立富于时代意义的生态意识提供了启迪，而且也为我们解决生态问题、倡导科学发展观、丰富和发展马克思主义的生态文明论提供了宽广的视角。

一、树立作为当代社会意识的生态意识

生态学马克思主义认为，生态问题是当代资本主义社会最为突出的问题，生态危机的出现唤醒了人们的生态意识。因为现代生态危机比经济危机对资本主义社会更有可能引起灾难性的后果，它直接威胁到人类自身的生存。英国著名生态学家爱德华把全球性的生态环境危机比喻为"第三次世界大战"，"战争"的起因就在于人类对地球生态环境资源贪婪地攫取和无情地掠夺。在他看来，这场"战争"的结局将必然使人类从传统的思想观念中挣脱出来，建立起全新的生态意识，实现人与自然的和谐共处。为此，必须创建一种新型的社会主义需求文化来取代资本主义的消费文化。这种新的文化应是一种体现了人性解放的"非压抑性文化"，它能够把人从资本主义工业文明的压迫下解放出来。而这种新文化建设的关键，就是要求人们树立一种适应生态社会需要的、全新的社会意识形态，即要求人类树立一种生态意识，它是人类重新思考人与自然关系的结果。20世纪80年代以来，正是由于广大民众生态意识的普遍觉醒，

① 刘仁胜．生态学马克思主义发展概况［J］．当代世界与社会主义，2006（3）：61.

才有力地推动了西方资本主义社会的生态运动，并愈来愈成为广泛的社会运动。因此，生态意识的产生，是人类认识史上一个新的飞跃。

马克思主义认为，社会意识作为社会存在的反映，必然要和社会发展的历史步伐相适应。生态意识正是对当今社会现实的反映：一是对人类生存和发展的科学认识，它是一种对生态学规律的认知及生态系统正常运转的维护意识，也就是要求人类认识生态规律、维护生态平衡、抵制生态破坏行为，并约束自己的思想和行动，以便维持生态系统的总体平衡，从而引导人类实践向着有利于人类整体利益和长远利益的方向发展，其目的是使人类能更智慧地在大自然中生存。二是社会意识的重要组成部分。生态意识主要就是整体意识与协调发展的意识。整体意识表明我们面临的环境是一个由若干子系统组成的复杂大系统，破坏其中的任何一部分必然带来生态系统整体运作过程的失调，进而造成人类生产和生活的灾难。协调意识要求我们加强人与自然之间关系的协调，特别是人在对待自然的态度上不应该像统治异族那样控制自然界，而应是正确认识和运用自然规律，为人类的生存与发展创造条件。因而，一方面，生态意识超越了环保意识，不是将环境作为一个静态的存在，只停留在环境保护的层面上，而是将自然环境看作是一个动态的、无限循环运动着的生态系统整体，人类的实践活动不仅不能破坏生态系统的平衡，而且还要让生态系统的循环代谢永远充满生命力。另一方面，生态意识更是一种公平正义的意识，由于自然资源具有稀缺性，在自然资源的利益分配上，要体现代内公平和代际公平。代内公平就是不仅满足发达国家人们的生存需求，还要考虑发展中国家人们的生存需求。代际公平就是不仅要满足当代人的生存需求，而且还要让后代人拥有同我们一样好甚至是更好的自然资源。

面对错综复杂的生态危机现状，如何建立适应和反映现实社会存在的生态意识，已经成为当务之急。我们不仅要让它在人们的头脑中培养起来，而且更重要的是让它能深深地扎根于人们的心里，作为人类智慧生存和发展的一种信仰，成为指导人们实践活动的思想力量。按照马克思主义的观点，可以考虑从生态伦理观、生态价值观、生态法制观、生态审美观等方面来培养，核心是生态价值意识、生态忧患意识以及人与环境和谐发展的意识。首先，树立生态价值意识。它体现了人类崭新的价值观、道德观和人生观。这样就可以通过人们社会观念的作用，引导人们逐步树立正确的生态价值观，改变人们过去的生产或消费观念，推动人类社会与自然的和谐发展。其次，树立生态忧患意识。生态忧患意识体现了对生态规律性的认识与把握。这样就能约束人们的行为，为人类营造一个良好的生态环境。同时，居安思危、防患于未然也是一个国家、一个社会、一个民族乃至每一个人生存与发展所必须具备的一种意识。它可以使我们的国家、民族和每个人保持奋发有为的精神状态，不断开拓事业的新境界。第三，树立人与环境的和谐发展的意识。关注生态环境就是关注人类自身的生存。人类只有努力去发现与认识自然的规律，通过对自然规律的了解和认识，才能规范和调整自己的利益需求和行为方式，才能正确、合理地制定人类社会的发展规划，才能将人类的发展置于良好生态环境的基础上，形成人类与自然生态和谐相处。总之，人类树立生态意识，目的就是合理利用自然资源，维护和创造一个适合人类生存与发展的良好生态环境。

二、坚持与发展马克思主义的生态文明观

生态学马克思主义认为，应当把社会生产建立在生态文明的基础之上，通过克服异化生产和异化消费、改变资本主义生产方式的途径来实现社会主义，即实现所谓的"红与绿"（社会主义和生态学）相结合的革命。生态学马克思主义无疑是根据现代资本主义的状况提出这一命题的，但这一命题的意义远远超出现代资本主义社会的范围，它对正在现代化道路上迅跑、努力摆脱贫困、走向小康和富裕的最大发展中国家——中国来说，也同样具有启发作用。生态学马克思主义理论为我们提供了崭新的视角，要求我们正确处理经济建设与资源、环境的关系，努力创造人与自然和谐发展的生态文明社会。

其一，践行以生态文明为基础的科学发展观。以胡锦涛为总书记的党中央提出的科学发展观，正是借鉴了世界各国的发展经验教训，吸收了人类文明进步的新成果，体现了生态文明的整体、协调、循环、发展的观点。它的基本内涵就是"坚持以人为本，树立全面、协调、可持续的发展观，促进经济社会和人的全面发展"。强调"按照统筹城乡发展、统筹区域发展、统筹经济社会发展、统筹人与自然和谐发展、统筹国内发展和对外开放"的要求。如果从维系人与自然的共生与发展出发，从人类社会的和谐共生和全面发展出发，从人类社会代际的公平性、共同性和持续性的原则出发，从文明的延续和转型的视角来认识，科学发展观就是以生态文明为基础的新发展观念，生态文明的实现对于社会生产方式、社会基本矛盾的运动，特别是对于包括物质生产、精神生产、人口生产在内的社会生产整体系统，必将产生划时代的重大影响。

作者认为，坚持科学发展观实际上就是用生态文明取代工业文明的实践过程。科学发展观作为我国未来发展的政策导向，作为我们调节人与人、人与社

会、人与自然之间关系的基本方略，要求我们不能仅仅关注经济发展这一个层面，而要正确处理经济发展与人口、资源、环境的关系，始终把控制人口、节约资源、保护环境放在重要战略位置，在保护和改善自然环境的基础上，促进物质文明、政治文明、精神文明的协调发展。为了有效治理我国的生态环境，我们应利用国际经济结构大调整这一机遇，有针对性地制定出我国传统经济结构战略性大调整的对策，一是要着力调整和优化第二产业的构成，切实解决我国经济发展中第二产业比重过高、结构不合理、行业间发展不平衡的结构性矛盾，通过技术进步，实现产业结构优化升级，实现发展方式转变，改变高投入、低产出和高消耗、低效益的状况，提高经济增长的质量和效益。二是加快发展高新技术产业的同时，积极发展第三产业中的现代服务业等，实现经济结构的优化，解决经济社会发展中的资源瓶颈和环境污染问题，从经济社会发展战略上来体现生态文明的实践要求。

其二，坚持人的真正解放是劳动的解放，使劳动真正成为目的，而不是手段。生态学马克思主义认为，人的满足最终在于生产活动而不在于消费活动，要使当代人真正生活在幸福之中，关键在于社会要把注意力集中于生产领域，让人们在从事自主的、创造性的劳动的过程中获取幸福和满足，要在劳动中寻求个人的自由全面发展。一方面，生态学马克思主义理论为我们坚持马克思主义的劳动解放理论提供了支持的论证。劳动的解放不是一种纯粹的乌托邦，而是具有实实在在的内容的。马克思认为，人类劳动的过程是劳动者主体把自己的体力和脑力对象化到某个产品上的创造性过程，是人的自由自觉的创造性活动。"正是在改造对象世界中，人才真正地证明自己是类存在物。这种生产是人的能动的类生活，通过这种生产，自然界才表现为他的作品和他的现实。因此，劳动的对象是人的类生活的对象化：人不仅像在意识中那样理智地复现自己，而且现实地能动地复现自己，从而在他们所创造的世界中直观自身。"[①] 按照马克思的观点，人在劳动过程中，不但没有丧失自身，而且实现和确证了人的内在力量和主体性，获得了真正的满足和享受，所以马克思认为，人的真正的解放是劳动的解放，而要使劳动真正成为目的，而不是手段，这里的关键是实现人的劳动的自主性，因为在实现人的劳动的自主性的同时，人的才能可以得到充分的发挥，即每个人都能够在他所喜欢的活动领域自由地发挥自己的才能，每个人都能自由全面地发展。其前提条件就是真正消灭了异化劳动，即劳

---

① 马克思恩格斯全集·第 42 卷［M］．北京：人民出版社，1979：97.

动不再是强迫的，而完全是自觉的，不再是痛苦的，而完全是一种消遣和享受。我们认为在中国这块土地上真正实现马克思的劳动解放的理念，确确实实地要把全社会的注意力转换到生产领域中来，逐步地把作为手段的劳动变成目的本身的劳动，逐步地把劳动变成享受的活动，使从事劳动的人从中获得最大的满足。

另一方面，生态学马克思主义理论使我们牢记生命的价值在于创造，而不在于消费。马克思认为，资本主义制度的最大罪恶就是把人的劳动变成异化劳动，人类对自己最大的误解只是在消费领域寻求满足。对此，马克思作了生动的描述："人（工人）只有在运用自己的动物机能——吃、喝、性行为，至多还有居住、修饰等等的时候，才觉得自己是自由活动，而在运用人的机能时，却觉得自己不过是动物。动物的东西成为人的东西，而人的东西成为动物的东西。"[1] 在马克思看来，资本主义社会使人造成了这样的颠倒：吃、喝等明明是动物的功能，可人却完全专心致志地享受，把此当作人的独有的功能来对待，而劳动明明是只属于人的功能，人却偏偏不加以重视，把它作为一种手段。当代资本主义社会的消费文化又强化了这种误解，人们误认为不断增长的消费似乎可以补偿劳动领域遭受的挫折，因此，人们便疯狂地追求消费以宣泄劳动中的不满，从而导致把消费与满足、与幸福完全等同起来。因此，我们要改变这种错误的观念，在劳动实现人的价值思想的指导下改变人类的生活方式，把建设中国特色社会主义的实践成为实现人的全面发展、创建新的生活方式的建设过程。为此，我们必须鼓励人们崇尚自然，节约资源，追求健康、文明与舒适的生活方式。比如，在消费领域，要树立适度消费和绿色消费的新理念。我们必须破除多多益善的旧观念，要借鉴生态学马克思主义理论，要打破多与好之间的联系。如果不迅速改变目前满足消费的那种越多越好的方式，不仅我国的资源、环境将继续遭受破坏，而且资本主义社会的那种人与商品之间关系的颠倒，即产品不是为了满足人的需要而生产，而是人为了使产品得到消费而存在，将会在我们这里重演。这就要求我们：一要提倡量力而行的适度消费，反对为荣誉、地位而消费的异化消费。倡导饮食讲营养，生活讲健康，文化讲品位，环境讲清洁优美的新风尚。通过讲究消费的质，实现从量的标准向质的标准的转换。二要培养绿色消费者，实现可持续消费。绿色消费实际上是一种超越自我的高层次理性消费，是一种带有环境保护意识的、全新的消费理念。我

---

① 马克思恩格斯全集·第 42 卷［M］．北京：人民出版社，1979：94．

们要倡导每个消费者提高自身的绿色意识，自觉购买获准绿色产品标识的产品，自觉抵制使用一次性用品。特别是要改变那种追求新奇的、"为我独有"的消费理念，大力消费那些不易损耗的、耐用的东西，实现由非生态消费观向绿色消费观的转变。我们只有沿着这一方向逐步推进，才能使人类的创造性劳动真正成为目的。

三、批判生态学马克思主义理论与实践的局限性

第一，生态危机论替代经济危机论是错误的。生态学马克思主义把生态问题看得高于一切，主张用生态危机理论取代经济危机理论，这种观点的确看到了当代资本主义发展中出现的新情况和新问题，并认识到了这些问题的严重性，但是不能因其严重性而用人与自然的矛盾取代资本主义社会的基本矛盾，这必然导致否认资本主义社会的基本矛盾，即生产的社会化与私人占有生产资料、资产阶级与无产阶级之间的矛盾。马克思主义的经济危机理论是基于整个资本主义经济发展趋势和规律而提出的，并不是针对资本主义发展某一阶段的特殊理论，所以不能因为一些新问题的出现，就彻底否认经济危机理论的有效性。另一方面，按照马克思主义的观点，生产力和生产关系的矛盾始终是人类社会最基本的矛盾，人和自然的矛盾则受这一基本矛盾的制约，而要解决人与自然的矛盾，只有通过生产资料和自然资源为社会公有，从社会整体发展的需求出发来调节社会发展与自然界的矛盾，只有在人与社会的矛盾得到解决的基础上，才能从根本上消除资本主义社会产生的生态危机，实现人与自然的和谐发展。

第二，通过实现"零增长"的"稳态经济"，来达到人与自然的和谐，这种观点是不切合实际的。人类社会的进步总是以人类与自然的物质交换来满足人类需要的方式来实现的。我们既不能破坏生态去谋取经济的发展，也不可能为了保护生态去阻止经济发展，两者之间要保持一种动态平衡，要弄清手段和目的的关系。在人与自然的关系上，我们既要强调自然具有的内在价值，保护环境，维持生态平衡，又要看到自然对于人类的使用价值。从人类的整体利益出发，依靠人的主观能动性来调整自己对资源的合理利用，规范自己的行为，最后达到促进人类持续生存和健康发展的目的。生态学马克思主义为了解决生态危机，实现人与自然的和谐，企图建立一种无增长的"稳态经济"模式，这种"零增长"是不可能实现的。因为发达国家不可能摧毁已有的现代工业基础和优厚的物质生活条件，发展中国家也不愿意保持现在的贫穷和落后状态，所

以经济的发展是不可阻挡的。尤其是对拥有世界人口绝大多数的发展中国家来说，尚有一部分人连基本的温饱得不到满足，更多的人缺少健康保障条件，经济增长是摆脱贫穷、饥饿、营养不良的重要手段，因此，从抑制经济增长方面去寻求解决问题的方案是行不通的。

第三，技术取代论是对科学技术的片面评价。生态学马克思主义者尽管认识到生态危机的社会根源在于资本主义制度，然而他们又把科学技术看作是人类生态危机的主要根源。在他们看来，只有用小规模的技术才能消除由于大规模技术生产引发的生态危机。推广使用那些不污染环境、不破坏生态平衡而又不会造成大规模失业的技术，这固然反映了他们重建现代工业社会的一种良好愿望，具有一定积极的意义。然而，它在理论上彻底否定大规模技术的作用，现实中却是行不通的。一方面，我们从技术发展的规律来看，技术的发展在当今世界主要表现为：一是技术的复杂化发展，造成技术规模和影响无限扩大的趋势，二是技术的多元化整合发展，造成技术的多种功能一体化的趋势。小规模技术并不是技术本身发展的方向。另一方面，小规模的技术并不能满足现实社会的需要。如：生物技术、再循环和生态式的能量供应技术等都需要大规模技术。因此，问题的关键不在于技术规模的大小，而在于科学技术发展与应用的社会机制，我们要下功夫把科学技术的发展与人类社会整体、生态和可持续发展相结合。

第四章 中国传统文化中的生态文明思想

中国传统文化逐渐确立了以儒家为主体，儒释道三教并存的格局。他们在对待文明与自然的冲突这个问题上都倡导，"要先与自然做朋友，然后再伸手向自然索取人类生存所需要的一切"①。从历史来看，儒释道三教的生态文明思想从不同的侧面发挥着天人和谐的社会功能，它们不但有其各自的生态文明理论，而且也有其在生态文明思想指导下，各自保护生态环境的实践活动。我们挖掘并科学地总结中国传统文化中的生态文明思想，目的就是寻找人与自然和谐共生的理论基础，贯彻古为今用的原则，为我国的生态文明发展提供文化支撑，这不仅具有重大的现实借鉴意义，而且也具有深远的理论意义。

第一节 儒家生态文明思想研究

儒家提出"天人合一"思想，这里的"天"不仅有自然意义上的"天"，而且还有神圣意义上的"天"，所以，人类既要知道利用"天道"的规律，更要对"天"有所敬畏。儒家学说要求人类通过"知天"和"畏天"的统一，体现"天人合一"思想中人类对"天"的一种内在的责任。人事必须顺应天意，要将天之法则转化为人之准则，必须通过修身实践的功夫，达到尽心知性而知天，顺应天理。如此，方能国泰民安。

一、天人合一的生态自然观

最早提出"天人合一"这一命题的是北宋哲学家张载，他指出："因明致诚，因诚致明，故天人合一。致学而可以成圣，得天而未始遗人。"（《横渠易

① 余谋昌. 文化新世纪——生态文化的理论阐释［M］. 哈尔滨：东北林业大学出版社，1996：Ⅲ.

说·系辞上》）儒家的天人合一思想是从天人整体观出发，将天道与人道贯通于一体。也就是认为，宇宙万物的秩序与人类社会的秩序虽然各有其特点，但二者之间应该是和谐一致的。因此，儒家的"天人合一"思想，强调的不仅是一种道德观、宇宙观，而且还是一种生态观。它要求自然的生态秩序与人类的社会秩序圆融无碍，人类社会中的道德与自然中的道德，相互兼顾而自相协调。

1. 强调世界上万物的生命一体化

儒家的"天人合一"思想明确地提出了人的生命与万物的生命是统一的。人与自然界不可分割，人既是自然界的产物，又是自然界的一个组成部分，人与自然万物并不是分裂的，而是统一的，"人"与"天"共同组成了宇宙这个统一整体。儒家经典的《易传》认为，乾元代表天道，是原始的创造力之源，它刚健流行，统摄万物，维持整个世界的正常持续；坤元代表地道，它柔顺宽容，顺承天道的创造性，养育、辅助和成就万物，具有厚德载物的慈善品格。乾坤之道的演化，产生了天地万物和人类社会，并且天然地规定了上下尊卑等级秩序的完整系统。[①]《序卦传》中指出："有天地，然后有万物；有万物，然后有男女；有男女，然后有夫妇；有夫妇，然后有父子；有父子，然后有君臣；有君臣，然后有上下；有上下，然后礼仪有所错。"[②] 这就表明，天地是万物的根源，有万物然后才有人类社会，人是天地自然变化的结果，自然环境是人类生命的源泉。作为儒家的创始人孔子也表达了这样一种思想："天何言哉，四时行焉，万物生焉，大何言哉！"（《论语·阳货篇》）天是一切现象和自然变化过程之根源，是宇宙的最高本体，四时运行，万物生长，则是天的基本功能所在。人与天的关系是密切相关、不可分割，人类是自然生态系统中的有机组成部分。人应当像天一样对待生命万物，人的活动不能违背自然生态的运行规律。张载认为："乾称父，坤称母；予兹藐焉，乃混然中处。故天地之塞吾其体，天地之帅吾其性。民吾同胞，物吾与也。"[③]（《正蒙·乾称篇》）也就是说，人与天地万物都同源于一气，与自然和宇宙浑然一体，我们作为人类的一员，只是自然和宇宙间存在的一物。民众百姓都是我的同胞兄弟，应以仁爱相待；

---

① 胡筝. 生态文化：生态实践与生态理性交汇处的文化批判 [M]. 北京：中国社会科学出版社，2006：226.
② 傅佩荣. 傅佩荣解读易经 [M]. 北京：线装书局，2006：547.
③ 胡筝. 生态文化：生态实践与生态理性交汇处的文化批判 [M]. 北京：中国社会科学出版社，2006：228～229.

宇宙万物都是人类的朋友，应该爱护、保护。一方面，张载肯定天人万物都是宇宙中的客观存在，为确立"天人合一"的世界统一性提供了前提；另一方面，又提出了"一物两体者，气也"的命题，在解决世界统一性与多样性的辩证关系上以及人与自然统一性上大大前进了一步。

儒家把人类社会放在整个大生态系统中加以考虑，认为人类是大自然的一部分，大自然孕育了人类，自然是人的永恒家园，自然界的万物是相依相存的，是同属宇宙生命的整体，因此，人与世界万物相互依存成为一个生命的整体。正如巴巴拉·沃德所说的那样："在人类的任何一个历程中，我们都属于一个单一的体系，这个体系靠单一的能量提供生命的活动。这个体系在各种变化的形式中表现出根本的统一性，人类的生存有赖于整个体系的平衡和健全。"① 儒家把天地看成是一个生生不息的创生万物的过程，认为在这个过程中，太极通过阴阳开合的内在运动，人与天地万物和谐交融，使世界万物成为一个有机和谐的生命整体。因此，对于居于天地之间的人来讲，一要继承和发展天地的创造性和柔顺性，二要效法天地阴阳变化的规律性。这实际上就是告诫人们，要尊重与关心这个生命共同体，因为大自然的力量无与伦比，人类不能忘乎所以，应该对自然有敬畏之心；与此同时，人类在生产与生活实践中要有限度地向自然索取，要热爱和保护我们的家园。

2. 强调人与自然和谐相处、共同发展

儒家"天人合一"思想最终所追求的目标是"与天地参"，"辅相天地之宜"，使人与自然和谐相处、共同发展。《中庸》曰："诚者，天之道也。诚之者，人之道也。""唯天下至诚为能尽其性。能尽其性，则能尽人之性。能尽人之性，则能尽物之性。能尽物之性，则可以赞天地之化育。可以赞天地之化育，则可以与天地参矣。""中也者，天下之大本也。和也者，天下之达道也。""致中和，天地位焉，万物育焉。"其中"参赞"是指人在天地自然中的参与作用与调节作用，"化育"是指自然万物本身的变化与发育。

首先，人在自然系统中具有主体地位，是与天时、地利相并列的一个要素。这正如荀子所说："水火有气而无生，草木有生而无知，禽兽有知而无义。人有气、有生、有知并且有义，故最为天下贵也。"也就是说，人与其他生命的本质区别在于人具有道德意识和道德责任，人在追求自身发展时，能够"兼

---

① 李晓. 儒家"天人合一"的生态伦理思想［J］. 青海师范大学学报（哲学社会科学版），2004（2）：65～68.

呼万物"和"兼利天下"。

其次，人类不要盲目地征服和改造自然，而要"制天命而用之"。也就是说，人类在尊重自然规律的前提下，要善于利用自然规律为自身服务。人类应该通过自己的积极活动，让自然万物都按照天道、物理变化发育，这样，人类与自然界才能建立一种协调关系，人类的生存环境和自然生态系统形成一种平衡的状态，实现其"中和"的理想目标。

第三，对待人和物要有宽广的胸怀，人不仅不能破坏自然，而且要使它们按自己固有的方式自由发展。《周易·相传》所言："天地交泰，后以财（裁）成天地之道，辅相天地之宜，以左右民。"也就是说，天地万物相互交融，和谐统一，才有安康繁荣。圣人的责任则是认识天地之道，遵循自然发展的规律，采取有利于自然万物和谐发展的措施，以保佑人民。儒家从生命主体的生存环境和满足生存需要的对象来看，不同的生命主体具有不同的生存环境和满足生存需要的不同对象，其主体对客体的需要具有相对性。

在此，儒家把"天人合一"作为人生追求的一种境界，认为有了这一境界，就会自然而然地产生一种对宇宙万物的关切情怀和行为措施，从而自觉地与自然万物相亲相爱，而不会将人与自然对立起来。

针对当前日益严重的生态环境问题，儒家的"天人合一"思想中自然与社会相协调、人类发展与自然保护相统一的"天道与人道一致"理念则显得充满智慧和具有启迪意义。这是因为自然界是一个按照自身客观规律发展的有机整体，各种事物之间是相互依赖和相互制约的平等关系。只有保持这种协调关系，自然界的各种事物才能共生互利。而现代工业文明的迅速发展，造成了人与自然关系的失衡，表现为自然资源短缺，生态破坏，环境污染，生物物种锐减，这就危及到了人类自身的生存和发展。因此，"天人合一"的生态思想告诉我们：只有人与自然和谐相处，人类社会的发展与自然的发展相协调，才能真正实现生态文明的发展要求。

二、尊重生命、兼爱万物的生态伦理观

儒家易学认为，天地有生生之仁德，太极有哺育万物生长的善性。生命充溢于广大的宇宙，流畅于整个天地自然之间，人类万物无不是生命的结晶。尊重生命、仁爱好生、长养万物是儒家生态伦理思想的固有价值。

1. 尊重生命，仁民爱物

儒家把尊重一切生命价值、爱护一切自然万物作为人类的崇高道德职责。创造万物的天地或太极具有至高无上的德行，由太极所生的万物各有自己的价值。儒家之所以要平等地尊重所有生命和自然万物，是因为所有生命出自一源，万物皆生于同一根本。即人类与万物是由天地或太极所创生，因而人类与自然万物具有相同的价值尊严。故人类应当效法天地之生德，应该具备与一切生命同乐的"大同"情怀来尊重生命，爱护和维护万物的存在。

儒家认为，天地之大德曰生，上天有好生之德。万物与人都是天地自然化育的结果，这是天地生生之理的体现，也是天地伟大"仁"德的集中体现。其中，人在天地万物中最为完善，其价值在万物中也是最高。荀子认为，"水火有气而无生，草木有生而无知，禽兽有知而无义；人有气有生有知且有义，故为天下贵。"（《荀子·王制》）人之德源于天之德，源于天道生生之理，天的生生之理使人具有与天相同的生生之"仁"德。所以，人类应该体现天地的生生之理，关爱万物，尊重生命。实际上，人类深层而本然的志趣是最大限度地实现万物的天赋本性。张载提出，"为天地立心，为生民立命。"（《西铭》）孔子讲"仁"，其内涵便是"爱人"，"仁"作为道德情感就是同情和爱，由于"仁"的根本是来源于天地"生生之德"，所以，"仁"者不仅仅只是关爱人类，而且还要关爱自然。由此可见，儒家都具有一种普遍的生命关怀、宇宙关怀的思想。宋儒二程就认为："学者须先识仁，仁者浑然与物同体。""识得此理，以诚敬存之而已。""天地之用皆我之用。"（《识人篇·遗书：卷二》）就是说，对学者而言，识"仁"是首要任务，人一旦达到了"仁"的境界，就会与天地万物浑然一体。即所谓"若夫至仁，则天地为一身，而天地之间品物万形为四肢百体。夫人岂有视四肢而不爱者哉"[1]。理学大师朱熹将"仁"的思想作了进一步发挥，他给"仁"的定义是"心之德而爱之理"，在天地则为"温然生物之心"，在人则为"利人爱物之心"。（《文集·仁说》）这就从根本上把爱人与爱护自然统一了起来。人对自然不能只讲索取和征服，必须把自然看作是人类的朋友，像爱护朋友那样爱护自然。因为天地万物是人类赖以生存的物质基础，若随意破坏就会殃及人类自身。

---

① 宋元学案（第一册）［M］．北京：中华书局，1980．

2. 由人及物，关爱有序

儒家的生态伦理思想是推己及人、由人及物，由家庭、社会进一步拓展到自然界，它是一种将人类社会的仁爱理想推行于宇宙万物的道德。推己及人就是通过想他人所想、感他人所感，对他人的感受与反应表现出深切的关注，能够在不同的情境下扮演不同的角色，并在情感表达、积极倾听及语言回应等方面显示出理解与互动。关爱有序就是以人的亲情血缘关系为核心，以三纲五常的社会等级规范为基础，以仁者爱人为一般的社会准则，从人类的父母、兄弟、夫妻、家族到朋友、邻人、乡人、国人、天下人这样由内向外的逐步扩展，再从人类之外的动物、植物到自然山川这样一个由近及远的关爱秩序。孟子讲："君子之于物也，爱之而弗仁；于民也，仁之而弗亲。亲亲而仁民，仁民而爱物。"（《孟子·尽心上》）将仁爱的规范延伸到爱物的领域，把爱护自然万物提高到君子的道德职责的地位，主张宇宙万物与人类和谐发展。董仲舒说："质于爱民，以下至于鸟兽昆虫莫不爱，不爱，奚足以为仁？"（《春秋繁露·仁义法》）即是说，仅仅爱人还不足以称之为仁，只有将爱民扩大到爱鸟兽昆虫等生物，才算做到了仁。可见这里的仁，已经扩展到了生态伦理。宋理学家程颢也提出"仁者以天地万物为一体"的看法，将天地万物视为统一的生命系统，把尊重自然，爱护万物看作是人的崇高道德，最终要把仁的对象和边界扩大到了天地万物和整个自然界，在伦理上实现了人道和天道的彻底贯通，把人类道德和生态道德完整地统一起来。儒家认为伦理规范不仅要调节人类社会，还要调节自然领域，使自然万物在自然生态体系中和谐存在。尽管儒家有着从自身的立场出发，按照生命和万物的现实境遇来采取合理的道德行为，但是在对人类行善与仁爱地对待自然物之间，不存在二者的对立，没有出现要么维护人类的利益，要么爱护自然这种在道德上尴尬的两难选择，能够妥善解决有效利用自然的同时又友善对待自然的关系。

在儒家哲人眼里，自然界是有道德属性的，人可以从中引申出人道，把它作为处理人与人之间关系的行为准则，并返归到自然界，作为处理人与万物之间关系的道德准则。自然秩序和社会秩序的协调，对人类社会的行为规范与对自然物的行为规范的统一，是儒家遵循的基本原则。儒家生态伦理思想的现代价值既能为人类转变近代以来征服自然的思想，重新塑造人与自然的和谐关系，也能为当前我国建设现代的生态文明提供思想资源。

三、中庸之道的生态实践观

儒家的生态实践观就是在人与自然相处时，要按照自然规律来安排自己的行为，一方面，要合理利用自然；另一方面，要节制欲望，不要过分的索取，取而适中，使自然万物各得其宜。

1. 人要服从客观规律

首先，孔、孟、荀等先秦儒学大师肯定了大自然的客观独立性，深刻地认识到自然万物之间存在着内在的、必然的本质联系。月缺月圆、斗转星移、春华秋实、夏雨冬雪，都有其自身运行规律。孔子明确提出："四时行焉，万物生焉。"天地各有其位，各司其职，不会相互干扰，水则归之于水，山则归之于山。荀子在《天论》中则进一步指出："天不为人之恶寒也，辍冬；地不为人之恶辽远也，辍广。"他认为"天"是具有独立运行规律的自然存在，人要尊重自然规律。"天有行常，不为尧存，不为桀亡。"日月星辰，山川草木，风雨四时，均源于"天地之变，阴阳之化"。所以，万物之变化皆依律而动，不因人之善恶、位之显卑而殊异。其次，在天道与人道的相互关系上，主张人道本于天道，天道规范人道，人道应当效法天道，即人要服从客观规律。所谓天地之道，指自然界阴阳刚柔的变化法则、规律。人道指的是道德准则和治国原则。人道要服从和顺应天道，孟子认为，天地万物都有可为人类认识和利用而独立于人的客观自然规律，人类对自然界的利用与改造，必须以遵循自然规律为前提，他对那种不顺应自然规律的做法则持批评态度，"所恶于智者，为其凿也。如智者若禹之行水也，则无恶于智矣。"（《孟子·离娄下》）然而，这种效法、服从又不是完全消极被动的，而是积极向上、自强不息、有所为有所不为。正如《易传》所言："天行健，君子以自强不息；地势坤，君子以厚德载物。"要求人们积极主动地去探索自然，自觉地按照客观规律办事。

2. 人类利用自然资源要节制、适中

儒家认为人类在利用万物时，要遵从万物生长发育的天理，节制欲望，以便对万物加以合理地、爱护性地、节约地利用。"大人者，有容物，无去物，有爱物，无殉物，天之道然。天以直养万物，代天而理物者，曲成而不害其直，斯尽道矣。"（《正蒙·至当》）孔子明确提出"节用而爱人，使民以时"的思想，（《论语·学而》）而且，要求人们在利用资源时要把握好"度"，不可滥

砍滥伐、滥捕滥杀，他提出，"钓而不纲，弋不射宿。"（《论语·述而》）也就是要求钓鱼，但不截流网鱼；射鸟，但不猎击鸟巢。其目的就是保护物种的繁衍生息，防止物种灭绝。孟子更进一步主张对自然资源要取之有时，用之有节的思想。孟子针对齐国东南牛山的生态破坏尖锐地指出，人们对自然资源过度索取必定给生态环境带来恶劣的影响，并得出了"苟得其养，无物不长，苟失其养，无物不消"的结论，并认为人类合理地利用资源视为"王道之始"。他还告诫人们"不违农时，谷不可胜食也；数罟不入池，鱼鳖不可胜食也；斧斤以时入山林，林木不可胜用也"（《孟子·梁惠王上》）的"时禁"观点。他认为，人类要想粮食吃不完，就应该按照四时节气耕种；要想鱼虾等水产品吃不完，就不能用细密的渔网到深的湖泊去捕鱼；要想木材用不完，就应该选择适当的季节入山伐木。荀子则从天道自然的角度理解自然，倡导利用和保护自然。他认为天人关系既是相互矛盾的，又是相互依存的，人不仅来源于自然界，而且依靠自然界的资源求得生存。"财非其类以养其类，夫是谓之天养。顺其类者谓之福，逆其类者谓之祸，夫是之谓天政。"（《荀子·天论篇》）这里的"天养"就是指人类利用自然万物来养活自己；"天政"则是指人类活动必须遵守自然规律，顺应它就会得到幸福，违背它就会招致灾祸。自然规律对人类活动的制约，就如同自然界实行赏罚的政令。对自然规律的尊重充分表明了荀子尊重自然的态度，这与今天的生态伦理思想是不谋而合的。因此，人要"备其天养，顺其天政，养其天情，以全其天功"。就是要求人们既要积极地利用和改造自然，又要在利用和改造的生产生活实践中遵循和顺应自然规律。只有这样，人们才会知道哪些事情是应当做的，哪些事情是不应当做的，从而使天地各尽职责，让万物为人类造福。他还提出了一系列禁止人类破坏自然生态的行为措施，要求人们不能采用灭绝动物物种的工具和行为；禁止那些违背生态学季节律的行为，以保护生物的可持续性生存。比如在草木生长期，不得进山砍伐，在鱼类繁殖期，不得下湖打捞，其目的是"不夭其生，不绝其长"。目的就是保护人类的重要生活资源不会缺乏与灭绝，保证这些资源供人类长期利用。

另外，儒家的"圣王之制"的思想对中华民族的生活影响深远。"圣王之制"一是把重视生态环境、爱护生物视为君王之德；另一是节用爱人，使民以时。这就对广大民众提出了勤俭节约的道德要求，鼓励民众节俭、寡欲，竭力使社会民风淳朴、上下相安。为此，儒家把节俭归于善，把奢侈归于恶，"俭，德之共也；侈，恶之大也。"（《左传·庄公二十四年》）这就在很大程度上限制了人们向自然的索取，保护了自然资源不会因大量地攫取而枯竭，防止了人类的自然生态环境受到破坏，因此，爱护自然环境实质上就是爱护人类自己。儒家这种生态资源保护观，对于自发形成保护生态环境的传统有着深远的影响。

儒家在利用生物和非生物来满足自己的生存需要的时候，不仅没有陷于原则和现实冲突的境地，而且能够比较合乎情理地处理好吃饭、吃肉、杀生、放生等环境道德问题。因此，儒家这一合理利用自然、保护自然的思想不仅具有理论价值，而且具有实践价值。尤其在当前，我们要向儒家吸取生态文明的智慧，提倡节约，反对奢侈，践行科学发展观。

第二节 道教生态文明思想研究

道教思想主要渊源于中国黄老等道家学术思想，其理论特色在于倡导修德养性，追求一种海纳百川而容藏万有、处于低下而利育万物、知足守道而不争先的境界。在生活方式上提倡宁静恬淡、素朴归真；在行为方式上力求虚怀若谷、柔弱不争。"道"是道教的核心概念，是其所有思想的出发点。"道"并非一个具体的实物，但它构成了世间万物创生的内在根据，并由于其生长不息、运动不止的本性，所以能生世间万物。道教思想涉及人际关系和生态关系的所有领域，尤其是它的生态文明思想，如热爱自然、尊重自然规律、敬畏生命、保护自然生态系统等具有很强的现实意义。

一、万物一体、道法自然的生态自然观

人与自然环境相统一、相协调的整体自然观在道家哲学中是异常鲜明的。道家认为，宇宙间的一切自然之物都是以"道"为其最大的共性和最初的本源，道是创造一切生命的总源泉，是融合万物的总动力，从而将天地人联系在一起，构成了有机统一的整体。

1. 万物一体、合而不同

道教思想一向把大自然看作是一个充满生命的整体，并且其中的所有事物都是有机地相互联系。老子认为，人与万物归根到底是由"道"产生的。"道"是天地万物的本源，无形无象，无初无始，无处不在。他为了说明万物的发生发展，引入了气的观念，并通过气的连续性、整体性特征说明万物之间的和谐

关系。"道生一，一生二，二生三，三生万物，万物负阴而抱阳，冲气以为和。"（《道德经》第四十二章）无形之道生出一，一可以理解为原始状态的气，在有形和无形之间，实际上是有形的开始，可称为万物之母。一生二的二就是阴阳之气，二生三则是阴阳相互作用而生出的第三种气，即冲和之气，正是冲和之气生出万物。

道家认为一是天地万物统一性的基础。老子认为，"昔之得一者，天得一以清，地得一以宁，神得一以灵，谷得一以盈，万物得一以生，侯王得一以为天下正。"（《道德经》第三十九章）庄子认为，"天与人一也"，"天地与我并生，万物与我为一"。（《庄子·齐物论》）总之，道家认为，"一"是道所生，它也可以代表"道"，"得一"也就是"得道"，"抱一"也就是"抱道"。所以一就是天地万物的母亲。一与万的关系既是母与子的关系，也体现自然界的统一性与多样性的关系。一作为万物统一性的基础代表自然，万物是自然的孩子。这里的自然代表整个自然界，万物便是自然界的组成部分。而人处于天地大系统之中，是天地万物自然界的一部分，人源出于自然并统一于自然界，且必须在自然所给予的条件下才能生存。肯定了人的一切皆得之于自然，天地是包括人在内的万物的生存环境。

道教认为，一切存在物都是由道气所化的。天地间人与自然万物由于他们各自禀赋的道气清浊不同，构成了自然万物形态、性质各异的多样性世界，并且人与自然都是宇宙这个整体的有机组成部分，自然万物的存在都有其合理性。老子认为，所谓得道，就是体悟到了万物差别之中的同一，相异之中的不异。因此，人要与自然万物合为一体，物我无分，无此无彼。早期道教经典《太平经》提出："天地中和同心，共生万物"，认为理想的太平世界是人与自然万物和谐相处，才能形成共生共荣的太平世界。

2. 道法自然、生生不息

道教提出了"道法自然"的观点，认为人类与自然是整体的统一，并把个人作为自然有机体置于与他物平等相处的地位，在此前提下来确认自我、规范自我。道教认为宇宙万物皆有超越人主观意志的运行规律，人是一小我，宇宙是一大我，小我必须顺应大我的运动规律，人道必须顺应天道。一方面，老子认为道是天地万物生成的总动力。"大道泛合，其可左右。万物持之持生不辞，功成不名有。衣养万物而不为主，常无欲可名于小。万物归焉而不为主，可名为大。以其终不自为大，故能成其大。"（《道德经》第三十四章）即道像延绵不断的河水一样衣养万物，毫无私心和偏爱，所有的生命都要依靠道的养育而成长。另一方面，他又提出道的法则就是自然，超越人的主观目的。"人法地，地法天，天法道，道法自然。"（《道德经》第二十五章）就是说，人类要以地为法则，重视其安身立命的地球；地以天为法则，随整个宇宙的变化而变化；天以道为法则，运动变化都有其自身的客观运动规律；道的法则就是自然而然的，完全按事物的本性去发展，任万物自然生长。庄子说："万物皆种也，以不同形相禅，始卒若环，莫得其伦，是谓天均。天均者，天倪也。"（《庄子·寓言》）也就是说，万物都是相互联系和变化的，整个宇宙是一部生生不息的有机整体。由此可见，道教生态自然观中之所以强调"道法自然"，是因为宇宙万物是一个无限循环的整体，人生活在天地这个大环境中，要自觉服从和运用自然规律，崇尚自然，效法自然，使生命生生不息。要维护自然生长变化的过程，不要人为地去破坏这个过程的本来面目，其一切行为都要考虑到对天地这个大环境所带来的严重后果。道教的这种整体自然观成为人类认识和把握自然界的根本法则。

道教主张人与自然万物应该和谐相处、共生共在、万物一体。老子说"域中有四大，而人居其一焉。"（《道德经》第二十五章）在此，他肯定了人是自然界的一部分，是万物中最有灵气、最有智慧的物类，是宇宙中四大之一。然而，对于人应该如何与自然万物相处这一问题，老子的基本立场和态度是：万物都有存在的权利，有其自身的价值，人与万物是平等的，并没有什么高贵之处。人要遵循自然法则而善待万物，生养万物，使万物各得其所，各随其生。《周易·乾卦》中说："夫大人者，与天地合其德，与日月合其明，与四时合其序，与鬼神合其凶，先天而弗违，后天而奉天时。"（《周易·文言》）就是说，在天地人的关系中强调按自然规律办事，顺应自然，谋求天地人的和谐。这就要求人类以平等意识善待自然万物，反对把贵贱观念应用于自然界，反对妄自尊大，把大自然当成自己的征服对象，反对以自我为中心，为了满足自我需要而掠夺自然的做法。

二、道生万物、尊道贵德的生态伦理观

道教是在人与自然的相互影响与相互作用中来理解人与自然的关系的。道教认为，任何自然万物都有一个统一的基础——道，正是道化生了自然万物与人，在"道"面前人和自然万物无疑是"同胞兄弟"。因此，人与自然万物应该是生而平等的，享有同等的权利。人不应该随心所欲地凌驾在自然万物之上，而应该与自然和谐相处，共存共荣，"顺乎自然之道"。

1. 尊道贵德、生而不有

在道家看来，道与德之所以崇高和尊贵，是因为它们具有生长万物而不据为己有的品性。老子说："道生之，德畜之，物形之，势成之，是以万物莫不尊道而贵德。道之尊，德之贵，夫莫之命而常自然。故道生之，德畜之，长之，育之，亭之，毒之，养之，覆之。生而不有，为而不恃，长而不宰，是谓玄德。"（《道德经》第五十一章）即自然万物都是道之所生、德之所育。道是万物之根，而德是万物之性。并且，老子把自然界那种无意志、无目的的本质属性，称其为"玄德"。道之所以尊，德之所以贵，并不是有一个主宰者使然，而是道与德所生成的万物，它们是一种自然而为，生长万物而不据为己有，帮助万物而不自恃有功，引导万物而不宰制它们。即道其实就是顺乎自然本性、具有最深远和最高尚的道德。老子又说："天无以清将恐裂，地无以宁将恐发，神无以灵将恐歇，谷无以盈将恐竭，万物无以生将恐灭，侯王无以贵将恐蹶。"（《道德经》第三十九章）大地母亲的孩子们因失道失德，让天不清、让地不宁、神不灵、谷不盈、万物不生，因而，自然要天破地动。庄子继承老子思想，认为"自然"和"人为"不仅有一定的界限，而且各有自己的功能，不能过分夸大人的作用，更不能反其道而行之。"牛马四足，是谓天；落马首，穿牛鼻，是谓人。故无以人灭天，无以故灭命无以得名。谨守而不失，是谓反其真。"（《庄子·秋水》）由此可见，庄子不仅要求人顺从自然而不违反自然，而且认为人只有顺从自然才能有所作为。"反其真"就是要返回到自然的本然状态，只有这样才能达到一种人与自然动态的平衡和协调状态。所以，道教认为，顺应自然也就成为人的一种本质的规定性和所应遵循的行为原则。

在道家看来，人与自然界的关系是最基本的关系，是解决与处理人与人之间关系的前提，自然界是人类生存的真正家园，因此，人与自然万物之间的关系是生存关系，不是纯粹的认识关系，即如何对待自然界首先是一个德行问题，不是认识问题，这是为道之事，不是为学之事，人可以有许多知识，但是，如果没有对自然界的尊重和善意，就不可能处理好这个关系。

道教的尊道贵德、生而不有的生态伦理意识告诫我们，人类应当成为自然的看护者而非占有者，在捍卫自然界的完整和秩序中起带头作用，使人的价值和尊严在保护自然中得以实现。保护生态不仅是为了人类的生存和发展，同时也是人类更加完善和自我实现的需要。

2. 知和曰常、知常曰明

道家提出的"知和曰常、知常曰明"（《道德经》第五十五章）的观点，是道教生态伦理思想的又一重要原则。[1] 在人应该如何对待自然万物的态度上，老子把"知常"与"知和"统一起来认识这个问题。"知和曰常"就是要懂得天地万物都含有阴阳两个方面的因素，只有阴阳二气之平衡，才能自然和谐这个道理，就是要求人们用心去认识人与自然万物相互联系、相互依存的统一性，把握平衡，和谐相处，只有在和谐的状态中，人与自然万物才有可能得以生存和持续发展。老子之所以强调"知和曰常"的重要性，是因为它不仅蕴涵了宇宙化生的全部秘密，而且为人类的可持续发展提供了丰富而深邃的哲理之源。道家很早就认识到，人类的贫富与自然资源的充足和匮乏休戚相关，自然物种越多，人就越富足。《太平经》指出，对一个国君来说，能使万物齐备的，才是真正的富国。如果自然界的万物有一半受到伤害，就是国运衰败之兆。因此，生物多样性是世界的基本特征，是人和万物持续生存和发展的前提条件，破坏整个生物系统的多样性人类必将失去持续发展的条件。

"知常曰明"就是要懂得自然的"无为"本性和运行规律，人只有尊重大自然，认识自然规律，不违背自然规律去做事情，才是明智的行为。老子的"不知常，妄作，凶"的观点，乃至黄老学派的"顺天者昌，逆天者亡。毋逆天道，则不失所守"等思想，用意深刻，眼界高远，是对人们违反自然规律行为的一种警示。反省人类因"不知常"乱伐山林所造成的水土流失、滥用土地所造成的土地贫瘠化和沙漠化、滥采矿藏所造成的资源浪费，都是人类只顾眼前利益，违反自然规律而遭到自然报复所造成的生态恶果。实际上，人类对待自然有两种态度：一是随心所欲、役用万物；一是师法自然、知足知止。如果我们对人与自然万物关系的"不知常"，就会把自然万物作为自己的奴役对象，完全隶属于自己；如果我们深知人与自然万物之间关系的奥妙，不但能善待自然万物，还能维护自然万物的生存和发展，约束人们对自然的过多干扰和过度利用，保护生物多样性，维护生态平衡。

当今世界，道家的"知和曰常、知常曰明"这一生态伦理原则对我们有重要的启示，人类只有把自然视为与人类生存和发展息息相关的生命共同体，对自然精心地加以保护，与周围环境达到一定程度的协调与平衡，反对过度开发

---

① 胡锦. 生态文化：生态实践与生态理性交汇处的文化批判 ［M］. 北京：中国社会科学出版社，2006：254.

与利用自然资源，才能从根本上保证人类生命的可持续发展。

三、自然无为的生态实践观

自然无为是道教的实践原则，是指人类要顺应自然的发展规律，不要对自然妄加干涉。自然无为的自然是指自然规律，自然无为的无为是为了实践有为的一种态度和方法。因此，道家的自然无为，并不是指无所事事、毫不作为的一种消极厌世的人生态度，而是反对人类以自己为主，去决定或改变自然界的发展，主张人类应遵循自然规律，按照自然的法则去做一切应然而然的事情。

1. 知足知止、适度发展

道家不仅强调人要认识和把握自然规律，而且还要合理而有节制地开发利用自然资源。知足知止的适度发展观就是道家在实践中对自然无为思想的具体体现。"知足不辱"就是要求人们树立正确的荣辱观，对物质利益的追求不能贪得无厌。要求人们克制自己的欲望，养成不脱离客观实际的进取心。"知止不殆"就是说人们的行为和欲望必须有一个合理的限度。要求人类在追求发展的过程中，不违背客观规律，适可而止。在这里，老子所谓的"知足"和"知止"，并非消极保守，不求进取，而是要求人类在发展中要充分考虑生态环境的承受限度，对那些破坏生态平衡的发展要自我约束，不能为所欲为，防止对资源的过度开发，保持人类社会的适度发展。否则，如果人类只为了自身需要的满足而无限制地向自然索取，必然会打破"和"的状态，使有限的资源趋于枯竭，一些生物种群濒临灭绝，人类赖以生存和发展的环境将不复存在。因此，道家提出的知足知止思想，这里包含着生产发展和人类行为的适度发展原则。

然而，道家为其后人所提出的这种发展原则并没能使人们在实践中贯彻，反而却被贪婪地积聚财富的行为所取代。我们发现造成当今人与自然关系紧张的根本原因就是人类的"不知足"和"不知止"。正如老子和庄子所说："祸莫大于不知足，咎莫大于欲得。故知足之足常足也。"（《道德经》第四十六章）"乱天之伦，逆物之情，玄天弗成，解兽之群，而鸟皆夜鸣，灾及草木，祸及止虫。"（《庄子·在宥》）由于人类的行为打乱了自然界的秩序，背离了万物的本性，自然状态不能保全，使得万物失去生存的环境。人类无情地破坏自然，自然必然会反过来报复人类，长此以往，必将危及人类的生存和发展。所以庄子告诫世人，"圣人处物而不伤物，不伤物者，物亦不能伤。"可见，知足知止适度发展原则对于重建现代人类的生存方式和发展模式具有极大的启迪意义。

在适度发展观的指导下，在实践中还要坚持渐进发展，反对急进逞强。这是由于自然万物的发展规律都是由小到大，由少积多，由浅入深。正如老子所说："合抱之木，生于毫末；九层之台，作与累土；千里之行，始于足下。"（《道德经》第六十四章）因此，我们从发展观的角度来看，这是一种渐进发展观，防止人们在发展过程中的急躁冒进行为。

2. 节俭寡欲、素朴无华

道家认为人在本质上是朴实无华的，这是人的最本真的存在状态，是人的自然属性。然而随着人类社会的发展，与大自然相比，人类越来越失去了纯朴天真的自然品性，造成了种种的丑恶和祸害。在道家看来，这是由于人类的生活方式出现了问题，因此提出了节俭寡欲的生活消费观，一方面，它可以保持人性的完整性、丰富性，从而实现道德的境界；另一方面，它可以从根本上解决人与自然关系的恶化，实现人与自然的协调发展。

老子说："我有三宝，持而保之，一曰慈，二曰俭，三曰不敢为天下先。"（《道德经》第六十七章）其中的俭，就是人的生活要节约的意思，它是针对奢侈生活而言的。老子认为，第一，人过一种节俭的生活还是奢侈的生活，并不是由于生活资料缺乏或贫穷而不得不采取的办法，而是实现一种道的境界的要求，也是关系到人类生存的大问题。第二，人过一种节俭的生活还是奢侈的生活，是由人的物质欲望的大小决定的。因此，老子主张人应当限制和减少物质欲望，过一种俭朴的生活。这不仅对人的"养生"是重要的，而且对人的道德修养也是非常重要的。他认为，多欲是违反自然的，对于人的生命是无益而有害的，而且能伤害人的自然本性。"五色令人目盲，五音令人耳聋，五味令人口爽。驰骋畋猎，令人心发狂。难得之货，令人行妨。是以圣人为腹不为目，故去彼取此。"（《道德经》第十二章）无限制地满足欲望，就会丧失人的本性，使心灵不得安宁。为此，他提出"不贵难得之货""使民无知无欲"，并由此提出了知足寡欲的主张，在生活上提倡满足人的基本生活需要，反对追求奢侈享受；在精神上修德养心，追求人与自然的合一的境界。在老子看来，知足寡欲是实现人与自然和谐的重要途径，他对知识技能的批评也是从这个目的出发的，他认为知识技能的增长和运用都是为了满足人的欲望，而不是增进和提高人的德行，实现人与自然的和谐。

道家主张的知足常乐、清心寡欲的生活方式警示我们：人类的衣、食、住都是自然界提供的，自然资源不仅是宝贵的，而且是有限的，这就牵涉到了自然资源的可持续利用问题。可持续利用的本质是满足人类基本需求，同时提高生活质量，但不危及后代人的需求。因此，人的行为应取法于"道"的自然性和自发性，人们要有返回到真诚与质朴生活的心态或心境，有节制地取舍自然所赐之物，只有选择这样的生活态度，采取这样的生活方式，才能保护自然资源，与自然界朝夕相处，同呼吸，共命运，才能有利于人类长久的发展。反之，那种以鼓励人类欲望膨胀的消费型社会绝对不是人类发展的长久之计。

第三节　佛教生态文明思想研究

佛教蕴含着丰富的生态思想，有着独特的生态观。它在整体上将生命主体与生态环境视为统一体，认为天地同根、众生平等，宇宙中的一切生命都是相互联系相互制约，并依靠大自然而生存，自然界中任何局部的因素受损都会危及自然界整体的利益。因此，佛教的这种宇宙整体相互关联生态思想，对于我们珍惜生命、爱护环境、建立与自然和谐共存的关系同样具有重要的现实意义。

一、佛性统一的生态自然观

佛教的"缘起论"是其生态自然观的哲学基础。它把整个人生和宇宙过程的一切现象看成是由多种原因和条件和合而生的，一切事物都是相互依存，互为条件，而不是孤立的存在。一切生命都是自然界的有机组成部分，既是其自身，同时又包含其他万物，只有相互依存，生命才能存在。

1. 万法无常的"无我论"

佛教的缘起论认为，万法即所有现象界的一切存在都是由因缘（多种原因和条件）结合而形成的，一切事物都是由因缘和合而起，分散而灭。① 一切事物的存在都是互相依存，互为条件的。不能把事物看作一个孤立的、不与其他

① 鄯爱红．佛教的生态伦理思想与可持续发展 [J]．齐鲁学刊，2007 (3)：125～129.

事物相联系的存在。这就是佛教的诸法无我，自他不二的观点。一法生于世间，必须依赖其他诸法，并且，它对其他诸法也会产生影响。人作为万法之一，与万事万物是互为"增上缘"的关系。正如一棵树是种子、土壤、水、阳光等增上缘的结果，人的生命同样要求增上缘，若没有万法增上缘，便没有人，人就是自然发展的历史成就。佛教这种观点表明：一切事物之间是互相影响，共同生长的关系。如果任意破坏事物间的联系，就可能影响事物的生长。因此，事物之间是相互联系的，并且是不可分割的。

佛教还认为现象的世界不是真实的世界，是因缘起故，万物无常于我。也就是说，世界上的一切事物，小至微尘，大至宇宙，旁及一切生灵，包括人类都是多种原因、条件和合而生，只是相对的存在，没有不变的本质，而这就是事物的本来面目。即一切事物共同具有的、永恒变化的"无常"，由于无常，任何万物都是无我的。佛教把它称此为"空"。"空"不是绝对的无，而是说事物没有自性，也就是说包括人在内所有生命个体没有实在的本质存在，人生在世如同白驹过隙，除了生命之外一切均为身外之物，生不带来，死不带去。一切事物也没有实体。佛教通过空，破除众生对生命主体和事物的执着，这就否定了包括人在内的一切生命存在的实体性，打破了生命主体自身的优越感和在自然中的优越性，以无我的胸怀面对大千世界。这也表明了在这个世界上自我存在、自我决定并且独立不变的事物是不存在的，任何事物都是相对的、变化的、有条件的存在。

佛教的生态自然观对于解决当今的环境危机提供了一定的思想基础。第一，佛教反对人类中心主义。环境问题与人类同自然的关系密切相关，由于人类中心主义，人们把自然仅仅视为实现其目的的手段，不断寻找利用它或征服它的方法。而作为佛教生态自然观的宇宙主义不把自然作为人的征服与利用对象，从站在宇宙的视角将人视为自然的一个部分。因此，宇宙主义的观点可以让人克服与自然的疏离，保护环境。第二，佛教认为事物之间是相互影响、共同生长的关系。宇宙中的一切生命都是相互联系、相互作用，并依靠大自然而生存。既然大自然给了人类赖以生存的环境，人类对自然界中任何部分的破坏都会危害人类的生存环境，反过来可能会危及人类的利益。因此，人类作为大自然的一分子就必须关心自然并保护自然。这对于我们正确处理人与自然的关系，为人与自然和谐相处而又不失其个性提供了有益的理论借鉴。

2. 相互依存的整体论

佛教非常重视对整体的把握，认为天地同根、众生平等、万物一体、依正不二。在缘起论的基础上，佛教认为，世界万物之间是一种互相含摄、互相渗透的关系，你离不开我，我离不开你，整个宇宙就是一个因缘和合的聚合体。在此基础上，佛教整体论特色的最鲜明体现，作者认为，就是它关于宇宙的全息思想。佛教的天台宗和华严宗很明确地表达了宇宙全息论的观点。天台宗的"性具"说认为，一切皆平等互具，共具善恶。所谓"性"，是指法性、真如。所谓"具"，是指具足、具有。"性具"是指世界中的每一事物本来具足大千世界的本质、本性。华严宗认为，人与自然，如同一束芦苇，相互依持，方可耸立。任一极微小事物都蕴含着宇宙的全部信息，叫作"芥子容须弥，毛孔收刹海"。（《华严经》第 320 页）芥子、毛孔是极微的意思；须弥、刹海是代表广阔的空间。然而，芥子、毛孔就可以含摄一切众生所有世间法性，及一切诸佛所有出世间法性，可以普现过去、现在、未来一切事物，普现三世一切众生。也就是说，世界上的一切事物都拥有万法，所有的事物相互拥有，并可以容纳、蕴含无限的宇宙。这就表明整个世界处于重重关系网之中，是一个不可分割的整体，互为存在和发展的条件，并且，每一单位都是相互依赖的因子，相互包含，相互渗透，一物既是其自身，同时又包含所有他物，这些都旨在说明佛教对宇宙关系性、整体性的理解。

基于上述整体论的认识，形成了正确处理生命体与环境之间"万物一体，依正不二"的思想，这里，依正就是指依报和正报。依报是指生存环境，正报是指生命主体。依正不二，就是指生命主体与生存环境作为同一整体，是相辅相成、密不可分的。这就使人类深刻认识到，人类与所有生命物种在生态系统中是相互依存，是一个相互联系不可分割的整体。离开自然界，人的生命就不可能存在。保护环境就是保护人的生命，破坏环境就是毁坏人的生命。在整体上将生命主体与生态环境视为统一体，因此，人们必须关心和维护生态系统的完整性和稳定性。人类只有用这样的思想来指导今天的环保活动，才会使人们的立足点跳出个人、小集体乃至国家的范围，而走向对全球生态环境的考虑。在生态与环保问题上，人们要想独善其身根本不可能，如果以邻为壑则是害人害己。唯有从全球出发，培养全球意识，利己利人，才是人类根本的出路。

二、万物平等的生态伦理观

佛教生态伦理观的核心是万物平等观，认为宇宙中一切生命都是平等的。这里不仅要强调有情众生之间的平等，尊重生命，还要强调有情众生与无情众生的平等，敬畏自然，珍爱自然，体现了佛教尊重生命、尊重自然的生态伦理观。因此，佛教思想中有许多关涉人与自然关系的智慧，对现代生态伦理学的建构具有重要的启发意义。同时，佛教要求人类关爱一切生命、普度众生、保护自然的思想，对当今人类保护自然生态环境将有很大的现实意义。

1. 众生平等、尊重生命

佛教对生命的理解十分宽泛，它把宇宙万物的生命分为两种，即有情众生与无情众生。人与动物等属于有情众生，植物乃至山河大地属于无情众生。又把有情众生按照生活的世界分为六道：天道有情、阿修罗道有情、人道有情、畜生道有情、饿鬼道有情、地狱道有情。佛教主张六道轮回，即三世因果报应，对处于六道之中的生命在没有成佛之前，依据自身的行为业力获得来世相应的果报。这就是善有善报，恶有恶报。具体来说，行善者可以从六道的序列中上升，作恶者就将下降。佛教虽然肯定人在六道中的特殊性，但并不认为众生之间在生存价值方面存在高下之分。人同其他生命一样共同处于变化无定的轮回转世之中，并没有"唯人独尊"、其他万物都是为我所用、必须无条件为我服务的理念。也就是说不同的众生虽然存在差别，表现在六道中有高低排序，但是在生命本质上都是平等的，这就表明一切众生在成佛的原因、根据和可能性上是平等的。也就是我们常讲的："行善者可以由鬼变成人，作恶者也能由人变成鬼。"每个有情众生，都有平等的生存权利。

佛教认为，在众生平等的基础上，人类善与恶的最高标准是对生命的态度。因此，尊重生命、珍惜生命是佛教善的最高标准。为了使人类做到尊重生命、爱护生命，佛教提出了一系列戒律，主张对构成整个生命群体的有情众生，要慈悲为怀戒杀，把"不杀生"作为戒律之首，是指不杀人、不杀鸟兽虫蚁，还指不乱折草木，即善待一切众生。《大智度论》卷十三就记载有：诸罪当中，杀罪最重；诸功德中，不杀第一。如果触犯杀戒，灭绝人畜的生命，不论是亲杀，还是他杀，都属于同罪，死后将坠入畜生、地狱、饿鬼等三恶道，即使生于人间，也要遭受多病、短命两大恶报。① 不杀和不伤害的戒律不仅是对人与人关系的规定，而且是对人与动物关系的规定。杀生意味着人类剥夺其他生命存在的权利，而生命对人、动物都是一样的可贵。英国学者辛格在其著作《动物解放》的中文版序言中指出："使人类的关怀及于动物，这对于中国读者来说并不陌生。毕竟，影响了中国许多世纪的佛教传统的一个中心理念是众生平等，甚至要求信徒不杀生；这与西方把人与动物截然分开，强调只有人才是上帝的刻意创作，因而天赋统治其他动物之权的观点大异其趣。"② 而且认为，佛教众生平等和不杀生的传统，是一种高尚的伦理，有助于拯救人类居住的地球。按照佛教的因果报应，如果谁要杀害其他生命，必然导致堕入恶道，也意味着对他自己的生命带来伤害，因此，对人类来讲，尊重生命、关爱生命是行善的重中之重。

2. 无情有性、珍爱自然

佛教对于保护生态环境起到重要作用的是它的无情有性说。这一理论认为"佛性"为万物之本原，每一事物都有佛性，佛性本身是不变的，但它随不同条件体现于万物之中，也就是说，宇宙万物的千差万别，都是"佛性"的不同表现形式。佛教认为一切自然万物都没有实在自我，但都有成佛超脱的佛性。既包括有情众生，也包括无情识的植物、无机物。即没有感情意识的山川、江河、草木、大地、瓦石等皆具有佛性，它们被称作"无情有性"。天台宗认为如果无情之物没有佛性，那就等于说佛法没有普遍性。禅宗认为大自然的一草一木都是佛性的体现，蕴含着无穷禅机，都有其存在的价值。英国历史学家汤因比也指出："宇宙全体，还有其中的万物都有尊严性，它是这种意义上的存在。就是说，自然界的无生物和无机物也都有尊严性。大地、空气、水、岩石、泉、河流、海，这一切都有尊严性。如果人侵犯了它的尊严性，就等于侵犯了我们本身的尊严性。"③ 汤因比这个观点与佛教的无情有性说是一致的。

佛教"无情有性"的观点体现了世界上所有万物在本性上都是平等的思想，并不因为花草树木、山川河流的"无情"，就可以随意处置，而是认为它们都有其生存的价值。佛教的这个观点与当今西方世界兴起的大地伦理学思想

①　胡筝. 生态文化：生态实践与生态理性交汇处的文化批判［M］. 北京：中国社会科学出版社，2006：243.
②　［美］彼得·辛格. 孟祥森等译. 动物解放［M］. 北京：光明日报出版社，1999：2.
③　［英］汤因比等. 荀春生等译. 展望二十一世纪——汤因比与池田大作对话录［M］. 北京：国际文化出版公司，1997：429.

有某种相通之处，美国学者罗尔斯顿从系统的角度出发，认为生态系统中的每一物种都有其内在的价值，人类并非天生就比其他物种优越，并由此论证了人类对大自然中的每一物种有着不可推卸的责任和义务。"禅宗在尊重生命方面是值得人们敬佩的。它并不在事实与价值之间、人类与自然之间标定界限。在西方人看来，自然界并没有内在的价值，它通过科学和技术的力量，才逐渐有了其作为工具的价值。自然界不过是一种有待开发的资源。而禅学并不是人类中心论，并不倾向于利用自然，相反，佛教许诺要惩戒和遏制人类的愿望和欲望，使人类与他们的资源和他们周围的世界相适应。我们知道禅宗懂得如何使万物广泛协调，而不使每一物失去其自身在宇宙中的特殊意义。禅宗知道怎样使生命科学与生命的神圣不可侵犯性相结合。"① 因此，佛教崇敬自然、珍视自然、与自然同呼吸共命运、建立与自然和谐共存的思想值得我们认真学习与借鉴。人是大自然的一个分子，人类不是自然的征服者，我们应在爱护自然界的一草一木的基础上，珍惜和合理利用自然资源。人类不是自然的破坏者，而是自然的审美者。这就要求人类在与自然和谐相处中做到心境浑然一体，在优美的自然环境中陶冶情操，提高人类自身的道德境界。

三、慈悲为怀的生态实践观

佛家的生态实践观最为集中的体现就是普度众生的慈悲心肠。慈悲就是对他人与其他生物的关怀。这是因为万事万物对人有恩，人要学会感恩，学会怜悯、爱护众生即一切生物，即佛教倡导的"上报三重恩，下济四途苦"。因此要求把所有生命的痛苦当作自己的痛苦来体验，把所有生命生存的环境当作自己生存的环境来感受。只有这样，我们才能具有普度众生脱离苦海的慈悲行动。因此，佛教慈悲为怀的人生态度落实到每个人的具体行动上，就是要求我们真正关爱大自然，善待一切众生万物。

1. 普度众生

普度众生落实到人类生态实践中，就是要求食素和放生等行为。食素就是以食用植物为主的饮食方式，是落实不杀生戒律的有力保证。食素在汉传佛教中是一种必须遵守的规范，这也是在生活中培养人的慈悲佛性的途径，是对"不杀生"观念的发展。当前，佛教主张素食的生活方式，对于保护野生动物

---

① ［美］罗尔斯顿. 初晓译. 尊重生命：禅宗能帮助我们建立一门环境伦理学吗？［J］. 哲学译丛，1994（5）

的多样性具有直接的现实意义。世界上动物种类正在以前所未有的速度在消亡，其中一个很重要的原因就是野生动物资源日益受到破坏，成为人类餐桌上的美味佳肴被吃掉了。因此，作者认为，佛教倡导的素食生活方式可以在一定程度上保护野生动物，尤其对那些濒临灭绝生物物种的保护，可以说发挥了重要的作用。

放生就是用钱赎买被捕的鸟、鱼等动物，将其放回山野、森林、江河大海之中，使其重新获得生命的自由。放生活动体现了佛教生死轮回的因果观念和提倡众生平等、普度众生的慈悲精神。如果说不杀生、食素是一种对生命的消极保护，那么，放生是戒杀、食素的进一步发展，就是对生命的积极保护，因此，放生是佛教积极提倡的一种积德的善行。放生已经成为汉传佛教重要的佛事活动之一，每逢佛、菩萨的诞生日，放生活动是必不可少的。一般来说大型的佛教寺庙都设有"放生池"，有时还专门举办"放生法会"。在佛教的理论中，放生可以使人消业积善，因此，信奉佛教的俗家弟子也会在节日里举行放生的善行。在高原藏区牧民的生活中，放生也普遍存在。他们会经常把牛、羊等动物放回到大自然中，让其自由悠闲地生存。

基于众生平等的理念，佛教从普度众生、善待万物的立场出发，把食素、放生等生态实践作为觉悟成佛的具体手段，有益于人们的身心健康。如果说过去食素、放生等行为仅仅是一种慈悲精神的体现，那么到了今天，佛教提倡的食素、放生活动在一定程度上有助于保护濒临灭绝的物种，起到了保护动物多样性、保护生态环境的作用。从某种程度上讲，这也是在践行生态文明的生活方式和行为方式。

2. 境心清净

佛教理论中的净土思想不仅重视环境优美，更重视心灵清净。佛教对净土的描绘体现了佛教的理想生态观。净土，又称清净国土、佛刹、佛国等，是佛的居所，也是佛教徒追求的理想国。净土的种类很多，其中影响最大、最有代表性的是阿弥陀佛净土。阿弥陀佛净土又称西方极乐世界，是对众生感官和精神都有至高无上快感的世界。极乐世界就是无苦有乐的世界，是一个鸟语花香、环境优美的世外桃源，进入者即可永生不死地享受一切幸福快乐。《称佛净土佛摄受经》对极乐世界的美妙环境作了描述：第一，极乐世界充满秩序、井井有条。第二，极乐世界有丰富的优质水。第三，极乐世界有丰富的树木鲜花。第四，极乐世界有优美的音乐，使人快乐。第五，极乐世界有丰富奇妙多样的鸟类。第六，极乐世界常有增益身心健康的花雨。第七，极乐世界有清新的空气，和风吹习。① 因此，佛教徒所追求的"净土"，体现了他们对美好的生态环境的渴望。

佛教的净土思想，包含有两层意思：一是如果想要"心解脱"，就必须"境解脱"。也就是说，如果要彻底去除内心的烦恼，必须先让外在的世界清净无染。二是如果想要"境解脱"，就必须"心解脱"。也就是说，如果要让外在的世界清净无染，就必须先去除内在心灵里的烦恼。这就表明人类所生存其中的环境并非机械的自然，也不只是生物的自然，它是同时反映出人的道德自觉与宗教实践的"人化自然"。佛教教义历来重视净化我们的内心，它的一个重要命题就是"境由心造"，所谓"心净则国土净"。要求人们扫除心中的贪、嗔、痴三毒，去除人的占有心态，使心灵不执着而解脱自在。通过心灵的自觉，提升自身的道德修养，进而改善自己的行为，创造人间净土，净土是菩萨善行的果报，它的实现在根本上依赖众生的努力。因此，佛教努力去创造众生心净则环境净的境界。同时，为了心解脱，僧人都把寺庙建在青山绿水之间，为清净修行营造良好的环境，因此，凡是佛教活动的场所，大多是树木茂盛、鸟语花香、气运流通的优美生态环境。正是基于这一点，佛教非常注重对自然生态环境的保护，不仅制定戒律，禁止乱伐树木，践踏花草，破坏生态环境，而且选择名山大川建造寺庙，在寺庙附近植树造林，栽花种草，把佛教庄严的宗教精神与优美的自然环境统一起来，力求创造一种人间的环境优美的净土。

尽管佛教并不能解决世界上的环境问题，然而，从某种程度上讲，佛教可以改变和调整人的心灵，从一种错误的途径向一种新的生命方向的转变，并身体力行地实践着有益生态环境的建设行动。由此可见，佛家的净土思想对生态环境建设与保护起到积极作用。

总之，中国传统文化中的儒、释、道三家都非常重视生态文明问题。儒家可以说是世俗文化的代表，它从现实生产与生活需要出发，追求人与自然的和谐发展，因此，它主张的天人合一的生态自然观，尊重生命、兼爱万物的生命伦理观，中庸之道的生态实践观，对社会作用与影响最为深远。道教与儒家、佛教相比，在很大程度上是重视如何去做，而不是在乎如何去说。因此，它提出的万物一体、道法自然的生态自然观，道生万物、尊道贵德的生态伦理观，自然无为的生态实践观，强调人要崇尚自然、效法自然、顺应自然，达到"天

---

① 鄢爱红．佛教的生态伦理思想与可持续发展［J］．齐鲁学刊，2007（3）：125～129．

地与我并生，而万物与我为一"的境界，对于我国广大民众的生态文明意识的培养和提高具有深远的影响。佛教从印度传入我国以来，逐渐成为我国传统文化的一个重要组成部分。它的佛性统一的生态自然观，万物平等的生态伦理观，慈悲为怀的生态实践观，对于生活在今天的我们来讲，具有调整心灵、善待万物的一定效果，这就为保护生物物种的多样性起着很重要的作用。然而，由于其涉及的社会层面比较狭窄，可能其社会作用与影响远不如儒家学派。

儒、释、道三家的生态文明思想，为我们解决生态危机、超越工业文明、建设生态文明提供了一些有价值的思想，成为当代我国建设生态文明的文化基础，值得我们珍视。

第五章　西方后现代文化中的生态文明思想

　　后现代主义文化是在 20 世纪 70 年代开始出现的一种质疑现代社会主流价值观的批判性哲学文化思潮，主要流派有法国哲学家德里达、福柯为代表的解构主义，德国哲学家伽达默尔为代表的新解释学，美国哲学家罗蒂为代表的新实用主义等。所谓后现代主义文化，主要是对现代工业社会价值体系的文化批判，其中心任务是批判现代性。批判现代性的两个重点，一是批判个人主义在当代的绝对化发展，强调个人主义的中心地位；二是批判理性主义在当代的片面化发展，并指出这是造成西方社会中人们个性的丧失、价值的迷失和"精神家园"的失落等危机的主要原因，这将有利于我们更清楚地认识资本主义现代化过程给人类的生存与发展带来的危害。同时，后现代主义文化所倡导的创造性、多元化的思维方式，有利于人们思维方式的转变。具体地说，有利于人们从单一的、僵化的思维方式向多元的思维风格转变，从封闭的思维方式向性开放思维方式转变，从传统的主客对立的二元论思维方式转向后现代的主客一体的存在论思维方式。总之，在对现代性的否定和批判中，后现代主义已经使哲学及整个社会所关注的焦点，从如何用理性的方式来认知外在客观世界转移到对人的生命意义以及对宇宙人生的终极关怀上来，揭示了人在现代社会中的根本意义与生活价值。

　　文化是一个动态的开放的体系，任何国家都不可能无视世界潮流，拒绝接受世界先进的文化。因此，对于后现代主义文化，我们应该采取辩证地批判和鉴别的态度，从中汲取其优秀的文化成分应用于我国的生态文明社会建设。正如大卫·格里芬在《后现代科学中文版序言》中所指出："中国可以通过了解西方世界所做的错事，避免现代化带来的破坏性影响。这样做的话，中国实际上是'后现代化了'。"① 正是基于这样的认识与理解，我们通过正确地了解后现代主义文化中关于生态文明的思想，贯彻洋为中用的原则，为我国的生态文

---

　　① ［美］大卫·格里芬. 马季方译. 后现代科学——科学魅力的再现［M］. 北京：中央编译出版社，1995：13.

明建设提供文化支撑，这种理论研究，作者认为不仅具有深远的理论意义，而且也具有重大的现实意义。

第一节　后现代主义关于人与自然关系的新认识

随着西方社会现代化的发展，人与自然之间的关系日益恶化，自然界变成了人类肆无忌惮掠夺的对象，而自然界也无情地报复了人类，人类陷入了生存危机之中，如：人口问题、粮食问题、能源问题、环境问题、生态危机及核危机等。后现代主义文化思潮就是在这样的背景下产生的，它是对资本主义社会现代化发展过程中的一种理论反省，认为人类在当代资本主义社会面临的生存危机，是由于在现代化过程中高扬了主体性和人类中心主义，导致人类无限度地向自然界索取，造成自然环境和生态平衡极其严重的破坏，这种生态环境越来越不适应人类的生存与发展。因此，后现代主义文化认为要批判现代性，反对理性主义，反对工业文明的经济的增长方式，建立绿色经济观，重建人与自然的和谐互惠关系。

一、后现代主义对生态危机的解析

生态危机是由于人类对自然的不合理开发利用，导致生态系统结构的破坏和功能的消解，造成生态系统的整体瓦解，从而威胁人类的生存和发展的问题。它不仅表示生态系统的失调、生态平衡的破坏，而且还表示这种失调、破坏对人类生存与发展的威胁。后现代主义认为，生态危机是人类在自身发展过程中造成的，是由于在现代社会人类对理性主义高度张扬、恶性发展所导致的。这里的"理性"是指西方源于古希腊文化传统的一种主流性的文化思潮，一种推崇知识与理性的文化思潮。理性包括工具理性和价值理性。一方面，这种理性主义通过价值理性，把人从中世纪神的奴役、统治下解放出来，使人能够独立存在并在理性指导下生存与发展，并且又成为人治尤其是伟大人物统治的一种理论形态。另一方面，人类把工具理性当作自身谋求幸福的工具，无视自然资源和生态发展的内在规律，盲目地向大自然索取，夸大人对自然的控制能力。因此，如果人类要想在未来时代继续生存与发展下去，就必须对理性主义进行深刻地反思和批判。

其一，后现代主义认为，工具理性的盲目发展是导致生态危机的主要原因。这里主要强调的是，人类要反思和批判技术理性主义价值观。现代化过程，实际上就是人类运用工具理性——科学技术的成果，征服自然、改造自然满足人们日益增长的物质文化生活的需要。作为工具理性的科学技术成为人类认识世界和改造世界必不可少的工具，人类把奥妙无穷的大自然，变成可用科学计算、可被技术操纵、可用劳动征服的客观物质对象。随着现代科学技术的发展，知识的积累，人类改造自然的能力大大提高，在最近几百年的时间里创造的物质文明成果比过去几千年所创造的还要多，给社会带来了巨大进步，使人们能在物质充裕、生活便利的现代社会中享受幸福的生活。人类利用科学技术工具对自然一次又一次的征服所取得的确定无疑的辉煌成就，可能给人类造成了一种假象，似乎科学技术是无所不能的，科学技术的发展可以解决人类的一切问题。因此，科学技术在现代社会中取得了霸主的地位。

随着现代化进程在世界范围的展开，也加速了技术理性主义价值观在全球的滥觞，表现为人类对自然的认识与改造能力的空前提高，利用科学技术，人类不断地向大自然的深度和广度进军。与此同时，人类对自然界资源进行了掠夺性、粗放性的开发和超负荷的索取。也就是说，人类从自然界索取资源的能力，大大超过了自然界的再生增值能力，人类排入自然环境的废物也大大超过了环境的承受能力，这就人为地扰动了自然界的物质和能量的循环。因此，后现代主义认为，人通过现实的实践活动使自在自然转化为人化自然，使自然的原生态受制于人的技术理性能力。人有足够的能力和手段来控制自然界，体现了人类征服自然的主体性以及主体能力的增强，但随之而来的技术理性主义的消极因素也就凸显出来。正如海德格尔所言，在现代社会中，自然赤裸裸地成了人的"加工材料"和"储备物"，它完全失去了自在自为的独立特性，随之人类自身也成了"无保护"的"被抛"于世的存在，人只有充分认识到这一点才可能拯救自然及人本身。当前出现的大气污染、臭氧层空洞、气候发生异常、森林覆盖面积骤减、自然资源枯竭、生物种类减少以及核污染等，正是人类面临生态危机的严重挑战。这种急剧恶化了的自然环境严重威胁人类自身的生存与发展。"我们失去了在一个完整的世界中所有的那种安全感和在宇宙中的自我方位感……现在，我们已经失去了有受核灾难威胁的未来，并且正在失去生物圈的生态支持系统。由于对现代合理性的执迷不悟，我们正在做着将导致人类自我毁灭的非常荒谬的蠢事。"① 因此，人类在科学技术推动下所取得的许许多多的发展成果，已造成了人类生存发展的困境。而且，这种生态危机已经超出了科技所能驾驭的范围。后现代主义者马尔库塞批判了这种在科技理性专制下，西方社会的"单面人"现象。正如利奥塔所指出的那样，这个世界病了，症状是多样的，普遍的症状是科学、知识的功能发生了不利于人文精神的变化，工具理性左右着社会生活的各个领域，科技文明造成了非人化境遇。

其二，后现代主义认为，生态危机是由于人的价值理性或目的理性造成的。其实质是人与自然关系的错位。换句话说，就是人在自然界居于什么地位，对自然界应该持什么态度，正是在这些问题上，人类出现了严重的价值颠倒。在现代化发展过程中，自然完全被启蒙时代的理性精神和自由意志"祛魅化"，相应地，人也就成了地道的自然界的合法操纵者和控制者。人对自然的态度采取的是一种征服自然、改造自然的对立关系。人类对于自然界，只有控制、利用、索取和改造的权利，却没有任何责任和义务。自然界只是被人类用来主宰和利用的对象。自然界是没有价值的，其价值是以人的需要为前提的。自然无价值既反映在理性化的思想观念中，也表现在日常生活意识中。其主要表现就是，人对自然的绝对控制和对物质利益的疯狂攫取。在这种观念的支持下，人类作为强势群体开始无度地开发资源甚至破坏自然。因此，当前的生态危机就是现代人为了满足自身的无止境的物质需求而对自然的无限度利用造成的恶果。

后现代主义认为，人类是自然界的一部分，但随着人征服自然的主体性的提高，自然反过来似乎成为人的一个附属物，人彻底战胜了自然。当代人强调人类的价值理性是为了认识自然、改造自然。但人类即使认识了自然，也并不能够完全按照人类的价值需求来改造自然，人们的价值需求必须符合客观事物的运行规律才能满足。而当代人一方面价值需求的无限性，另一方面过分强调人的主观能动性，对自然的毫无顾忌的改造，造成了对自然的过分掠夺。这就表明，当代生存危机的实质是人与自然关系的危机，是人的不合理的实践活动造成的，是只注重人的利益和价值的实现而造成的，是只关心自己而不关心自然以及与自然的关系造成的。后现代主义者格里芬、罗蒂等指出，我们应该抛弃现代性。否则，我们及地球上大多数生命都难逃毁灭的危险。这是因为现代性导致了人类价值理性的过度张扬，导致了人类生存意义的缺失。换言之，现

---

① ［美］大卫·格里芬. 王成兵译. 后现代精神［M］. 北京：中央编译出版社，1998：52.

代人在征服自然的过程中，使人自身的欲望人为地、无限制地向外扩张，从而遮蔽了人的原始的基本的自然性的存在意义和界限，反而使现代人在消费主义与享乐主义为主导意识形态的现代社会中失去自我批判与反思的能力，使人类自身沉迷于商品"拜物教"的狂欢中。因此，后现代主义强调，人类应该树立一种后现代理念，即人类与自然彼此相互依存的意识。当人类在考虑自身的发展时，要把对人的福祉的特别关注与对生态的考虑融为一体，只有这样，人类在这个世界上才能拥有一种家园感。这就是说，后现代主义倡导人类对世界的关心爱护，目的是重建人与自然之间的和谐关系，而这种和谐关系从其终极意义而言，实际上就是为了人类的长远利益和整体利益。

总之，后现代主义一般就是拒斥一切现代性的理论，并对现代性的观念以及理性加以解构和摧毁。换句话说，就是反对理性主义，大力倡导非理性主义。他们认为，只有自觉地限制人类自身理性，才可能使人与自然之间的关系走上良性的发展轨道，人才有可能保持与自然的真正和谐与融洽。

二、后现代主义的绿色经济观

后现代主义认为，人类必须改变工业文明的经济增长方式，因为这种方式在取得经济高速增长的同时，对自然生态和环境都造成了巨大的破坏。正如小约翰·柯布所说："对经济学家而言，自然任何部分的价值，都仅仅取决于它能在市场上带来怎样的价钱。"① 也就是说，工业文明与自然相疏离，并且又进一步发展的趋势。自 20 世纪 60 年代以来，当代人类社会由于工业的高度发展和人口的大量增长，带来了一系列全球性的问题。这就迫使人们从更大、更远的范围来研究经济的增长问题。"1968 年 4 月，来自十个国家的科学家、教育家、经济学家、人类学家、实业家、国家的和国际的文职人员，约 30 个人聚集在罗马山猫学院……讨论现在的和未来的人类困境这个令人震惊的问题。"② 著名的罗马俱乐部就是经过这次会议产生的。他们通过建立世界模型，对全球关心的五个方面：加速工业化、快速的人口增长、普遍的营养不良、不可再生资源的耗尽和恶化的环境等进行了深入的探索，向全球提交了一份名为《增长的极限》的研究报告，报告的研究结论是：如果这五个方面按现在的趋势发展下去，这个行星上增长的极限有朝一日将在今后 100 年中发生，最可能的结果

---

① ［美］小约翰·柯布. 李义天译. 文明与生态文明［J］. 马克思主义与现实，2007（6）：18～22.

② ［美］丹尼斯·米都斯等. 李宝恒译. 增长的极限［M］. 长春：吉林人民出版社，1997：7.

将是人口和工业生产力双方有相当突然的和不可控制的衰退。实际上，全球性的人口激增、资源短缺、环境污染和生态破坏，已经使人类面临严重的生存困境，这必将导致人类走上一条不能持续发展的道路。这个研究成果极大地震惊了世界，促使人类深刻反思工业文明的经济增长方式。

因此，以利奥塔为代表的后现代主义者，对资本主义现代性的批判，在经济领域就是反对工业文明的经济增长方式，主张稳态经济，倡导"经济的零增长"，主张"小规模的生产"，鼓吹"过朴素的生活"，宣传"回到丛林中去"，提出"生态的乌托邦"等观点，其目的就是为了转向生态化的绿色生产，保持自然生态系统物质能量输出输入量的稳定，从而适应生态系统更新和同化能力的要求，实现人与自然的和谐发展。美国生态经济学家赫尔曼·戴利在《超越增长》一书中认为，新环境主义的核心是强调发展而不是增长，增长是指通过物质吸收实现规模上的扩张和量的增加，而发展指的是质的变化和潜力的实现。[①]戴利对经济增长的批判，其价值观和方法论具有明显的后现代主义特征。他认为经济增长受到三个相互联系的生物物理条件的限制，即生态系统总体规模是有限的制约；经济子系统依赖总生态系统这个能量代谢的制约；经济子系统同生态系统之间复杂的相互联系的制约。同时，他还提出了对经济增长欲望起限制作用的四因素，即限制以地理和生态资源的消耗为代价的经济增长欲望；限制对其他物种的生息繁衍地的剥夺；限制以个人福利提高为目的的增长欲望；限制自私自利和技术统治主义。他要求对数量型经济发展观进行清理，建立以可持续的、有质的改进的、适应自然限制的经济发展观。

后现代主义者具有明显的绿色经济观。绿色经济观的基本要求是在追求经济效益的同时重视对资源的节约和环境的保护，把环境成本纳入绿色 GDP 计量的一个指标，加强绿色核算。并要求大力开发绿色产品、发展绿色产业、建设绿色市场、提倡绿色消费。这就表明，绿色经济是指在评价一个国家、一个地区的经济发展状况时，不是单纯地看其经济总量，而是要扣除获得这些总量的"环境成本"，即资源消耗与废物排放的比例。美国著名生态经济学家莱斯特·布朗积极倡导绿色经济发展模式，他在《B 模式 2.0：拯救地球　延续生命》一书序言中指出："现行的经济发展模式（姑且称之为 A 模式），使世界走上了导致经济衰退并且最终导致崩溃的环境道路。如果我们的目标是经济的

<hr/>

① ［美］赫尔曼·戴利．褚大建等译．超越增长——可持续发展的经济学［M］．上海：上海译文出版社，2001.

持续进步，就必须转向新的道路——B 模式。"① 绿色经济既可以使人们在生产生活中对环境的损害和污染减少到最低程度，还能够把人类的伦理道德关怀向自然环境延伸，关心自然环境的进化，使之与人类社会共同协调发展。因此，倡导绿色经济，这是人类为了协调人与自然的关系，使经济发展不以牺牲人类生存的环境为代价，确保人类社会可持续发展的重要环节。

当前，世界上许多国家兴起的绿色环保运动，也有助于推广绿色经济理念。绿色运动的口号是："我们既不偏左，也不偏右，我们向着前方！"② 这是一场以反对人类无视生态因素的经济政策、核力量的发挥、军备竞赛以及对第三世界的掠夺等为己任的政治运动。通过绿色运动，鼓励人们积极投身到绿色运动中去，不仅有力地提高了人们的生态文明意识，而且也推动了绿色经济的发展。比如，绿色运动对西欧各国的生产方式产生了重要影响。节能、环保已成为企业经营必须遵循的准则，依靠科技进步将经济增长同环境保护有机结合起来已成为各国正在实现的目标。环境保护、经济发展、高质量的人民生活三者和谐统一在这里基本成为现实。远离物质主义、关心身心健康、关注生活质量、关注人生价值的实现已经成为大多数欧美民众的价值选择。

总之，绿色经济的大力实施，有助于人类生活质量的提高，有助于保护环境，有效地推进人类社会与自然的协调发展。

三、后现代主义的人与自然有机统一的整体自然观

后现代主义在批判工业文明的机械自然观的基础上，提出了人与自然有机统一的整体自然观。后现代主义批判性地指出，所谓机械自然观就是，"自然界不再是一个有机体，而是一架机器：一架按其字面本来意义的机器，一个被在它之外的理智设计好放在一起，并被驱动着朝一个明确目标去的物体各部分的排列"③。后现代主义认为，人对自然这种机械的、还原的分析处理，使自然失去了生机和活力，失去了内在的神秘性，变成了僵死的"机械"，成为人们可以随意对待和使用、随意排放废物的垃圾场，人的理性成为控制自然的工具，人变成了无畏的"上帝"。马尔库塞指出，在工业社会，由于技术的极权主义迫使自然受到"压抑的统治"，自然解放的实质就在于重新发现和释放自然的本性，其途径就是实现技术的人道化。海德格尔也指出，技术已经成为

---

① ［美］莱斯特·布朗. 林自新等译. B 模式 2.0：拯救地球 延续生命［M］. 北京：东方出版社，2006：1.
② ［美］大卫·格里芬. 王成兵译. 后现代精神［M］. 北京：中央编译出版社，1998.
③ ［英］柯林武德. 吴国盛等译. 自然的观念［M］. 北京：华夏出版社，1998：6.

"遮蔽"自然的工具，人迷失于技术的"构架"就再也无法展现自然丰富的内涵，连自己也无家可归。因此，他批判了科学技术泛滥所造成的人对自然的奴役，并认为人不是自然的征服者，而是自然的看护者。因此，以大卫·格里芬为首的建设性后现代主义在扬弃机械自然观的机械性、可分性以及各部分关系的外在性基础上，提出了人与自然有机统一的整体自然观。

其一，后现代主义的自然观是一种整体论的自然观。后现代主义倡导取消主客二分，强调人与自然的整体性，并明确指出，人类社会与自然界应是一个完整的整体。"事实上，可以说，世界若不包含于我们之中，我们便不完整；同样，我们若不包含于世界，世界也是不完整的。"① 人类社会作为地球自然生态大系统中的子系统是与其他子系统有着密切联系的，人不可能割断这种联系，更不能以一种立法者的身份站在自然系统之外。"那种认为世界完全独立于我们的存在之外的观点，那种认为我们与世界仅仅存在着外在的'相互作用'的观点，都是错误的。"② 因此，人作为整体中的一部分，并不是独立于世界万物，而是与世界万物纠缠在一起，具有内在的关联。正如阿恩·奈斯指出，人类自我意识的觉醒，经历了从本能的自我到社会的自我，再从社会的自我，到生态的自我过程。近现代哲学的自我是孤立的、狭隘的"小我"，后现代哲学的生态的自我是对小我的批判和超越。这种生态的自我不仅包括"我"，一个个别的人，而且包括全人类，包括所有的动植物，甚至还包括热带雨林、山川、河流和土壤中的微生物等。纳斯认为，生态自我实现的过程就是不断扩大自我认同对象范围，超越整个人类而达到一种包括非人类世界的整体认识的过程。自我实现是深生态学的最高规范，是人与自然和谐统一的生态境界。③因此，这是有别于那种认为人类在一定程度上凌驾于自然之上并有权利随心所欲地塑造自然的西方传统的主客二分的自然观。这就要求我们对人幸福生活的特别关注与对生态整体的考虑融为一体。人类必须自觉地把自身置于整个生物圈的相互依存的网络中，在自身的发展活动中积极而主动地促进生态系统的良性循环，从而创造高度的生态文明。

其二，后现代主义的自然观是一种有机论的自然观。格里芬认为美国哲学家怀特海应该是后现代主义有机论的首创者。"怀特海的后现代有机论中终极

---

① ［美］大卫·格里芬．王成兵译．后现代精神［M］．北京：中央编译出版社，1998：95．

② ［美］大卫·格里芬．马季方译．后现代科学——科学魅力的再现［M］．北京：中央编译出版社，1995：95．

③ Pojman, Louis P.（ed）．Environmental Ethics, Readings in Theory and Application. Boston：Jones and Bartlett Publishers, Inc. 145～146.

因与动力因之间的关系不同于以往任何形式的思想中这两者之间的关系，甚至不同于其他形式的泛经验主义（经常被称作泛心灵论），尽管它们在佛教思想中早已出现过。"① 后现代主义的有机论在继承怀特海的思想基础上认为，自然界中的每一事物，每一个体都是主体，都是一个有机体，并且具有一定的存在目的。因而，从目的论意义上看，所有的生物都具有对未来进行创造性影响的某些力量，即具有自我决定的力量。这是自然界目标定向、自我维持和自我创造的表现。因此，在这一点上，它与古典的有机论很相似。古希腊自然观认为，自然界是渗透或充满着心灵的，是活的且有理智的，每一种植物或动物均依它自身的等级，在心理上分有世界灵魂的生命历程，以及在理智上分有世界的心灵。② 可见，后现代主义的自然观更强调个体与整体，整体与个体之间的不可分离性即有机性，更强调事物作为其自身的终极因或目的因，并以此与其他事物形成有机性。因此，有机论表述了自然万物并非仅是供人类索取的对象，也具有如同人一样的目的性。那种自命不凡地视人类为一切存在的目的观念是导致人类和其他物种赖以生存的生态系统大规模破坏的根源。

总之，后现代主义自然观是面对 20 世纪 60 年代以来全球性的人与自然矛盾尖锐化的现实情况而提出关于人与自然关系的理论学说。它深刻地指出，人类今天所面临的危险境地恰恰是由近现代主义高扬的工具理性主义、人类中心主义所造成的。同时，后现代主义自然观在批判现代主义片面强调人类改造、征服自然的理论倾向中所提出的许多观点，如关于自然具有目的性、具有内在价值的看法，就被生态伦理学所吸纳、借鉴并整合为这样一种主张，任何一个生物体不仅具有对他者而言的工具性价值也具有自身的、内在于其个体的价值。因此，后现代主义自然观所强调的人与自然的内在性、整体性以及双向互动性等观念，对于今天正进行的生态文明的建设具有积极的促进作用，对于提高人类的生态文明意识具有可供借鉴的理论意义。

---

① ［美］大卫·格里芬. 马季方译. 后现代科学——科学魅力的再现［M］. 北京：中央编译出版社，1995：33.
② ［英］柯林武德. 吴国盛等译. 自然的观念［M］. 北京：华夏出版社，1998：4.

第二节　后现代主义的环境伦理学

后现代主义认为，非人类存在物，如生命个体、物种、生态系统等，同样具有道德地位，人对它们负有直接的义务。因此，后现代主义的环境伦理学是研究自然的价值以及人对自然的责任或义务的新伦理学。或者说，自然价值和自然权利构成了环境伦理学的理论基础。它一般持有"非人类中心主义"的观点，包括生态中心主义、自然中心主义、动物中心主义等。后现代主义的环境伦理学被称为 20 世纪人类最重要的思想成果，这是因为它是从后现代哲学视野解读当今人类面临的生存困境，用后现代的否定态度批判现代性所造成的生态危机，以后现代话语方式表达对人类与自然万物的伦理关怀。因此，这种环境伦理学打破了传统价值的道德思想体系，扩大了伦理道德关怀的范围，为人类生态文明的发展提供了伦理支持。

一、后现代主义的自然价值论

后现代主义认为，自然界与人类社会一样，具有自身的价值和存在的权利。自然价值论认为自然价值包括自然界的外在价值和自然界的内在价值。其中，自然界的内在价值是环境伦理学的理论支点。

所谓自然界的内在价值，是指自然所具有的不以人为尺度的价值。它是指自然界自身的自我满足、生存与发展。对自然内在价值的阐述是由美国生态学家莱奥波德在其《大地伦理学》一书中提出的，人类应该用整体的、有机的观点来认识大自然，要认识到自然界的内在关联性，要从超越人类自身利益的高度来审视自然、对待自然。环境伦理学创始人之一、美国著名环境伦理学家罗尔斯顿认为，自然界的内在价值是自然"所固有的价值，不需要以人类作为参照"[①]。自然的自主性和目的性决定了它的价值的内在性。环境伦理学的另一重要代表人物泰勒（P. W. Taylor）在其《尊重自然》一书中，明确地写道："采取尊重自然的态度，就是把地球自然生态系中的野生动植物看作是具有固有价

---

① ［美］霍尔姆斯·罗尔斯顿. 刘开等译. 哲学走向荒野 [M]. 长春: 吉林人民出版社，2000: 189.

值的东西。"① 他认为，自然中的生物之所以具有内在价值，是因为它们是"具有其自身的善的存在物"。这种"善"是指具有自我目的性和利害性，属于自然生态系统固有的特征。它作为客观的价值与通常依靠评价的主观价值不同，应被当作类似于事物性质的东西。环境伦理学认为目的性是自然内在价值的根据。自然界的任何一个生态系统都有其自身的目的，此目的便是这个系统的价值所在。最早提出自然界具有目的性的是古希腊的亚里士多德，他认为事物的自身就是它的目的，目的就是事物本身的内部本质和内在原则。控制人创始人维纳把目的性分为三类：一是人的目的性，它是人类自觉的和有计划的追求和行为；二是动物和植物的目的性，它是生物有机体对外界环境的一种适应性，一种本能；三是无机自然的目的性，这是在负反馈机制作用下，使得一个自然过程得以维持或趋向一种特定的稳定状态的目标值。1969 年，曾经对探明臭氧层破坏原因有着特殊贡献的英国学者拉弗洛克（James Lovelock）提出了地球生命体理论——盖娅假说，盖娅（Gaia）原是指古希腊神话中的大地女神，在盖娅假说中被定义为能够自我维持、自我塑造的地球系统。这一假说认为，地球是由地圈、水圈、气圈以及生物圈组成的一个生命体，这个生命体是一个可以调节控制的系统，各种生物与自然界之间主要有负反馈环连接，从而保持着地球生态的稳定状态，使其成为可持续居住的星球。因此，盖娅假说支持地球具有内在价值。

罗尔斯顿进一步指出，自然界作为一个创造万物的系统，是产生一切价值的源泉。他指出，"自然系统的创造性是价值之母；大自然的所有创造物，就它们是自然创造性的实现而言，都是有价值的"②。我们说自然具有内在价值，就是"它能够创造出有利于有机体的差异，使生态系统丰富起来，变得更加美丽、多样化、和谐、复杂"③，创生万物的"生态系统是宇宙中最有价值的现象"④。因此，环境伦理学肯定自然界具有其内在价值。它认为不论个体自然物本身的价值，抑或自然界整体的价值之源，这都被看作是自然本身的属性，即不依赖于人而独立自存的东西。

自然价值论是自然内在价值与外在价值的统一，它是一种整体的价值观。一方面，自然价值论认为自然界整体的价值高于其中任何一部分（包括人类）

① P. W. Taylor. Respect for nature [M] . Princeton University Press, 1986: 66.
② [美] 霍尔姆斯·罗尔斯顿. 杨通进译. 环境伦理学 [M] . 北京: 中国社会科学出版社, 2000: 269~270.
③ [美] 霍尔姆斯·罗尔斯顿. 杨通进译. 环境伦理学 [M] . 北京: 中国社会科学出版社, 2000: 303.
④ [美] 霍尔姆斯·罗尔斯顿. 杨通进译. 环境伦理学 [M] . 北京: 中国社会科学出版社, 2000: 306.

的价值。整体所承载的价值大于它任何一个组成部分所承载的价值。个体和物种的价值只有在生态系统的整体中才有意义。"有机体只护卫他们自己的身体或同类，但生态系统却在编织着一个更宏伟的生命故事；有机体只关心自己的延续，生态系统则促进新的有机体的产生；物种只增加其同类，但生态系统却增加物种种类，并使新物种和老物种和睦相处。"① 这就进一步指出，生态系统整体的善高于人类自身的善，人的利益和目的的实现应以不破坏甚至有利于生态系统整体的善为标准，人的尺度低于并服从于生态系统整体的尺度。因此，后现代主义对人类的自命不凡，过于看重自己的价值给予了深刻批判。格里芬指出，"人种不过是众多物种之一种，既不比别的更好，也不比别的更坏。它在整个生态系中有自己的位置，只有当它有助于这个生态系时，才会有自己的价值"②。

另一方面，自然价值论认为，在生态系统的整体价值中，内在价值是基础，外在价值依赖于内在价值，是内在价值的特殊表现。在地球的自然生态系统中，凡是有助于自然生态系统实现或保持其内在价值的事物，均具有工具价值的意义。人类作为生物圈系统的重要组成部分，在保护和实现地球生物圈系统的内在价值方面，就具有工具价值的意义；而从人类的生存与发展来看，没有生态系统的支持，人类无法生存，生态系统对人来说也就具有工具价值意义。因此，任何只具有目的意义而不兼具手段功能的存在物都无法获得生态系统的支持。人类在生态环境保护的实践中，只有承认自然物、其他生命物种的内在价值，才有利于人类尊重生命，善待大自然，维护生态系统的平衡和健康运行。

二、后现代主义的自然权利思想

价值与权利这两个概念是紧密联系在一起的，对自然界的内在价值的确认，必然会推出自然界拥有权利的结论。环境伦理学中的自然权利思想就是要将人文法则逐步推广到自然界——从动物到植物、到所有的生命存在、再到自然生态环境。

所谓自然权利，一般是指生命和生态系统所固有的、按照生态规律生存和发展的权利。辛格认为，"我所倡导的是，我们在态度和实践方面的精神转变，

① 陈其荣. 自然哲学 [M]. 上海：复旦大学出版社，2004：236.
② [美] 大卫·格里芬. 王成兵译. 后现代精神 [M]. 北京：中央编译出版社，1998：148.

应朝向一个更大的存在群体：一个其成员比我们人类更多的物种，即我们所蔑视的动物。换言之，我认为，我们应当把大多数都承认的那种适用于我们这个物种所有成员的平等原则扩展到其他物种上去"①。雷根也认为，与人一样，动物也很看重它们自己，因而也拥有内在价值和一种对于生命的平等的天赋权利。施韦兹同样认为，一个人，只有当他把植物和动物的生命看得与人的生命同样神圣的时候，他才是有道德的。② 因此，生物中心平等主义的基本观点是："在生物圈中的所有事物都有一种生存与发展的平等权利，有一种在更大的自我实现的范围内，达到他们自己的个体伸张和自我实现的形式的平等权利。"③它所强调的是，在生物圈中每一种生命形式在生态系统中都有发挥其正常功能的权利，都有生存和繁荣的平等权利。正如环境伦理学者罗尔斯顿所认为，"生存权，从生物学上讲，是指为了生存适应性配合的权利。适应性性配合，需经上千年的维持生存过程。这种思想至少使人们想到，在某一生态位的物种，它们有完善的权利。因此，人类允许物种的存在和进化，才是公正的"④。每一种生物都有自己适应环境的特殊方式，它是自然竞争与选择的结果，这就使它们在自然中占据着自己应有的位置——生态位，生态位概念揭示了生物在自然中存在的合理性。因此，由生物多样性组成的生态系统，是一个以价值关系为纽带的密不可分的利益共同体，我们人类作为利益共同体的一员，必然要受到利益共同体的约束，也正是由于这一共同体利益决定了自然界有资格或有权利受到人类的尊重。如果当人类对自然界的整体利益构成严重损害时，它就用生态规律对人的行为进行报复，迫使人类尊重它们的生存利益。正如我国学者余谋昌所说，"自然权利包含两方面内容：一是权利所有者要求他的生存利益受到尊重；二是权利所有者对侵犯它们利益的行为提出挑战"⑤。这就表明，人类应尊重自然界的生存、自主、生态安全的权利。

后现代主义进一步指出，自然权利具有自然性和平等性的基本性质。自然性，一是指自然权利是自然意志的体现，它源于自然本身运行的法则，由自然力量所支撑。人类如果违抗自然运行法则对自然权利进行侵犯，最终会受到自然力量的打击报复。二是指生物在生态系统中体现了权利与义务的统一性。每

① ［澳］辛格. 江娅译. 所有动物都是平等的［J］. 哲学译丛，1994（5）.
② 杨明等. 人类学思维范式下的自然权利［J］. 自然辩证法通讯，2006（2）：16～19.
③ ［美］R. F. 纳什. 杨通进译. 大自然的权利［M］. 青岛：青岛出版社，1999：36～37.
④ 陈其荣. 自然哲学［M］. 上海：复旦大学出版社，2004：237.
⑤ 余谋昌. 生态伦理学［M］. 北京：首都师范大学出版社，1999：87.

一种生物既要以其他生物或存在物为生存条件，其自身又为其他物种的生存或存在物的循环提供了条件。人类应该树立与其他生物共生的观念，并且，还要提高自觉维护生态系统中生命形式的丰富性和物种的多样性意识，这对于维持生态系统的动态平衡，以及生物之间、生物与环境之间的物质、信息和能量交换具有极其重要的价值。平等性是指每一种生命形式都有生存与发展的权利，它们在生态系统中具有平等的地位，共同分享生态系统的生存与发展资源。人类要树立平等的观念，这种平等观念与生命共同体的要求是一致的，尤其在生存权问题上，人类并不能凌驾于其他生命形态之上，这是因为自然界中每一物种的存在都有其自身的合理性，生物之间只有相互制约、相互依赖、相互补偿和相互协调，才能共生共利。正是因为这么一种互利共生的利益关系，才使得生物圈成为一个生生不息、密不可分的利益共同体。这就表明，每一种生物都离不开这个利益共同体，这个利益共同体又是由各种生物所组成，而人类就是这个利益共同体中的平等一员。因此，人类应当成为大自然生命共同体的"善良公民"，为了更好地生存与发展，人类还必须提高对自然拥有权利的新认识。

人类承认自然的权利不仅体现了人类社会权利观的新突破，而且也是对自己生存负责的必然选择。因为自然界的权利包含了各种生物对维持其生存所必需的各种生存条件的拥有权利，一旦人类某种不负责任的活动破坏了这个生命共同体的安全和稳定，就会对其他生命形式的生存和整个生态系统带来危机，而整个生态系统的破坏，最终也要对人类的生存与发展带来不良甚至灾难性影响。因此，人类只有建立在自然权利的基础上，才能合理享用自然的价值。换言之，人类有利用自然的价值来满足其需要的权利，又有承担维护自然可持续享用性的义务。

三、认识环境伦理学的意义

环境伦理学是一种开放的、具有生命力的理论，它的主要观点是：人们既要尊重人，又要尊重自然；既要尊重人类的生存与发展，又要尊重自然生存；既要重视人类的需求，又要重视自然的价值。这种观点为人们正确地认识自然界的各种生态系统，领悟人与自然的伦理关系提供了新的维度。实质上，环境伦理学正是借助于生态学的基础知识，运用生态学的基本原理，积极地改造传统的伦理道德体系所形成的新伦理观。这种伦理观把生态学的整体主义思路转化为一种整体主义的价值维度，其主要思想就是一种生态整体主义的思想，主张生态系统的整体利益是人类应当追求的最高价值。作者认为，这种环境伦理学在当代具有深刻的理论与实践意义。

其一，环境伦理学中自然具有价值和权利的思想，引发了人的解放与自然的解放相结合的伦理观。环境伦理学认为自然具有内在价值，自然也拥有其自身的天赋权利。这就把价值与权利的观念从人类扩展到了人类之外的其他存在物或整个大自然，引发了自然解放的思想。这是因为传统的"天赋人权"观念认为，人类具有生存、自由和对幸福追求的权利，自然的价值只是工具性的和功利性的，自然没有任何权利，只是人类使用的对象。然而，环境伦理学的建立，人类把善恶、平等、责任、义务等传统的用于人与人之间的道德观念扩展到人与自然的关系上，提出了人类破坏自然环境，危害其他物种的生存权利也是不道德的新理念，并且强调了人在大自然中的独特作用，即人类有责任和义务为这个地球上的其他栖息者的生存提供保护。正如纳什在《大自然的权利》一书中所认为的，人与自然的伦理关系的产生是当代思想史中最不寻常的发展之一，"这一观念所包含着的从根本上彻底改变人们的思想和行为的潜力，可以与17、18世纪民主革命时代的人权和正义理想相媲美"①。这种伦理观念认为，只有使自然得到解放，人的解放才有可能。要求人类对自然必须实现其权利和义务的统一，在利用自然满足其自身生存与发展的同时，要尽可能为恢复和增强自然的生存而给予自然必要的保护与补偿，维护好地球生态系统的完整与持续存在。这种伦理观要求人类对待自然的态度和行为，才能真正地保障未来人类的生存与发展。

其二，环境伦理学强调生态本位思想。强调自然生态系统是人类赖以存在和发展的基础。大自然生态系统是一张庞大的、由形形色色的生物交织而成的立体式网络，每一种生物都是这张庞大的立体式网络中的有机环节，并且环环相扣、彼此关联。人是自然的一部分和生态系统的一员，一旦自然界和生态系统遭到破坏，人也就无法生存发展。一方面，这种生态本位思想要求人类尊重和关心生态系统中其他存在物。因为保持地球生态系统中物种的多样性，对于保全生态系统的良好状态有极其重要的价值。它告诉人类一种相互依存的伦理道德，即个体的价值只能在满足和服从其他物种和共同体整体利益的基础上才能够实现，任何忽视整体价值的个体利益追求最后都要遭到无情的报复。另一方面，这种生态本位思想，并不否认人类的生存与发展对自然的改造和利用，只是要求人类遵循生态系统的发展规律，主张人类对自然资源的开发利用，不

① ［美］R.F. 纳什. 杨通进译. 大自然的权利［M］. 青岛：青岛出版社，1999：3.

能超越地球生态系统的承受能力，实现人的"善"与自然进化的"合目的性"相统一的问题。因此，为了避免危及人类生存发展的自然破坏和生态失衡，必须制定限制人们破坏自然生态行为的道德规范，要把保持自然生态的完整、稳定和美丽作为道德规范的依据，以此约束人对自然的道德行为，以及加强对自然生态环境行为的自律性。

因此，生态系统的整体和协调发展是人与所有生命共同体的利益之源。评价人类行为善与恶的标准，就看它是否促进了地球生物圈系统的进化。"如果我们摆脱自己的偏见，抛弃我们对其他生命的疏远性，与我们周围的生命休戚与共，那么我们就是道德的。只有这样，我们才是真正的人，只有这样，我们才会有一种特殊的、不会失去的、不断发展的和方向明确的德行。"① 总之，作者认为理论上的合理性和实践中的有效性能否完善和发展，将是目前西方环境伦理学发展的关键。

第三节　生态后现代主义

后现代主义文化存在着两种对待现代性的态度，一种是解构的或破坏的，另一种是主张建设的。以大卫·格里芬为代表的一批建设性的后现代主义学者，不赞成否定性的后现代主义彻底解构现代性的"相对主义"和"虚无主义"立场，组建了"后现代世界中心"和"过程研究中心"，通过对现代前提和传统概念的修正，其中一个重要方面就是吸收、继承工业文明中的一切成果，包括生态哲学、生态文化等成果，建立了新的生态后现代主义。同时通过价值观和思维方式的根本革命建构一个与一种新的世界观互依的后现代世界。因此，生态后现代主义作为后现代文化思潮的一个重要组成部分，它是在批判现代主义机械论的世界观和科学主义的基础上，企图重新恢复有机整体论的世界观、价值观和思维方式等，其宗旨是在现代性辩证否定的基础上，在更高层次上对传统有机论和生态的神圣世界观的辩证回归。正如格里芬所说："这种建设性的、修正的后现代主义是现代真理观和价值观与前现代真理观和价值观

---

① ［德］施韦兹．陈泽环译．敬畏生命［M］．上海：上海社会科学出版社，1992：190．

的创造性的结合。"① 作者认为，这种建设性后现代主义是对现代性的辩证否定，它抓住了生态危机的症结，代表了人类超越工业文明、建设生态文明的新趋势，即"自然—人类—社会"有机统一的后现代的生态主义。

一、后现代生态世界观

生态后现代主义明确提出，人类要建立生态世界观，它是人们对于未来人类社会与自然发展的总的根本观点，体现了人们对世界的整体和有机联系的把握，表达了人们对人与自然和谐发展的向往。

每一种世界观都有它形成的理论基础。后现代生态世界观的哲学理论基础是过程哲学思想。过程哲学产生于 20 世纪下半叶，其主要代表人物是美国数学家和哲学家怀特海教授。过程哲学认为宇宙是一个内在相关的和进化的整体。宇宙中每一种活的存在，都有关系中的实体与自我，宇宙本身是一个生成和变化的过程。它论证了宇宙是一个不可分割的有机整体，每一个实体都显现在每一个其他的客体之中。这既表明了部分与整体之间的内在联系，又表明了不同部分之间的有机联系的统一。大卫·博姆认为："外在联系是第二位的，是衍生的真理，只适用于事物的第二秩序，我称这一秩序为显露的或者展露的秩序，这种秩序无疑是现代科学所关注的。内在联系的真理之所以是更为根本的真理，因为我称为隐性秩序的基本秩序是真实的，还因为在这一秩序中，整体以及所有其他部分都是包含每一部分中的。"② 这意味着，自然中的一切实体完全是生态的整体与部分的联系，我们包含于世界之中，不仅包含于他人中，而且包含于整个自然之中。

过程哲学还认为，任何事物，从过去相互作用的总和而言，是一个由因果关系的"动力因"决定的客体，但同时从当前的"自决"而言，又是"主体"。因此，整个世界具有"泛经验"的魅力。这里指的经验不是特定的源于生物感官的经验，而是不同层次原个体过去所经历的一切时间和全部整体有机联系的影响。③ 过程哲学对生态后现代主义有着深刻的影响和启示，它为生态后现代主义对现代性危机和生态危机的深刻分析提供了理论依据和思想资源，直接促成了后现代生态世界观的形成。

因此，生态后现代主义在过程哲学的有机整体观基础上创立的生态世界

---

① ［美］大卫·格里芬. 马季方译. 后现代科学——科学魅力的再现［M］. 北京：中央编译出版社，1995：18～19.
② ［美］大卫·格里芬. 马季方译. 后现代科学——科学魅力的再现［M］. 北京：中央编译出版社，1995：84.
③ 张连国. 后现代生态世界观的形成及其意义［J］. 山东理工大学学报（社会科学版），2004（3）：77～83.

观，其基本内涵是：世界上的万事万物都是具有内在联系的有机体，整个世界是一个生命的整体。整体和部分之间的区别是相对的，而相互联系才是基本的；整体性是首要的，部分性是次要的。事物之间的相互联系不仅有因果和概率的联系，而且还有相互间的"意义—价值"联系。① 所有事物都有自身的利益，认为人类和非人类的各种正当利益是通过一个动态平衡的系统进行相互作用。人类作为宇宙的一个很小组成部分，但向这个星球注入了许多其他物种所不能有的经验，起着创造性的作用。生态系统是竞争的，但竞争不是最终原则，协同共存才是根本原则。这些观点表明了后现代生态世界观是一种生态整体主义的世界观。

后现代生态世界观还是一种新的世界观范式，这是因为后现代生态世界观强调对一切存在，尤其是人的存在作一种关系性的、生态性的理解。因此，这种世界观又体现了一种新时代的文化意识。美国学者托马斯·伯里认为，生态时代的文化意识的核心就是宇宙发展过程中固有的三种价值，一是分化，指生命形式的多元化；二是主体性，指一切事物的内在性；三是交流，指通过交往来实现团结和对一切生命的热爱。② 如果这种人类和生态整体是相互内在联系的生态文化意识，逐渐成为人类社会的主流意识并加以积极倡导，那么，具有这种生态文化意识的人，将会对人类和地球生态系统的和谐发展发挥积极的作用。

总之，后现代生态世界观认为，通过组成世界的各个部分之间进行复杂的相互联系和相互作用，可以促使世界变成一种有序的状态。人们树立后现代生态世界观，有利于修复工业文明时代人与自然关系的异化。按照人与自然互相统一的有机整体观，人不是宇宙的主宰，更不是宇宙的中心，人只是宇宙整体的一个极微小的部分。同时，人对自然的支配，也不同于人要统治自然。因此，这种生态世界观要求人们通过创造性的劳动建立人与自然的和谐关系，既充分有效地利用生态资源，同时又有效地保护了自然生态系统；既促进人类更好地生存与发展，同时又保证了世界整体的和谐进步。

二、后现代生态价值观

生态后现代主义认为，后现代生态价值观不可能在现实生活中自发生成，

这是因为它并不是对现实生活的直接反映，而是一种超越现实生活的生态智慧。

首先，后现代生态价值观的确立，将扭转把人及其实践活动与自然生态系统演化相分离的片面认识，并改变人们关于我们周围的自然生态环境是一种纯粹的客观存在的错误认识，即它们对人类来说是外在的联系，没有任何价值。罗尔斯顿认为，世界不仅在空间纬度上是一个普遍联系的整体，在时间纬度上同样是一个连续不断的河流，是过去、现在和将来的统一。他还指出，"作为生命的一个类比，河流能帮助我们认识到：虽然我们是在一个时点上观察生命，但整个生命长河有着在时间上延续的真实性。这样，我们可以说：由我们组成的现在的生命，应该具有这种伸向未来的潜在性"①。这就表明，我们和子孙后代享有一个共同的生命系统。人类这种高度智慧化的生命形式是从自然生态系统的演化过程中分化出来的，从"血缘"关系来看，人类与其他自然物都是自然母亲的儿子。如果人类认为自己是有价值的，那么他的"兄弟姐妹"也具有同样的价值属性。因此，正如罗尔斯顿所认为，"这生命之源不仅产生了我们人类，而且还在其他生命形式中流动。无论是在体验、心理，还是在生物的层次，人类与其他生物体之间都存在着很大的相似。如果我们认为自己身上这些不同层次的性质很有价值，那么，根据推理的对等性，当这些性质在其他生物体中体现出来时，我们也应该认为它们是有价值的"②。

其次，后现代生态价值观是以批判、否定的方式来反映现实人的生存状态，目的是追求人与自然的和谐相处。后现代生态价值观认为，工业文明的价值观是一种人类中心主义的价值观，它把自然作为人类征服和利用的对象，错误地认为自然资源是取之不尽的，这种观念造成了人类对自然的无节制开发和过度利用，导致了人与自然关系的异化状态。后现代生态价值观是一种超越人类中心主义的价值观，它使人们深刻认识到，自然界在自身的进化过程中不断创造出日益丰富的价值，人类的健康生存与持续发展应建立在自觉维护自然的整体价值的基础上，依赖于同自然保持一种和睦相处的关系。正如罗尔斯顿所指出的那样，谁要把自然作为达到人类未来的善的工具，那是一种罪；但谁要剥夺自然的未来，也同样是一种现在的、内在的罪。这是因为人的实践活动会影响到生态系统的演化，只有人的实践目的与自然生态系统的演化"目的"相

① ［美］罗尔斯顿．刘耳等译．哲学走向荒野［M］．长春：吉林人民出版社，2000：98.
② ［美］罗尔斯顿．刘耳等译．哲学走向荒野［M］．长春：吉林人民出版社，2000：214～215.

一致，才能保证人类社会的可持续发展。

最后，生态后现代主义十分推崇深生态学的生态价值观，认为深生态学的最高规范"自我实现"，把人类的利益与大自然生态系统的利益连在一起，把人类道德共同体的范围扩大到整个地球生物圈，这是一种后现代的生态价值观。这种价值观要求以相互关联的整体主义思想来审视人与自然生态环境、人与其他物种的利益关系，并强调在地球生物圈中各种存在物都是相互依存的，人类利益与生态利益是一致的。"人类的生存有赖于整个体系的平衡和健全。"①因此，深生态学倡导的"生态自我"的价值观，是人类面对生态危机保护人类生存的价值观，它不仅能从根本上影响人们的思想和行为，而且还能推进人、社会、自然生态环境的协调和持续发展。

总之，后现代生态价值观要求，价值不能以人类为中心，世界中的万事万物都有其目的性和价值，自然生态系统的整体价值高于人类的个体价值。"生态系统作为一个整体，具有相互依赖和统一的特征。价值存在于这个完整的体系之中，而不是存在于每一个单个的造物中。个体是作为这个整体的一员存在的，只有它们投身整个的复杂的关系网中才是有价值的。"②因此，人和自然有着共同的利益和命运。人类要充分认识自然的价值，尊重自然，与自然和谐相处，合理地开发和利用自然，自觉维护地球生态系统的稳定与繁荣。

作者认为，这种后现代生态价值观，既批判了人类中心主义的错误观点，又对人类在自然中的地位和作用给予了合理的规定，它将引导人类进入一个全新的发展时代，即人与自然协同进化的生态文明时代。因此，我们要选择一种现实而合理的生存方式，正如深生态学提出的"手段简单，目的丰富"的生活价值观念，从节约自然资源和保护环境的角度看，这是一个值得我们借鉴的生态价值观。一方面，我们要通过对过去生存方式的深刻反思，转变价值理念。从热衷于满足物质需求、财富增长等转向对生活质量、生态环境和公民自由的关注。这是一种从物质占有量的不断提高到物质的充分利用和精神生活的完善的转变。另一方面，建立一种人与自然和谐发展的生存方式。城市、乡村和荒野自然是人类生存的三个空间，缺少任何一维，人都不是完整的。我们要把人类接近自然并承认自然的价值，作为人类的一种崇高的境界。因此，人类要关心和爱护好我们生活于其中的这个世界大花园，并且，要以实践为中介，以科

---

① ［美］巴巴拉·沃德，雷内·杜博斯.《国外公害丛书》编委会译.只有一个地球［M］.北京：石油工业出版社，1981：275.

② ［美］大卫·格里芬.王成兵译.后现代精神［M］.北京：中央编译出版社，1998：148.

技为手段，调整好人与自然的关系。也就是说，人类对自然资源要开发利用与节约再生并重，既利用和维护自然生态环境，又促进自然生态系统的动态平衡，充分发挥人类在保持生态平衡中的价值和作用。

三、后现代生态思维方式

人们的思维方式作为社会意识的一种基本形式，是由社会存在决定的，并随着他们世界观的变化而发生改变。生态后现代主义认为，现代性危机产生的原因不能简单地归咎于科学技术的进步、人口的增长和人类物质欲望的增强。我们不可否认，它们是产生现代性危机的重要原因，但最根本的原因可能是主客二分的机械论的思维方式。人类要想从根本上消解现代性危机，关键需要转变关于人与自然关系的思维方式，建构人与人、人类与自然之间相互联系、相互依赖和相互作用有机整体论思维方式。这种后现代生态思维方式，既确立了以全球为参照系的思维视角，又树立了普遍联系的思维方法。在对自然的认识上，人们不仅认为自然界是有生命的、运动的、有秩序的有机整体，而且还强调其具有创造性、内在关联性。因此，作者认为，这种后现代生态思维方式所赋有的时代特征和哲学思想，在当代，代表了人类在新的认识水平上对人与人、人与自然关系的一种全新的哲学思考。

后现代生态思维方式不是一种简单的生态学思维方式，而是抽象上升为一种哲学的生态思维方式，它在认识和研究"社会—经济—自然"的关系时，遵循的是整体的、进化的、联系的认知模式，运用的是网络化、模型化的思维方法，体现的是整体性、互惠性和长远性的价值取向。其中，有机整体性、复杂性和协同性是后现代生态思维方式的主要特征。

第一，后现代思维方式的有机整体性，摆脱和超越了现代机械论的认知模式，主张世界是一个具有内在关联的活的生态系统，是一个由有机体和环境相互作用组成的复杂整体。在这个整体中，"一切事物与其他事物均连在一起——不是像机器内部那样表面上机械地联在一起，而是从本质上融为一体，如同人身体内各部分一样"①。后现代生态思维方式认为，从机械性到有机整体性思维方式的转变经历了两次飞跃：一是从认识部分到认识整体的转变。部分只是整体网络上的一个节点，它无法认识整体，只能从整体中才能认识部分。二是从关注整体结构到认识整体进化过程的转变。整体只是一种关系网，每种

---

① ［美］唐纳德·沃斯特. 侯文蕙译. 自然的经济体系［M］. 北京：商务印书馆，1999：37.

结构都是进化过程中的一种具体表现。因此，它提倡用更具整体性、更少等级性的概念来认识世界，用无等级内质的整体性和多样性来代替现代性中的主客二元性和单一性。

第二，后现代生态思维方式的复杂性，改变了现代还原论的思维方式，主张世界是非线性的、非稳定的、不可逆的和不规则的生态复杂系统，平衡仅仅是非平衡的一个特例，强调复杂性才是这个世界的真实状态。复杂性的最基本表现是世界的主体性自觉和动态性，突出世界内部的相互作用和相互依赖，强调世界的不断生成、不断展开和不断变化。这种思维方式与还原论思维方式相比有以下的新特点："一是从线性因果分析过渡到网络因果关系分析。二是从整体的永恒出发进行分析转变为过程的变化去探求整体的秩序。三是从追求数学推理的解析型、严谨性和完美性转向生态思维的灵活性、模糊性和模型化。四是研究的最终目的不是寻求系统的某种最终发现或解决问题的最优方案，而是着眼于对系统过程的学习、了解和探索合理发展的途径。"① 因此，它提倡用相互作用、相互联系的网络整体来认识世界，用生成论的观点来认识世界的变化发展，要求人们不能只注意过去和现在，而且还要面向未来。

第三，后现代生态思维方式的协同性，改变了现代主客二分法控制自然的思维方式，主张人类与非人类存在物是自然生态系统有机统一体的两个方面，人类的进化是建立在自然存在物的进化基础上。从整个生态系统的价值关系来看，不存在一方优于另一方的关系。人类价值与其他非人类自然存在物价值之间的关系不过是生态系统中普遍存在的事物之间的需求与满足关系的一种，它们各自规定并不一定要从属于人类主体而存在。后现代思维方式强调两者之间的协同进化性，就是要求人与自然的协调、共存与和谐发展，就是要求人类对自然的认识，"从敌人到榜样、从榜样到对象、从对象到伙伴"② 的深刻转变。因此，它提倡用"生态伙伴"关系来认识自然，把自然从工具——目的理性支配下的征服与统治的对象中解放出来，强调人类在满足与追求其基本需要和合理消费的前提下，还必须考虑生态发展的客观需要。

作者认为，后现代生态思维方式是人类面对现代性危机在思维方式领域所做出的重大变革和创新，这一创新开启了与主客二元论、机械论、还原论的现代分析、认知模式完全不同的有机整体论、复杂论、协同论的思维方式，为我

---

① 王国聘. 现代生态思维方式的哲学价值［J］. 南京工业大学学报（社会科学版），2002（1）：16～17

② ［德］汉斯·萨克塞. 文韬，佩云译. 生态哲学——自然、技术、社会［M］. 北京：东方出版社，1991：33.

们提供了关于世界的认知模式、认识方法、价值取向的生态化思维方式，为人类社会的可持续发展和生态环境保护提供了理论支撑，为当前我国的和谐社会发展注入了新的活力。

总之，西方后现代文化中的建设性后现代主义，不仅否定和批判现代主义，而且还积极寻求解决方法，重新建构人与自然、人与人的关系，从而建立起不同于现代性文化的新思想体系。这一思想体系对于我国的生态文明建设具有重要的理论借鉴，因为我国的生态文明建设不能脱离全球化的时代和后现代主义的文化。一方面，我们要审视西方发达国家走过的发展道路，吸取经验教训；另一方面，我们还要借鉴后现代的世界观、价值观和思维方式，建立人与自然相互作用、和谐统一的新理念，努力探索一种适合我国国情的生态文明建设的新理论，建构一条中国式的生态文明建设的新道路。

第六章　促进我国的生态文明建设

　　生态文明是在和谐的生态发展环境、科学的生态发展意识和健康有序的生态运行机制基础上，实现经济、社会、生态的良性循环与发展。它是人类追求可持续发展的一种新文明形态，并将逐渐取代工业文明，成为未来社会的主要文明形态。生态文明将人类的发展与整个自然生态系统的发展联系在一起，以人类与自然的相互作用为中心，强调自然界是人类生存与发展的基础，倡导对自然的开发利用要按照可持续发展的要求，既能满足当代人的需求，又不损害后代人的生存与发展。因此，生态文明反映的是人类处理自身活动与自然界关系的进步程度。一是，人类在处理人与自然的关系时，要尊重自然界的生物物种，保护地球上生物的多样性，关心生态系统的稳定，促进生态生产力的发展。二是，人类在开发利用自然资源时，要以不破坏地球生态系统的承载能力为标准，加强物质的高效利用与循环再生，在最适合自然本性的基础上，从事人类的物质生产活动。三是，人类要增强生态文明观念，树立有利于节约资源与能源、保护生态环境的绿色消费方式，努力建设一个生态文明的社会。人类要以生态文明引领世界的未来，这将对维护全球生态安全、推动人类文明进步具有重大意义。

　　就当代中国的现实情况来看，中国是世界上人口最多的发展中国家，建设有中国特色的生态文明社会是新形势下对我国提出的新的更高要求，这既是顺应世界文明发展潮流的必然选择，又是中华民族崛起和繁荣的重要途径。在理论上，建设生态文明思想是中国特色社会主义理论的丰富和发展。我们需要把关于生态文明的一系列思想加以总结提升，成为建设有中国特色社会主义的生态文明理论，武装广大领导干部和人民群众的头脑，提高建设生态文明的自觉性。在实践上，建设生态文明是维护中华民族生存发展的战略举措，要把生态文明建设作为中国特色社会主义现代化建设的发展方向，尤其是目前这个阶段，生态文明建设应成为落实科学发展观，促进科学发展与构建社会主义和谐社会的重要举措。为此，中华民族将以创造性的生态实践，努力把我国建设成为社会主义的生态文明社会。

第一节　建设生态文明是中华民族复兴的必由之路

建设生态文明是当今世界生存和发展的必然选择。对于我国这样一个正向现代化迈进的发展中国家来说，需要把握历史契机，根据本国国情，确立生态文明的发展观，加快步入生态文明的新时代。这是因为生态文明是全面、协调、可持续发展的根本所在和重要标志。建设生态文明，对转变我国经济发展方式，全面落实科学发展观，全面建设小康社会，推进中华民族的伟大复兴具有重大的现实意义。正如美国著名学者莱斯特·布朗在《中国敦促世界重新思考全球经济的前途》一书中所说："中国面临的挑战是领先从 A 模式——传统经济模式——转向 B 模式，帮助构建一个新的经济和一个新的世界。"① 以生态文明引领世界的未来，将是中华民族对人类做出的新贡献。

一、建设生态文明是我国转变经济发展方式的迫切需要

我国在改革开放以后的短短 30 多年的时间里，由于经济的高速、持续发展，人口的快速增长，导致人与自然的矛盾变得日益尖锐。我国社会的经济发展愈来愈面临资源瓶颈和环境容量的严重制约，且生态破坏和环境污染已经达到自然生态系统所能承受的极限，这就要求我国找到一条既不破坏生态环境，又能实现经济增长的新路径，即按照生态文明要求提出人与自然和谐发展的新范式，发展清洁生产，从生产的源头开始预防和降低污染物的排放，对生产过程中产生的废弃物进行循环再利用，提高资源使用效率，实现经济发展方式的彻底转变。

1. 对工业文明经济发展模式的反思

工业文明的经济发展模式以经济的增长为唯一目标，以损害环境和资源为代价，换言之，通过资源的高消耗来实现经济的高增长，并对环境造成高污染。这是一种"大量生产、大量消费、大量废弃"的生产和生活方式，我们称之为不可持续发展的经济发展模式。比如，企业为了实现利润的最大化，不断

---

① ［美］莱斯特·布朗. 林自新等译. B 模式 2.0：拯救地球　延续生命［M］. 北京：东方出版社，2006：3.

地进行产品的更新换代，生产越来越多的时尚商品，同时，鼓励消费者"用过即扔"的消费方式，也造成资源浪费与环境污染。从对自然资源的开发利用来看，人类依靠科学技术已处于主动开发利用阶段。一是对天然材料进行深化加工；二是对天然能源进行转化利用；三是人工合成自然中没有的新产品。随着科学技术的发展和社会生产力的提高，人类开发利用自然的能力也得到了极大的提高，在满足人类不断增长的物质需求的过程中，实现了经济的发展与人类社会物质财富的增长。因此，经济发展实际上就是人类征服自然、开发自然和大量利用不可再生的自然资源的过程。联合国环境规划署的资料表明，工业污染是导致环境破坏的罪魁祸首，其中主要是由于工业生产过程中，一小部分原材料和能源转化为最终的产品，而大部分则转化成了工业三废，从而污染环境、破坏生态。然而，人类为了追求物质财富的增长，忽视自然生态系统的发展，违背自然规律，造成资源消耗超过自然承载能力，污染物排放超过环境容量，最终造成生态环境危机，人类生存受到威胁的困境。马克思在《1844年经济学哲学手稿》中明确指出："劳动本身，不仅在目前的条件下，而且一般只要它的目的仅仅在于增加财富，它就是有害的、造孽的。"[①] 这就表明工业文明的经济发展模式在一定程度上都是以消耗资源与牺牲环境为代价来换取经济和社会的发展，这就严重破坏了人与自然的生态平衡，可以说，这种模式已经不适应当代人类的发展，已不能正确地解决人与自然的和谐发展。

　　回顾发达国家经济发展所走过的道路，我们可以清楚地看到，发达国家获得的物质财富的增长几乎都是以破坏自然生态平衡为代价的。一方面，发达国家传统的生产模式，从原料到产品到废弃物，是一个非循环的生产。正如学者余谋昌所指出："按传统工业模式，把统一的生产过程分割为两部分：产品生产和废弃物处理；统一的生产过程由两部分人完成：产品生产者和环境保护工作者。这种模式既不能解决环境问题，又浪费了大量资源。"[②] 这种生活方式以物质主义为原则、以高消费为特征，且认为更多地消费资源就是对经济发展的贡献。另一方面，发达国家经济发展的成功唤醒了广大发展中国家和地区经济发展的意识，在他们取得民族独立后，纷纷效仿发达国家的经济发展模式。但现实很快就让他们懂得，发达国家的经济发展模式并不能被共享，其主要原因是既没有足够的资源总量来支撑高消耗的生产方式，又没有足够的环境容量承

---

①　马克思恩格斯全集·第42卷 [M].北京：人民出版社，1979：55.
②　余谋昌.生态文明：人类文明的新形态 [J].长白学刊，2007（2）：138～140.

载高污染的生产方式。正如莱斯特·布朗在《B模式2.0：拯救地球　延续生命》一书的序言中所说："西方的经济模式不适用于中国。它在印度也肯定不适用——2031年时，印度的人口甚至会比中国还多。对于也在做着'美国梦'的其他发展中国家的30亿人口，西方的经济模式也必然不适用。"[①]　因此，作为最大发展中国家的中国来讲，已不可能按照这条道路发展经济。

我们通过对传统经济发展模式的反思，认识到工业文明所创造的发展模式是不可持续的。我国是一个发展中国家，正处于工业化、信息化、城镇化、市场化、国际化深入发展的过程之中，我们必须总结人类在处理与自然关系过程中的经验得失，避免发达国家经济发展中出现的弊病，积极推进新的经济发展模式的建设，努力推进人与自然的和谐发展。

因此，我国要突破传统经济发展模式的框架，摆脱经济发展过程中资源的高消耗、环境的先污染后治理的老路，努力探索一条能够为全世界所认可的、新型的经济发展之路。那就是从维护社会、经济和生态系统的整体利益出发，强调人类与自然界的相互协调、共同发展的生态文明之路，它致力于构造一个以环境资源承载力为基础、以自然规律为准则，实现资源循环利用的清洁生产模式。而生活方式就是以实用节约为原则，以适度消费为特征，满足基本生活的需要，崇尚精神和文化的享受。

2. 中国的基本国情对发展模式的选择

我国改革开放以来，经济发展的模式基本上是以粗放型增长方式为主，其主要特征是高投入、高消耗、高排放、不协调、难循环、低效率。从生产方式来看，它是从资源到产品再到废弃物所构成的物质线性的流动，具体表现为资源和能源低水平的利用和工业三废对环境的严重污染。这种发展模式片面地以GDP为中心，忽视了生态效益和社会效益，导致我国经济发展整体质量不高，生态环境趋于恶化，资源、经济、社会可持续发展已经严重受阻。

当前，我国的生态环境形势日益严峻，经济社会发展与资源、环境不协调的矛盾相当突出。

一是在自然资源方面，短缺问题表现得日益严重。资源是经济发展的基本要素，我国从总量上来说是资源大国，从人均来看却是资源小国。我国人均矿产资源、耕地面积、水资源和森林蓄积量分别为世界人均占有量的1/2、1/5、

---

① ［美］莱斯特·布朗. 林自新等译. B模式2.0：拯救地球　延续生命［M］. 北京：东方出版社，2006：2.

1/4 和 1/10。以水资源和能源为例，我国可利用水资源总量为 28 万亿立方米，居世界第 4 位，人均占有量为 2200 立方米，仅为世界人均占有量的 1/4，居世界第 121 位，被列为世界上 13 个人均水资源最贫乏国家之一。我国有 600 多座城市缺水，已有 400 多座城市存在供水不足的问题，其中比较严重缺水的城市有 110 个，全国城市缺水总量为 60 亿立方米。然而，我国工业重复用水率仅 20％～30％，单位产品用水量比发达国家高 5～10 倍。[①] 能源问题正在成为困扰中国经济发展的一大难题，比如，中国石油对外依存度从 2004 年的 42％上升到 2009 年的 53％左右，说明我国石油消费的快速增长与生产产量增速相对滞后，造成了石油对外依存度的变大趋势。我国人均能源占有量远远低于世界平均水平，但目前单位产品的能耗却比发达国家高出很多，如果中国的单位 GDP 能耗是 100，世界平均水平则是 29％，而日本是 10％。[②] 我国主要产品的用能水平与国际先进水平相比，也存在明显差距。2004 年火电供电煤耗每千瓦时为 379 克标准煤，比国际水平高 67 克；大中型企业吨钢可比能耗为 705 千克标准煤，比国际先进水平高 95 千克；电解铝的电耗为每吨 15080 千瓦时，比国际先进水平高 980 千瓦时。另外，我国的能源结构以煤炭、石油、天然气等不可再生能源为主，不可再生能源在生产和消费总量中分别占 92.1％和 92.7％，新能源和再生能源的开发和使用比例偏低。因此，对我国经济发展模式转变而言，节能降耗、提高能源效率和开发新能源尤为紧迫。

二是在环境方面，主要表现为：生态系统十分脆弱，环境容量有限。生态脆弱表现为生态系统严重退化。森林资源总量不足，山地面积占 66％，土地肥力下降，全国水土流失严重，其中，黄河中游的黄土高原是我国水土流失最严重的地区。环境容量有限表现在污染严重。以煤烟型为主的大气污染严重，并导致大量酸雨污染，酸雨的影响面积已占国土面积的三分之一。水环境质量日益恶化，七大水系中，除珠江、长江水质较好外，其他都受到不同程度的污染，淮河、海河污染严重。湖泊中，巢湖为五类水质，太湖、滇池为劣五类水质。城市的噪音扰民问题严重，城市垃圾和工业的固体废弃物排放量加剧。这些污染，已经给我们的生产和生活带来了严重的危害。"中国科学院院长路甬祥曾指出，中国在人均 GDP400～1000 美元时，出现了发达国家人均 GDP3000～1 万美元期间出现的严重污染。按照目前的污染水平，15 年后我国

[①] 邹丽芬. 论马克思主义生态文明理论与全面建设小康社会的关系 [J]. 湖北教育学院学报，2006 (9)：25～26.
[②] 庞昌伟. 树立生态文明观——中国特色社会主义理论体系的伟大创举 [EB/OL]. 新华网，2007-10-25.

经济总量翻两番时，污染负荷也会翻两番，环境承受的压力将比 2000 年提高 4～5 倍。"① 经济增长不应以损害环境为代价。因此，在加强治理环境污染的基础上，必须转变经济发展方式，对传统的经济结构进行战略性调整，促进产业结构升级换代，培植新的经济增长点。

上面的国情分析表明，我国没有西方国家在工业化过程中所拥有的丰富廉价的资源和环境容量，而且我国的生态破坏和环境污染已经达到自然生态环境所能承受的极限。如果按照传统经济发展模式，我国的能源和资源将无法长久承载经济的高速、持续发展，必将出现能源危机、资源危机和生态危机。并且，我国面临的环境污染的压力也越来越大。这就迫使我国必须转变经济发展模式，摒弃以牺牲资源和环境为代价来换取经济的暂时繁荣的不科学发展模式，走人与自然协调的可持续经济发展模式，而建设生态文明，既可以建立起适应国民经济可持续发展的良性循环系统，又可以避免工业文明带来的生态危机和环境污染。近年来，我国推行的建设环境友好型社会、资源节约型社会、发展循环经济等举措，应该说是建设生态文明的积极探索，其目的就是在经济发展的过程中最大限度地减少资源和能源消耗，并对产生的废弃物进行"资源化"处理后的再利用，实现对环境的零排放、无污染，达到"既要金山银山，又要绿水青山"的目的，实现我国自然资源、经济社会、生态环境的协调发展。

二、我国建设生态文明的有利条件

在人类文明形态的转变时期，西方发达国家有可能错失率先向生态文明社会过渡的良机，这是由于它们作为工业文明高度发达的代表，一方面，它们利用那些有利于自己的国际政治经济的游戏规则，不但能够从不发达的国家和地区获得工业文明所需的各种资源，而且还能不断地向这些国家和地区转移生态成本；另一方面，工业文明的巨大惯性还要持续相当一段时间②，而且很难突破和改变。西方发达国家的转型困难，为我国建设生态文明提供了一个重要的战略机遇期。同时，我国具有建设生态文明的有利条件，近年来，建设生态文明的理念在我国的各级政府、学术界和广大民众等各层次基本上取得了共识，并且已经从思想观念进一步转化到具体实践中，各地建设生态文明的一些具体

① 李清源. 生态文明：中国实现可持续发展的必由之路［J］. 青海社会科学, 2005 (5)：38～41.
② 潘岳. 生态文明将促进中国特色社会主义的建设［EB/OL］. 新华网, 2007-10-22.

做法，为我国生态文明的进一步发展奠定了良好的基础。因此，我国具有建设生态文明的理论与实践基础。

1. 具有建设生态文明的思想理论基础

对我国而言，马克思主义的生态文明思想是我国建设生态文明的理论基石，当代中国化的马克思主义最新成果——科学发展观是建设中国特色生态文明的具体指导思想，中国传统文化中固有的生态文明智慧，也是建设生态文明的坚实文化基础。它们之间的相互融合，必将为我国的生态文明建设提供哲学基础与思想来源，成为我国建设生态文明的理论基础。

马克思主义的生态文明思想是指导我国建设生态文明的理论基础。马克思主义是我国社会主义革命和建设的指导思想，而马克思和恩格斯的生态文明思想，对于我国当代生态文明的建设同样具有重要的指导意义。第一，人与自然的辩证关系是马克思主义生态文明思想的基石。一是从本体论的角度揭示了自然对人的先在性，决定了人必须尊重和善待自然；二是从实践论的观点，揭示了人与自然的一致性，决定了人类要与自然共同进化、协调发展。第二，人与自然和谐发展是马克思主义生态文明的目的指向。他们认为，遵循自然规律是人与自然和谐发展的必要条件，而实现人与自然和谐发展的关键要处理好人与人的关系；第三，正确处理人口、资源、经济协调发展是马克思主义生态文明思想指导实践的理论基础。

生态学马克思主义是目前西方学者对马克思主义的发展。在全球面临生态环境问题的大背景下，生态学马克思主义者根据变化了的社会现实，力图把生态学与马克思主义相结合，去分析当代资本主义的环境退化和生态危机，以及探讨危机的解决途径，从而形成一种新的马克思主义理论——生态学马克思主义。生态学马克思主义认为，应当把社会生产建立在生态文明的基础之上，通过克服异化生产和异化消费，改变资本主义的生产方式，通过所谓的"红与绿"（社会主义和生态学）相结合的革命来实现生态社会主义。生态学马克思主义提出这一命题的意义远远超出现代资本主义社会的范围，它对正在现代化道路上迅跑、努力摆脱贫困、走向小康和富裕的中国人民，同样具有借鉴作用。

党的十六届三中全会提出了"坚持以人为本，全面、协调、可持续发展的科学发展观"，它是马克思主义中国化的最新理论成果，它借鉴了世界各国发展经验教训，吸收了人类文明进步的新成果，体现了生态文明的整体、协调、循环、发展的观点，成为指导我国建设有中国特色生态文明的重大战略思想。科学发展观是中国共产党对社会主义现代化建设规律认识的深化，其实质是选择什么样的发展道路和发展模式，如何发展得更好的问题。一是强调"以人为本"，它既是经济发展的出发点，同样也是我们建设生态文明的出发点。"在建设生态文明的过程中，人类自身是生态文明的主体，处于主动而不是被动的地位。建设生态文明，绝不是人类消极地向自然回归，而是人类积极地与自然实现和谐。人类既不能简单地去主宰或统治自然，也不能在自然面前消极地无所作为。"① 二是强调五统筹，即"按照统筹城乡发展、统筹区域发展、统筹经济社会发展、统筹人与自然和谐发展、统筹国内发展和对外开放的要求，推动改革和发展"，要求在实现经济又好又快的发展同时，既要考虑经济因素，又要兼顾生态因素。因此，社会经济的发展必须与自然生态的保护相协调，在社会经济的发展中，努力实现人与自然之间的和谐。我们要努力做到：发展不能以破坏生态平衡为代价，发展不仅要与现存的自然条件相适应，也要顾及子孙后代的利益，坚持走生产发展、生活富裕、生态良好的文明发展道路。三是强调建设具有中国特色的生态文明，要求我们必须立足于中国特殊的自然生态环境、人口素质状况、经济文化发展水平和社会政治条件，尤其是作为一个发展中的国家，既要把发展作为包括生态文明在内的整个文明建设的基本手段，又要充分吸取发达国家在生态环境方面的经验教训，最大限度地降低发展的自然生态代价，真正实现经济发展和人口、资源、环境相协调的可持续发展。

中国传统文化中固有的生态文明思想与生态文明建设的内在要求基本一致。中国传统文化中的儒、释、道三家都非常重视生态文明的建设。中国儒家作为世俗文化的代表，从人类的现实生产与生活需要出发，追求人与自然的和谐发展，它主张的天人合一的生态自然观，尊重生命、兼爱万物的生命伦理观，中庸之道的生态实践观，对社会作用最为实际，其社会影响最为深远。道教提出的万物一体、道法自然的生态自然观，道生万物、尊道贵德的生态伦理观，自然无为的生态实践观，强调人要崇尚自然、效法自然、顺应自然，达到"天地与我并生，而万物与我为一"的境界，对于我国广大民众的生态文明意识的培养和提高具有深远影响，因为道教与儒家、佛教相比，在很大程度上是重视如何去做，而不是在乎如何去说。佛教从印度传入我国，成为我国传统文化的重要组成部分，在有关生态问题的理论方面，它认为一切生命既是其自

---

① 俞可平. 科学发展观与生态文明［J］. 马克思主义与现实，2005（4）：4～5.

身，又包含他物，善待他物即是善待自身，提出了佛性统一的生态自然观，万物平等的生态伦理观，慈悲为怀的生态实践观，对于佛教徒调整心灵，从善待万物的立场出发，保护生物物种的多样性起着很重要的作用。

儒、释、道三家蕴含的生态文明思想，为我们解决生态危机、超越工业文明、建设生态文明提供了一些有价值的思想，我们要珍视这一历史文化遗产，使其为中国特色的社会主义生态文明建设提供一定的文化基础。

2. 生态文明是社会主义文明体系的重要构成

我国在建设有中国特色的社会主义道路的探索中，提出了全面建设小康社会的奋斗目标，并在提出物质文明、精神文明和政治文明之后，又提出了"建设生态文明"的新目标，生态文明成为社会主义文明体系的重要构成部分。这是因为随着我国生态环境问题的日益严重，它日益构成其他文明发展的基础和保障。因此，生态文明成为社会现代文明发展的基本标志，这不仅是对生态环境问题简单的时代回应，而且是对人类文明发展规律的自觉认识；这不仅实现了文明形态结构、文明建设结构、文明发展道路的理论创新，而且使我国建设小康社会的宏伟蓝图更加清晰。

一方面，生态文明是物质文明、政治文明和精神文明的基础。社会主义的物质文明、政治文明和精神文明离不开生态文明，没有良好的生态环境，人不可能有高度的物质享受、政治享受和精神享受。如果没有良好的生态安全做保障，人类就可能陷入不可逆转的生存危机，那么，人与人关系的和谐、人与社会关系的和谐就很难实现。

首先，我国生态文明的建设状况与物质文明的发展密不可分。物质文明是人类改造自然界的物质成果总和，它主要解决的是人类的生存问题。良好的生态环境，可以促进社会经济的发展，提高人民的物质生活水平。然而，对我国来讲，随着我国物质文明的发展，自然生态系统的自我调节或再生能力遭到了很大程度的损坏，人类生存的环境也变得日益恶化，我们已经深刻地认识到，必须改变工业文明时代的经济发展方式，并与生态文明的建设要求相吻合。因此，在物质文明建设中，如何处理好人与自然的关系，是生态文明建设的题中之意。我们只有按照生态文明的要求来处理人与自然的关系，才能使生态文明与物质文明实现同步发展。

其次，生态文明是我国政治文明建设的重要内容。政治文明的进步体现了人民民主权利的增加和民主程度的提高，它主要解决的是人与人的关系问题。

生态文明建设不仅要改造人与自然的关系，而且还要改变现存的不合理的社会关系，因为，人与自然的关系受到人与人的关系的影响与制约，只有使人与人的关系协调发展，才能保证生态文明的建设与发展。对于我国，如何解决经济发展中的人口、资源和环境问题，实现代际和代内区域之间的公平正义；如何推动立法和加强监管来进一步规范企业的行为，实现社会整体利益的最大化。这些生态政治问题正成为当前我国政治文明关注和解决的重要内容。

第三，生态文明成为我国精神文明建设的方向。精神文明的进步主要表现了社会文化艺术的发展和人民精神生活的丰富，它主要是指改造人的主观世界，提高人的自身素质，主要解决的是人的精神支柱问题。生态文明不断把许多新观念、新内容引进到思想道德领域和科学文化领域，如生态文明理念的形成、生态文明意识的树立以及有关生态文明的科学与技术等，这些有关生态文明的精神成果，都将成为我国精神文明建设所需要倡导的方向。我们通过在全社会大力弘扬生态文明的新理念，使社会主义生态文明的价值观深入人心，这必将成为建设有中国特色的社会主义生态文明的内在动力。

另一方面，生态文明应与政治文明、物质文明、精神文明协调推进。我国和谐社会的构建，实际上就表明了建设社会主义的物质文明、政治文明和精神文明，与建设社会主义的生态文明，是互为条件、相互促进、不可分割的一个整体。这是因为文明是表征人类社会的整体进步状态，人类在经济、政治、文化、生态方面的所有进步都是人类社会文明的组成部分。生态环境是人类生存和发展必须依赖的自然环境。如果没有人类适宜的生态环境，和谐社会就缺乏赖以生存的物质基础，我国的政治、经济、文化和社会建设就不可能协调发展。因此，人类作为建设生态文明的主体，必须将生态文明的内容和要求内在地体现在人类的法律制度、思想意识、生产方式、生活方式和行为规范中，并以此作为衡量人类文明程度的基本尺度。也就是说，建设社会主义的物质文明，内在地要求社会经济与自然生态的平衡发展和可持续发展；建设社会主义的政治文明，内在地包含着保护生态、实现人与自然和谐相处的制度、政策和法规安排；建设社会主义的精神文明，内在地包含着环境保护和生态平衡的思想观念和精神追求。因此，建设中国特色社会主义的现代文明是：以生态文明建设为基础，物质文明建设为中心，精神文明建设为先导，政治文明建设为保证，和谐社会建设为目的，实现三大文明建设与生态文明建设互为条件、相互促进的全面协调发展的过程。

总之，生态文明作为一种新型的社会文明观，它从人与自然的和谐发展出发，要求正确处理人与自然、人与人之间的关系，最终实现我国社会的物质文明、政治文明、精神文明和生态文明相互促进，和谐发展，促进人类整体文明程度的提高。

3. 具有建设生态文明的实践基础

我国建设社会主义生态文明的实践探索主要是从实施可持续发展战略开始的，先后与建设小康社会、环境友好型社会、资源能源节约型社会、和谐社会和创新型社会的建设，有机地整合在一起。随着我们认识与实践的逐渐深化，又进一步提出在我国建设生态文明社会的要求。因此，在 2007 年，当中国共产党的十七大政治报告中提出建设社会主义生态文明时，得到了全党和全国各族人民的广泛认可和有力支持。

一方面，我国为实施生态文明建设已制定了一系列相关的战略决策。在 1992 年巴西召开的联合国环境与发展会议的精神鼓舞下，我国也相继开始了实施可持续发展战略的一系列重要举措。1992 年我国签署了两个环境问题国际公约。1994 年编制了实施可持续发展战略的《中国 21 世纪议程》。1995 年，党的十四届五中全会庄重地将可持续发展战略纳入"九五"和 2010 年中长期国民经济和社会发展计划，明确提出"必须把社会全面发展放在重要战略地位，实现经济与社会相互协调和可持续发展。"这是在党的文献中第一次使用"可持续发展"概念。1997 年党的十五大报告再次重申"我国是人口多、资源相对不足的国家，在现代化建设中必须实施可持续发展战略"。2000 年，又相继出台了《全国生态环境保护纲要》和《可持续发展科技纲要》等政策。2002 年党的十六大报告提出了"生产发展、生活富裕、生态良好的文明发展道路"，党的十六届三中全会提出了"坚持以人为本，全面、协调、可持续发展的科学发展观"，促进经济社会和人的全面发展。党的十六届五中全会进一步强调，要全面贯彻落实科学发展观，坚持以科学发展观统领经济社会发展全局，贯彻落实到经济社会发展的各个环节和各个方面。2006 年党的十六届六中全会提出了"构建社会主义和谐社会"，2007 年党的十七大报告明确提出"建设生态文明，基本形成节约能源资源和保护生态环境的产业结构、增长方式、消费模式。循环经济形成较大规模，可再生能源比重显著上升。主要污染物排放得到有效控制，生态环境质量明显改善。生态文明观念在全社会牢固树立"。这些都是我们党在对经济社会发展规律和人类文明发展趋势深刻认识的基础上做出的重大战略决策。

另一方面，我国坚定不移地走可持续发展道路所取得的成就，为生态文明的建设奠定了良好的开端。

第一，坚持执行计划生育和环境保护的两大基本国策，成功地控制了人口数量急剧增长的态势，并且，更加关心人口的质量，开发了优生优育的手段。加强了城市环境的综合治理，改善了农村生活环境和村容村貌。在《关于落实科学发展观、加强环境保护的决定》中，中央明确提出：地方人民政府主要领导和有关部门主要负责人是本行政区域和本系统环境保护的第一责任人，建立了环境问题的问责制，并把环境保护目标纳入领导班子和领导干部考核的重要内容，成为干部选拔任用和奖惩的依据之一。在经济发展规划中，积极推行以规划环境影响评价为主的战略环评，从经济发展的源头上保护生态与环境。

第二，为了有效遏制生态环境的恶化，我国实施了一系列生态环境保护与建设的重大工程项目，并取得了明显成效。当前，我国已建成了各种类型、不同级别的自然保护区和生态示范区，有效地实施了天然林保护、天然草原植被恢复、退耕还林、退牧还草、退田还湖、防沙治沙、水土保持和防治石漠化等生态治理工程，有力地保护红树林、滨海湿地、珊瑚礁、海岛等海洋、海岸带典型生态系统。比如，在长江、黄河、珠江源头建立相应的生态功能区，实行封闭保护与脱贫移民相结合，加快恢复这些地区的生态系统。严格控制土地退化和草原沙化，全国土地沙化状况开始出现明显好转。加强了矿产资源和旅游开发的环境监管。

第三，积极发展循环经济，推广清洁生产，从源头上有效控制了环境污染。按照"减量化、再利用、资源化"的原则，根据生态环境的要求，进行产品和工业区的设计与改造，加大力度推进了节能、节水、节地、节材和资源综合利用、循环利用。在企业层面，推广了清洁生产方式，推进 ISO14000 环境保护标准体系认证，努力实现增产减污。同时，我国政府严格执行产业政策和国际环保标准，先后淘汰了一大批高消耗、高排放、低效益、工艺技术落后的生产企业，严禁制止了那些浪费资源、污染环境的新建项目。

第四，加强污染专项整治，强化污染物排放总量控制，重点搞好水、大气、土壤等污染防治工作。加大了对重点流域水污染防治力度，把饮用水安全作为重点，全面实施城市污水、生活垃圾处理收费制度；加强了对大气污染的防治，不断改善城市空气质量；积极开展了土壤污染防治，减少农村面源污染。努力让广大人民群众喝上干净的水、呼吸清洁的空气、吃上放心的食物，在良好的环境中生产生活。同时，大力开发和应用环境友好的科学技术。我国在中长期科学和技术发展规划中已经把环境保护相关技术列入优先领域，力争在环保的关键技术和共性技术方面取得突破，切实提高我国环境保护的科技含量。

总之，我国政府在推进现代化建设中，始终把控制人口、节约资源、保护环境放到重要位置，使人口增长与社会生产力的发展相适应，使经济建设与资源、环境相协调，实现良性循环。实际上，这些都为生态文明的建设奠定了良好的实践基础。

第二节　构建中国特色生态文明社会的发展框架

人与自然的和谐发展是生态文明的核心理念，我们在建构生态文明社会的发展框架时，首先就要坚持符合这一核心理念的四条基本原则，那就是人与自然共生原则、持续发展原则、公平原则和整体原则。人与自然共生原则是生态文明建设的基本要求，强调人与自然相互依存，共同发展。人类虽然依据自己的聪明才智获得了巨大的生存空间，但我们的生存仍然离不开生态系统和其他生命的支撑，要求我们在生产中的物质循环与自然的物质循环相协调。持续发展原则是生态文明建设的一个突出要求，它要求社会发展要持续、经济发展要持续、生态发展要持续。公平原则是生态文明建设的最高要求，它包括人与自然之间的公平、当代人之间的公平、当代人与后代人之间的公平。人与自然的公平表现为既维护生态系统的平衡和稳定，又使人类的生存和发展需要得到满足。代际公平表现为将一个可持续的生态环境和社会环境留给子孙后代。当代人之间的公平是公平原则的核心，实现当代人之间的公平是确保人与自然公平、代际公平得以实现的关键。整体性原则是生态文明建设的重点要求，它不仅要求人类与自然的有机联系，还要求人类作为一个整体共同面对生态环境危机，因为随着经济全球化进程的加速，全人类的命运与地球大家庭中其他成员的命运越来越紧密地联系在一起。

在坚持这四条原则的基础上，我们确立了生态文明发展的总体思路，具体应包括四个层面：在政治层面，生态文明建设已成为重大的政治任务，党和政府必须明确自己的责任，加强生态文明的执政和社会总动员；制定和落实行之有效的生态保护政策与法规，建立健全环境监管体制，提高环境监管能力，加大环保执法力度；加快建立生态补偿机制和绿色国民经济核算体系，进一步完善干部政绩考核机制，把保护生态环境的业绩纳入考核中。在经济层面，实现生产和生活方式的转变，推行循环的生产方式，健康的生活方式，在经济发展与生态环境保护方面寻求一种新的平衡，既能最大限度地提高经济效益，又能保证生态系统的良性循环与恢复，使人与自然和睦相处，真正闯出一条科技含量高、经济效益好、生态效益好、人力资源得到充分发挥的经济发展道路。在文化层面，倡导生态文明的价值观、发展观和道德观。在人与自然的关系上，从统治自然、奴役自然的局面过渡到爱护自然、保护自然的状态，促进生态文明观念在全社会的牢固树立，建立和生态文明建设相适应文化新形态；在生态环境层面，加强生态环境的建设与保护，改善和提高我国生态环境的质量。通过全面实施生态环境保护与建设的重大工程，重建和恢复良性的生态环境系统。生态环境的逐步优化是生态文明发展的基础，也是人类未来生存和发展的重要前提。总之，通过新发展框架的建立与运行，将有效促进中国特色生态文明社会的发展。

一、培养全体公民的生态文明新理念

中国共产党的十七大政治报告明确提出，"生态文明观念在全社会牢固树立。"生态文明新理念是以马克思主义为指导，在建设有中国特色的社会主义进程中所做出的科学总结，是在经济建设中不断提升人与自然的关系而形成的理论新成果，是我们党对当代中国文明发展规律的客观反映。生态文明新理念的树立，有力保障了全面建设小康社会奋斗目标的实现，开辟了中华文明的新境界。

1. 提高全体公民的生态文明意识

生态文明意识是一种不同于工业文明观念的新认识，它是伴随着生态文明的产生而产生，是对人类生存和发展状况的理性认识，也是社会经济发展到一定阶段的必然产物。生态文明意识是一种从人与自然关系的整体优化来看待人类社会发展的新观念，它在价值取向上强调人与自然的平等、共生与互利关系，并以此来规范人们的行为方式，实现人与自然的良性循环与和谐发展。它表现了人类追求社会政治、经济、文化发展与生态和谐的美好愿望。

（1）树立生态文明意识，有利于推动生态文明的发展

公民的生态文明意识一般包括三个方面：一是公民对于生态文明知识的了解程度；二是对建设生态文明的态度及评价；三是对生态文明建设的参与程

度。这三方面都对生态文明的发展产生积极的作用。

第一，公民生态文明意识的树立表现在对生态文明内涵的深刻理解上。可以说，这是衡量公民是否树立生态文明意识的标准之一。公民对生态文明内涵的把握对我国生态文明的构建可以产生深刻、持续的推动作用。这是因为：生态文明意识是一种公平正义的意识，它要求我们考虑自然资源的相对稀缺性，对于自然资源的开发利用，不仅要满足当代人或当代人中的一部分人，还要满足后代人的生存和发展的需要，让他们拥有同我们一样好甚至是更好的自然资源；生态文明意识具有现代生态哲学的意识，它指导着人们在实践中正确处理人与自然的关系，不断调整自身的行为，使人类能更智慧地在大自然中生存；生态文明意识具有现代生态学的循环再生的意识，它超越了环境保护的层次，而是将整个生态环境作为一个动态的、无限循环运动着的自然生态系统来对待，要求人类的实践活动不能破坏生态系统的循环性，保持生态系统的生命力；生态文明意识具有系统科学的协调意识，它指导着人类社会发展与自然生态系统进化的协调，以及人类社会的政治文明、物质文明、精神文明与生态文明的协调。因此，公民对生态文明的认识越深刻，掌握的知识越多，越有利于生态文明的建设。

第二，公民生态文明意识的树立表现在对生态文明发展模式和制度体系的科学评价上。作为生态文明构建中最直接的社会行动者，公民是否关注、认同并参与生态文明的构建，其态度和价值观是关键。公民生态文明意识从根本上决定了公民对生态文明构建的价值取向与科学评价，这是因为只有意识层面上的认识和深化，才能在生态文明的发展模式选择与制度体系建设上提供支持和价值导向；公民的生态文明意识在根本上决定了政府组织与其他组织所持有的价值取向与科学评价，因为无论是政府组织还是其他组织都是由每个公民构成的，公民的生态文明意识是处于最根本的地位。因此，从某种程度上讲，公民的生态文明意识是推进现有制度向生态文明的制度变革的驱动力，是构成生态文明制度与政策的群众基础。

第三，公民生态文明意识的树立还表现在参与生态文明建设的程度上。公民参与生态文明建设的程度，直接体现着一个国家生态文明的建设状况。这是因为公民对自身在生态文明构建中的社会角色、承担的社会责任、享有的社会权利等方面的关注，是公民生态文明意识的成熟表现，它可以极大地推动生态文明各个方面的建设，比如，公民可以在有关生态文明建设的政策制定和项目实施前的听证会上积极发挥作用，通过参与不同利益集团之间的博弈，可以有效地防止某些利益集团为了自身的利益而破坏生态环境，造成一定范围内整个群体的利益受损。然而，当前不少公民还缺乏自身的社会角色观念，意识不到在生态文明建设过程中所承担的社会参与责任。我们可以通过扩大绿色志愿者队伍、推行义务植树造林活动、生活垃圾的定点分类堆放、组织资源回收利用、环保义务劳动等方面的参与活动，激励公众保护生态的积极性和自觉性，并在全社会形成提倡节约、爱护生态环境的价值观念、生活方式和消费行为的良好氛围，逐步形成保护生态环境的行为规范，最终实现公民生态文明意识的树立和提高的目的。

（2）加强生态文明教育，有利于提高公民的生态文明意识

在提高公民生态文明意识的过程中，我们要强化教育的作用，因为这是最重要的手段之一。通过对全民进行系统的生态文明知识教育，可以迅速培养和提高公民的生态文明意识，从而提高全社会建设生态文明的热情，引导人们形成符合生态文明取向的价值观、生产方式和消费行为，并朝着有益于建设有中国特色生态文明社会的方向发展。

其一，加强生态文明的自然观教育。生态文明观念的核心是人与自然和谐相处。胡锦涛同志明确指出："要牢固树立人与自然相和谐的观念。自然界是包括人类在内的一切生物的摇篮，是人类赖以生存和发展的基本条件。保护自然就是保护人类，建设自然就是造福人类。要倍加爱护和保护自然，尊重自然规律。对自然界不能只讲索取不讲投入、只讲利用不讲建设。"①我们要通过生态文明自然观的教育，真正认识到人是自然界中的一员，是自然界长期发展的产物，人一刻也不能离开自然界这个生存家园，生态危机就是人类生存危机。我们要从人与自然和谐统一的高度树立正确的自然观和价值观，人类只有一个地球，人类的命运不仅与人类社会中其他成员的命运紧密地联系在一起，而且还与地球自然生态系统中的所有生命相互影响，构成了一个密不可分的有机整体。

其二，加强生态文明的道德观教育。生态文明的道德观是公民生态文明意识的重要组成部分。因为公民只有树立良好的生态文明的道德观，才能真正认识到生态道德是人类道德的重要方面，生态道德是把人类社会的道德领域拓展到自然领域，强调人对自然的道德关系。人对自然的道德关系往往是通过人与人之间的道德关系表现出来，因此，我们只有合理调节人与人之间的道德关

---

① 胡锦涛．在中央人口资源环境工作座谈会上的讲话［N］．光明日报，2004-4-5（1）．

系，才能不断改善人与自然之间的关系，为生态文明的建设奠定坚实的基础。当前，在面对生态环境日趋恶化的形势下，更需要把生态文明的道德观教育提上议事日程。通过这种教育，在伦理道德规范上实现从传统道德观向生态文明的道德观转变，增强人们对于生态环境的道德意识，树立起人对自然的道德关怀，即保护自然环境、维护生态平衡是人类为了自身的生存所应履行的道德义务与责任。只有这样，人们才能对生态环境的保护转化为自觉的行动，才能把利用自然资源和保护自然资源有机结合起来。

其三，加强生态文明的法治教育。保护生态环境，建设生态文明，不仅需要人类的道德自觉，同时更需要社会法治的保障。目前，为了保护生态环境，我国制定了各种各样的环境保护政策和法规。我们通过生态文明的法治教育，即生态环境保护与生态文明建设的相关法律、法规与政策规章的普及，让人们了解各种保护自然、保护环境的法规与条例，增强公民依法建设生态文明的意识。比如，为了能够将一个可持续的生态环境留给子孙后代，我国制定了控制人口快速增长的计划生育政策，就是要使全体公民深刻认识到，适度控制人口规模，提高人口质量和人们受教育的水平，这是我国建设生态文明社会根本前提。因此，我们要通过对政策和法规的宣传教育，强化提高公民的生态文明意识。

最后，加强生态文明教育要有的放矢。生态文明建设从系统角度来看是一个涉及社会各个领域和每一个人利益的复杂体系，因此，提高我国公民生态文明意识的关键之举，是把生态文明的教育与我国生态文明的具体建设相结合，加强教育过程的针对性和可操作性，使每个公民对生态文明建设有切身体会。具体来讲，我们应该把我国生态环境和生态文明建设的现状、面临的问题和困境等，与落实科学发展观、建设资源节约型和环境友好型社会以及发展循环经济等相关的改革措施，融入生态文明的教育体系中，成为今后一个时期生态文明教育的重要内容。另外，还要教育广大公民要有生态文明的全球观，环境污染与破坏是一个全球性问题，任何一个国家都不可能单独解决这个问题。只有通过全球合作，共同采取一些协调行动，才能应对全球环境问题的挑战。

总之，提高我国公民的生态文明意识，可以确保我国的生态文明建设在解决人口和经济持续增长同资源、生态环境的矛盾中，发挥重要的作用。

2. 树立生态文明的新观念

生态文明建设已经成为我国经济社会发展的当务之急，而它的建设及优化发展，必须要求人们变革旧有的价值观、发展观和伦理观，树立与生态文明建设相适应的新观念，不断增强可持续发展能力，改善和保护生态环境，合理、节约地使用资源，提高资源利用效率，努力推进工业文明的发展范式向生态文明发展范式的转变。

（1）生态文明的价值观

在人类发展的历史长河中，人们对自然价值的认识经历了从"敬畏"到"征服"，再从"征服"到"和谐"的曲折过程。其中，人类中心主义的价值观认为，离开了人一切自然物就无"价值"可言，强调人在生态系统中的主导、支配作用，对人而言，自然物只具有工具价值。这种价值观是一种人与自然对立的价值观，把自然物看作人类控制和利用的对象，从而导致了对资源的过度开采，对环境的肆意破坏。而自然中心主义的价值观认为，自然界的万物是与人类平等的，人类应该承认自然万物拥有的以自身的生存为评价尺度的内在价值，尊重它们存在的权利。作者认为，这种价值观是一种强调人与自然等同的价值观，过分强调自然的地位和权利，否定人的主观能动性和创造性，从而阻碍了人类社会的发展。而生态文明的价值观是一种有区别地对待人与自然的价值观，既充分考虑到人的利益和创造性，又考虑到自然生态系统的进化。因此，人类对待自然的关系，既坚持自然与人类平等的关系，又强调坚持以人为本；人类对自然的开发利用，既坚持人类要生存和发展，必须要向自然索取，又强调与自然要形成和谐发展。

首先，"以生态系统为尺度"来认识自然价值。一个完整、健康的自然生态系统通过生产者、消费者（捕食者）、分解者的有机组合，形成了物种和自然物质的更新、演替、再生的良性循环。人与自然在生态系统中的价值是平等的，没有高低之分，人与自然应该和平共处、平等相待。自然也不像传统价值观所认为的仅仅具有经济价值，同时还包括生命支撑价值，消遣价值，科学价值，审美价值，生命价值等多方面的价值。尽管人类有任意占有、支配自然的权利，但自然也有报复人类的权利，因此，自然对人类所尽的义务取决于人类对自然所尽的义务。只有达到人类对自然的权利与义务的统一，人与自然才能达到真正的和谐。这种价值观要求人类保护生态系统的相对稳定，保护生命有机体与其赖以生存的环境。

其次，"以人为尺度"来认识自然价值，自然具有工具价值和生态价值。然而，这两种价值具有不同的性质和特点。第一，自然的工具价值是指自然界是人类实践的使用和加工对象。而自然的生态价值是指自然物直接对生态系统的稳定平衡所具有的功能。它与人的需要无关，具有非工具意义的性质。第二，工具价值只有在毁灭了它的生态价值之后才会形成，而生态价值则是在它还没有作为工具价值被消费时才能具有并得以保持。在人类的实践中，这两种价值存在着对立和冲突：要使自然物具有工具价值，就会使其失去生态价值；而要使自然物保持其生态价值，就不能把它作为工具价值来消费。这就是我们为保护生态环境必须对人类消费自然物的欲望和行为进行限制的根据。[①] 因此，我们既要重视自然的工具价值，更要重视自然的生态价值。

再次，我们要把"以人为尺度"和"以生态系统为尺度"的价值观结合起来，从而整合形成人类生态中心主义的价值观。这是因为传统价值观具有明显的单向度特点，往往顾此失彼，不能统筹兼顾。因此，我们要辩证地分析人类中心主义和非人类中心主义价值观的合理性和局限性，人类建设和谐优美的生态环境，就等于建设人的生存发展的自然基础，也就等于建构经济社会发展的物质基础，从而有利于人类自身生存与发展的价值诉求；相反，破坏井然有序的自然生态环境，就等于破坏人的生存与发展的自然条件，也就等于破坏经济社会发展的物质基础，从而背离人类自身生存发展的利益追求。

（2）生态文明的发展观

从思想史来看，人类的发展观已经发生了三次大的转变。一是从以工业化为目标的"增长第一"的经济发展，转向提倡社会的综合协调发展；二是从以物为中心的发展，转向以人为中心的发展；三是从不惜以破坏资源、环境、生态为代价追求经济的发展，转向自然、经济、社会的可持续发展。生态文明的发展观就是一种可持续的发展观。

第一，生态文明的发展观是强调自然、经济、社会协调发展的整体发展观。系统哲学告诉我们，整体性是一切有机体的共性，它表示机体的任何一个部分若失去了同整体其他部分的联系就毫无意义，其中任何一个部分都不是孤立存在的，而是同其他部分相互联系而存在的。一方面，整体发展观要求我们把人类社会系统纳入到地球生态系统之中，作为地球生态大系统中的子系统，所以地球生态大系统是由自然环境和人类社会相互联系、相互制约而组成的一个有机联系的整体，是人类赖以生存和社会经济可持续发展的物质基础。这样，人类就要调控好人和自然的"适应性"与"不适性"的辩证关系。从适应性一面看，大自然为满足人类的生存和发展提供了必要的自然前提和基础。就

[①]　刘福森．自然中心主义生态伦理观的理论困境［J］．中国社会科学，1997（3）：45～53

其不适性来看，自然界不会满足人类的各种需要，而且自然界一般只是为人类提供生存发展的可能性，要使这种可能性变为现实，仍需要人类开发利用自然并创造人类需要的各种产品。这就要求人类处理好经济社会的发展与资源开发利用、生态环境保护之间的复杂关系。地球的资源储量和生态环境的承载量是有限的，人类的经济活动必须限制在生态的自我再生能力、环境的自我净化能力以及资源的自我循环能力所允许的阈值内，争取以最小的资源消耗取得最佳的生态和经济效益。如果人类的经济社会活动超过了地球生态系统的承载限度，自然生态系统将失去补偿功能，必然导致生态环境的衰退，从而造成人类经济、社会活动的自然生态基础全面瓦解。

另一方面，整体发展观把人类社会的发展看成是一个复杂的有机体，不能孤立、片面地发展某一方面，也不能以牺牲其他部分为代价换取某一方面的发展。应从社会的政治、经济、文化、和社会的角度出发，寻求最佳发展，实现社会的全面进步。比如，不能把社会发展只看成是一种经济发展，更不能把经济发展只看成国民生产总值或国民收入的增加，简单地归为单纯的经济增长。因此，我们必须树立生态文明的整体发展观，必须抛弃传统的发展模式，一是转变经济发展方式，从经济的粗放型增长方式向集约型增长方式转变；从单纯追求经济总量的增长，转变为追求经济的结构和功能的质量提高；二是从单纯追求经济发展，转变为社会的政治、经济、文化的综合发展。

因此，生态文明的整体发展观表明，生态持续优化是前提和条件，经济持续发展是基础和手段，社会文明持续进步是目的和目标。人类共同追求的应该是"自然—经济—社会"复合大系统的全面协调可持续发展与和谐进步。

第二，生态文明的发展观是一种强调公平的发展观。按照可持续发展的理论，人类在利用地球生态系统的有限资源和生态环境容量方面应当享有公平性。一方面是代内公平，即当代人之间的公平；另一方面是代际公平，即当代人与后代人之间的公平。从代内公平的角度看，人类是由不同国家、地区和民族组成的，他们生活在同一时代中，共同拥有一个地球。因此，在人口增长、利用资源和环境时，最基本的要求就是不破坏其他国家、地区和民族的生存与发展的需要。从代际公平的角度看，人类是由世代延续的人群组成的，本代人是在前代人遗留下来的自然资源与社会生态环境的基础上开始生存与发展的，同时，又要给后代人留下他们必须接受的自然资源和社会生态环境。

然而，在自然资源与社会生态环境问题上，普遍存在着不公平的发展观，在代内之间，人们在享受环境福利、遭受环境损失和承担环境责任上是不同的，也就是在国家与国家和人与人之间普遍存在着"强者受益，弱者受损"的现象；在代际，人们在利用资源和生态环境方面不顾子孙后代的利益，存在着短期行为，也就是富裕者为求最大利润和奢侈享受而滥用资源，贫困者为求温饱和发展而不得不掠夺性利用资源。这种不公平的发展观是造成全球资源危机、生态危机、环境恶化的一个根本原因，因此，我们树立生态文明的公平发展观就是要改变传统的不公平发展行为，解决代内公平和代际公平发展问题，不仅要求代内之间人们共同维护地球生态系统完整和平衡，而且要求当代人应为后代人留下良好的生态环境与丰富的自然资源。

第三，生态文明的发展观是一种强调以人为本的发展观。首先，生态文明发展观中以人为本的人，不仅指社会人，而且还指生态人。人不但生活在一定的社会关系环境中，而且还生活在一定的自然生态环境中，并与生态系统形成共同体；其次，生态文明发展观所理解的以人为本，不是把人当作世界的主宰，万物的尺度，而是把人放在"生态←→社会"相统一的双重环境中，寻求人、社会和生态的和谐与可持续性的发展。再次，生态文明发展观要以人为本，就是要以实现人的全面发展为目标，从人类的根本利益出发来谋发展、促发展，切实保障人类的经济、政治和文化权益。最后，生态文明的发展观强调以人为本，不仅包含了发展"为了谁"的价值内涵，而且也包含了发展"依靠谁"的深刻内容。也就是说，既强调为广大人民的利益谋发展，又强调依靠广大人民的力量谋发展。因此，我们要牢固树立人是生态文明建设的主体，人对环境的优化与恶化负有很大责任。人们既要超越个人的、短期的利益限制，克服急功近利、竭泽而渔的生产行为，又要从生态环境的消费者成为生态环境的建设者，自觉地为建设优美的生态环境做出自己的贡献。

然而，工业文明的发展观是一种见物不见人的发展观，把物质财富的增长成为发展的最终目的，正如马克思所说："活动和产品的普遍交换已成为每一单个人的生存条件，这种普遍交换，他们的互相联系，表现为对他们本身来说是异己的、无关的东西，表现为一种物。在交换价值上，人的社会关系转换为物的社会关系，人的能力转换为物的能力。"① 因此，忽视人的发展，片面追求经济的增长，是违背经济发展的初衷的。只有人的自由全面发展才是社会发展的最终目标。这种以物为本的发展观造成了人们对大自然的疯狂索取、征服、占有，导致了全球性的生态危机和生存环境破坏。当前，我们树立以人为本的

---

① 马克思恩格斯全集·第 46 卷（上）[M]．北京：人民出版社，1979：103～104．

生态文明发展观，就是要改变以物为本的发展观，强调人类不能为了追求巨大的物质财富而破坏其生存环境，明确发展经济只不过是实现人类自身发展的手段而已。我们不但要满足自身的物质需求，而且还要满足生态良好、环境幽雅的生存环境需求。

（3）生态文明的伦理观

生态文明的伦理观主张人对自然承担道德义务。它是一种把人类伦理行为的参考框架从人类一个物种的利益和价值转移到千百万物种的利益和价值的新观念。它要求重新调整人类的行为模式和实践活动，促使人类的行为准则和价值取向根源于、并服从于生态环境系统协调平衡的生态规律，更好地实现社会生态和自然生态的协调发展。

生态文明伦理观的树立，充分表明人类对自然物的内在价值有了一定的认识和理解，有意识地将道德的关怀、道德的责任推及自然万物身上，自觉履行保护它们的责任、义务。人类只有确立关爱自然万物的道德信念和情感，才能形成热爱自然、保护环境的道德力量。正如著名学者利奥波德认为，生命是自然界的伟大创造，对人类和自然的生命都要给予极大的尊重，那种将人的生命价值和自然生物的生命价值分为高低的做法是片面的。我们应该将"善"的观念扩展到自然界，而不是仅仅局限于人类。一种伦理观如果不包括人影响自然的行为规范，就不能算是完善的伦理观。只注意人类自身利益而关心生态平衡是远远不够的，还必须确立一种新型的伦理观。

伦理观是随着历史的发展而发展的历史产物，往往带有深刻的历史印记。传统伦理观只关注人的利益与权利，而忽视自然界的生态权利；只承认人类是权利主体，而不承认自然界具有权利主体的特性；只调整人与人、人与社会之间的关系，而排斥人与自然之间的道德关系。传统的伦理观对人与自然的关系没有明确的规范，缺乏人类对待自然的行为的道德评判标准，当一些人利用自然资源的行为超出自然所能承受的范围时，不仅自己没有负罪或愧疚的感觉，而且也不会受到人们的道德谴责。比如，在我们的社会生活中，如果一个人侵犯了别人的利益或侵犯了社会的利益就会被看成是不道德的，但如果侵犯了自然界的利益，却往往视而不见，甚至被看成了天经地义的事情。这种伦理观缺乏拥抱大自然的宽广胸怀，不承认自然界的生命价值和内在尊严，做任何事都是以人作为出发点和评价尺度，而不是以人与自然是否和谐作为行为规范标准。显然，传统伦理观与我们建设生态文明的要求是不相适应的。这就要求我们变革道德规范，而调整人与自然的关系就将成为新时期伦理观的重要内容。

　　生态文明的伦理观就是一种以解决生态危机，促进人与自然协调发展为己任的新观念，它已经从人与人之间的关系调整扩展到人与生物物种之间的关系，它所倡导的人与自然之间的道德关系，也并非要求人们对人类之外的其他自然物如对待人一样施以道德关爱。它所强调的是人在处理与自然关系时的一种道德维度，一种道德情怀，而不是对人改造自然界活动的否定。要让道德伦理原则惠及自然界，保护生物物种的多样性，保护生态环境的平衡发展。这种新的生态文明的伦理观，要求人们规范对自然的行为，在谋求物质利益时必须有所顾忌和节制，不能为了获得眼前的物质利益而破坏生态环境。这样，生态文明的伦理观从约束人对自然的行为规范入手，有效地促进了人与自然关系的和谐有序。

　　总之，伦理学是一门从形而上的意义上来关照人类生存的理论，它赋予人类进行价值评价的权利和尺度，使人类在善与恶的抉择中实现人性的升华。如果说，工业文明的伦理观是一门使人高尚的学问，那么，生态文明的伦理观则是从更高层次上使人性得以张扬。尽管这种道德维度可能会受到社会、文化、经济等各种因素的制约，但生态文明伦理观的产生本身就标志着一个美好的开始，使人类能从更广阔的空间来思考人与自然的价值和意义。

　　3. 倡导生态文明的思维模式

　　思维活动是人类在认识与改造自身与世界过程中最重要的意识活动。思维方式是由社会存在决定的，它必然随着人类社会实践的变化而发生改变。人类社会为了建设生态文明，其中就需要改变工业文明的思维方式，建立与生态文明要求相适应的思维方式，这是因为工业文明时代的思维方式是一种还原论的分析思维模式，对事物的认识是一种机械性的而不是有机整体性的，对事物的分析有余，综合不足，强调中心，忽略其余，它往往割裂事物之间的多维联系，只注重事物之间的单因单果的线性作用关系。而生态文明的思维方式是一种整体论的综合思维模式，强调对事物认识的整体性、有机性和复杂性，它是在分析综合中寻求整体性，重视事物的多因多果的非线性作用关系，因此，它是一种强调事物之间的相互联系、相互作用、循环再生、协同发展、整体进步的思维模式。

　　（1）整体性思维方式

　　整体性思维方式是把"人—社会—自然"看成是一个相互关联的有机整体。即人类社会与自然构成了一个相互联系、相互作用、不可分割的整体系统。在这个整体中的"一切事物与其他事物均连在一起——不是像机器内部那样表面上机械地联在一起，而是从本质上融为一体，如同人身体内各部分一样"①。整个自然界是一个有机联系的生态系统，其中的有机物、无机物、生产者、消费者之间通过物质循环、能量转换和信息交流，保持着整个自然界生态系统的动态平衡。然而，传统思维方式把自然界看成由不同板块构成的机械整体，对自然界进行了人为的分解，这种机械分析的思维方式，往往造成对自然生态系统内在的复杂联系进行低估，反而对人的认识能力进行高估。人们一般对人的需要无关的部分，置之不理，漠然处之，而对能够满足人的需要的部分及其与人密切相关的部分，往往进行多学科的分析探究，并且过度开发利用，这就容易造成地球生态系统的平衡被破坏。所以，整体性思维方式把人类社会与自然看作是组成系统的两个部分，不存在一方优越于另一方的思维方式，若失去了一方，整体也就破坏了，强调两者之间的相互联系和相互作用，协同发展，实现整体的进步。

树立整体性思维方式，要求人们在把握自然界的某一方面的性质与规律时，把它放到自然整体的相互作用中去考虑，注重从整体来考察局部事物的存在状态和存在方式，在此基础上把握事物的性质、状态和发展规律。因为，整体中每一部分的变化都会影响到其他部分的变化，从而可能影响到整体的变化，所以，我们要把人类社会这个子系统看成是这个有机整体的一部分，人类的社会活动要放到这个大系统之内来考虑。正如巴里·康芒纳在《封闭的循环——自然、人和技术》一书中所言："环境组装了一个庞大的、极其复杂的活的机器，它在地球表面上形成了一个薄薄的具有生命力的层面，人的每一个活动都依存于这种机器的完整和与其相适应的功能。没有绿色植物的光合作用，就没有氧提供给我们的引擎、冶炼厂和熔炉，更不必说维持人和动物的生命了。没有生活在这个机器中的植物、动物和微生物的活动，在我们的湖泊和河流中就不会有纯净的水，没有在土壤中进行了千万年的生物过程，我们就不会有粮食、油，也不会有煤。"② 同时，人类对自然的认识，只是看到了大海中的冰山一角，人在整个自然界面前还存在许许多多的未知，要正确处理人类思维能力的至上性与非至上性的辩证关系。因此，整体性思维方式把世界看成了人与自然组成的整体，既肯定了人类认识维度上的复杂有序，又肯定了人类实

---

① [美]唐纳德·沃斯特．侯文蕙译．自然的经济体系 [M]．北京：商务印书馆，1999：37.
② [美]巴里·康芒纳．侯文蕙译．封闭的循环——自然、人和技术 [M]．长春：吉林人民出版社，1997：12.

践维度上的协调发展。只有这样，才能深刻认识到人类的命运和地球上自然生态系统是紧密相连的，把自然置于一种与人类和谐共生的伙伴关系中；才能真正做到开发利用自然与保护自然生态系统并举，强调人类在满足和追求其基本需要和合理消费的前提下，还必须考虑自然生态发展的客观需要，保持人与自然的共同发展、和谐发展。

（2）多维性思维方式

多维性思维方式是一种把纵向的、横向的，以及纵横交错的各种复杂关系，联系起来进行思考的方式。这是因为自然生态系统内部广泛存在着互生、互惠、共栖的相互吸引、和谐共生的关系，还存在着相互竞争、相互制约的相克关系。在人与自然组成的复合生态系统中，不仅存在着经济关系，还存在着社会关系、政治关系和生态关系等多维性价值联系。而我们审视工业文明的思维方式却是一种单向度的思维方式，在发展生产力的过程中只注重对自然的单向的索取甚至掠夺活动，这就造成了工业文明社会的多种矿产资源的危机和多种生物物种的灭绝等危机，其原因都是由于人为地割裂自然界本身的多维性联系所造成的。因此，在生态文明的建设中，要自觉应用这种思维方式，有效处理人与自然之间现实的多元性存在关系和多维性价值联系。这样才能在改造自然与利用自然时，建立和健全既能满足人们需求又能有效保护自然生态系统的一系列行为规范准则和制度政策安排。

因此，多维性思维方式是一种对人与自然组成的生态系统复杂性的认知方式，而多样化生存方式是生态系统内在多维性联系的外在表现，这不仅要求人类保护生态系统中生物物种的多样性存在，而且还要求经济社会发展方面的协调发展，"它不仅要考虑是否增加生产，还要考虑这种增加是否会造成环境的污染和生态平衡的破坏；不仅要考虑人民生活是否富裕，还要考虑这种富裕是否会影响地区之间、当代人与后代人之间的公平；不仅要考虑一项科技成果是否会增加生产，还要考虑这种成果的应用可能造成什么不良后果"①。只有这样，人们对人与自然组成的大系统的认识才可能完整、准确和客观，才可能把握它的本质和发展规律，才能开创生产发展、生活富裕和生态良好的文明发展道路。

（3）循环性思维方式

循环性思维方式是人对生态系统循环再生原理的一种认识活动。它认为人与自然和谐的本质是自然系统的生态循环和人类社会的生产循环和消费循环的

---

① 王进．我们只有一个地球：关于生态问题的哲学［M］．北京：中国青年出版社，1999：21.

协调。因此，循环型思维方式的产生与发展是与人类对生态学认知程度和建设生态文明的实践活动日益深入密切相关。恩格斯曾指出："整个自然界被证明是在永恒的流动和循环中运动的。"① 自然界是一个充满生机活力的有序循环系统，其中所包含的物质循环、能量循环和信息循环保证了生态系统的新陈代谢。"自然生态系统的运作自我构成了一套合理的'生态工艺流程'，其中每一环节或组分既是下一环节或组分的'源'，又是上一环节或组分的'汇'，没有'因'和'果'及'废物'之分。物质和能量在其中循环往复和充分利用，资源利用效率极高，废物都可变为原料。"② 人类社会的生产与生活方式也要师法自然，形成生产和消费循环，使每一种产品都能进入生态循环链中，节约自然资源、减少环境污染。因此，这是一种与工业文明的思维方式根本不同的新认识，是一种人与自然良性互动的思维方式。

坚持循环性思维方式，一是要求人类对自然的开发利用不能破坏生态系统的自然循环，人类对自然的排污不能超过自然的净化能力。如果人类对自然生态环境施加的干扰超过了生态阈限，就可能导致生态系统的物质循环中断、能量流动受阻、自我调节功能破坏，使生态系统失去平衡，造成整个生态系统的衰退。正是从这个意义上说，人类要树立这种思维方式，正确把握生态系统的循环再生机制，对可再生资源的开发利用必须遵循其再生的时间性、空间性和数量性，对非再生资源的开发利用必须考虑效益的最大化和环境成本的最小化，以及加快开发利用替代资源的发展速度，有效维护自然系统的生态平衡，促进人类社会和生态环境的协同发展。二是要求人类的社会生产活动既有利于人类需求的满足又有益于生态环境的良好发展。当前，面对自然资源有限与人的需求无限的矛盾，我们既无法回避又不可能通过经济的零增长来解决，只能改变生产方式的思维定式，改变传统工业生产"资源—产品—消费—废弃物"那种既浪费资源又污染环境的生产方式，建立一种全新的人类社会生产和生活方式的循环再生机制，那就是"资源—产品—消费—再生资源"的物质、能量反复流转的循环再生的生产方式，遵循生态系统的循环再生规律来生产，利用有限的自然资源，实现原料、产品和废物的多重利用及循环再生，实现人工自然的生态化运作，这既是解决当前资源短缺又是解决环境污染的一种双赢选择，实现经济效益与生态效益有机统一。

① 马克思恩格斯选集·第4卷［M］. 北京：人民出版社，1995：270.
② 黄志斌. 论人与自然和谐的超循环本质［J］. 科学技术与辩证法，2007（4）：1～4.

二、建立生态文明的经济发展新范式

对于范式的理解，美国学者亨廷顿认为："范式的要求是：①理顺和总结现实；②理解现象之间的因果关系；③预测未来的发展；④从不重要的东西中区分出重要的东西；⑤弄清我们应当选择哪条道路来实现我们的目标。"① 我们在这里使用经济发展的新范式，就是强调范式的不可通约性，就是表明生态文明的经济发展模式和工业文明的经济发展模式根本不同。作者在这里明确地提出，生态文明要使用一种新的生产方式和生活方式，这是因为工业文明的经济发展范式已经不符合生态文明的要求，它是以大量消耗自然资源和牺牲环境为代价来换取经济的增长。恩格斯早就指出："到目前为止的一切生产方式，都仅仅以取得劳动的最近的、最直接的效益为目的。那些只是在晚些时候才显现出来的、通过逐渐的重复和积累才产生效应的较远的结果，则完全被忽视了。"② 因此，我们要改变人们关于经济发展必然要对环境产生负外部性的旧范式，树立经济发展要与自然物质循环相协调的新范式。

1. 建立生态化生产方式

自然生态系统的物质和能量循环机制对人类协调经济发展与生态环境保护有很大的启示。马克思在《资本论》第三卷，就专门讨论了"生产排泄物利用"问题，他指出："生产排泄物即所谓的生产废料再转化为同一个产业部门或另一个产业部门的新的生产要素；这是这样一个过程，通过这个过程，这种所谓的排泄物就再回到生产从而消费（生产消费或个人消费）的循环中。"③ 这段论述可以说是循环经济的思想萌芽。现在大力提倡的循环经济，实际上就是模拟自然生态系统的闭合循环原理，使人类的生产活动遵循自然物质与能量循环原理来进行，以产品清洁生产、资源循环和高效回收利用为基本途径，并以减量化、再利用、再循环为生产活动的行为准则，实现"自然资源—产品—再生资源"的循环方式，实现了环境污染的零排放或低排放，达到了保护环境实现经济发展的目的。这种生产系统内的循环推动了生态工业园区的发展。目前，对于生态工业园区的研究和实践正处于发展阶段，丹麦的卡隆堡工业园区是国外发展循环经济的典范，我国也在不同地区、不同行业进行生态工业园的

① ［美］亨廷顿．周琪等译．文明的冲突与世界秩序的重建［M］．北京：新华出版社，1998：10.
② 马克思恩格斯选集·第4卷［M］．北京：人民出版社，1995：385.
③ 马克思恩格斯选集·第2卷［M］．北京：人民出版社，1995：409.

试点，其中较为成功的是广西贵港国家生态工业示范园区和山东鲁北生态工业园区。生态工业园区的企业通过形成共生链环，将一个企业生产过程的废物作为另一个企业生产过程的原料而加以利用，使园区内各生产企业形成一个闭合循环大系统。这既大幅度减少了人类对自然资源的需求量，又减少了对环境的破坏，这是对工业文明时代的经济发展模式的根本变革。

然而，这种生产系统内的循环是不是真正的生态循环呢？这里牵涉到人类生产系统的资源循环与自然的物质循环是否相协调的问题。自然的生态循环包括物质循环和能量的循环等，物质循环是生态循环的基础，它包括氧气、氮气、氢气水、二氧化碳等物质分子层次的大循环，还包括生态系统中依靠生物食物链进行的小循环，物质循环的每一个环节都在为物质生产或生命再生提供机会，而且通过各环节、各层次的相互作用，保持整个地球生态系统的物质循环畅通。"生态系统中的物质持续不断地运动转化，既保持着物质总量的守恒，又保证了形式各异的具体物质的生态价值，展现为一种高效无废料亦即诸要素、各环节高度和谐的物质生产与再生产过程。"① 人对自然的干预和影响是通过人类社会的生产劳动来进行的，人类为了生存于发展，通过社会化的生产活动，获得所需的生活资料，实现与外界自然物质的新陈代谢。这种社会生产系统内的物质代谢是一种人工的资源循环过程，可能会出现两种情况：一种是人为的资源循环与自然生态系统物质循环相协调，就像人类社会的生态农业生产方式，人类通过充分利用太阳能和水土等无机物，促进了农作物其内部物质和能量的有机转换。另一种是人为的资源循环干扰或破坏了自然生态系统的物质循环，"为了满足我们对更好的生活的追求，为了满足我们对温暖的房子、持续的经济增长的追求，以及我们对能够使大多数人从繁重的农耕劳动中解放出来的高效农业的追求，我们生产出了二氧化碳和其他气体。这些气体的增加，将改变太阳的力量，使它的热量升高；这些气体的增加将使潮湿与干燥的模式发生改变，将在新的地带制造风暴和沙漠"② 尽管在生产过程中，实施了清洁生产和废料循环再利用，变废为宝，提高原材料的利用率，不但减少了生产的经济成本，增加了生产的经济效益，而且还可以减少浪费和污染，降低物质生产对自然资源的消耗速度，提高了生态效益和经济效益。然而，这种工业生产的资源循环利用方式与自然生态系统的循环相比存在着明显的时间上的超前

① 黄志斌．论人与自然和谐的超循环本质［J］．科学技术与辩证法，2007（4）：1～4.
② Mickibben Bill. The end of nature［M］. New York：Random House, 1989：48.

性，这种短期的经济效益与持续的生态平衡的矛盾，需要自然生态系统的存量来平衡工业生产的流量，它对自然物质循环的扰动效应，最终会破坏生态系统的整体平衡，造成生态环境的破坏。所以，当前我们推广的循环经济发展模式，还不是真正的生态化循环，真正的生态化生产方式应该遵循自然生态系统中的物质循环规律，在不扰动自然生态系统物质循环基础上的资源循环和清洁生产。

在当今生态环境问题已经社会化、全球化、意识形态化的形势下，生态化生产方式可以说是解决当前生态危机的基本途径，因为它可以改变人类对自然生产的忽视所造成的社会经济生产与自然生产两种方式的分离，因此，我们要把自然再生产纳入到生态化生产方式之中，使人类社会的经济生产与自然生产结合起来，形成两种生产方式的有机统一。这一方面要求改变把自然生产视为经济活动的外部因素，造成人类的生产活动中经济价值与生态价值的分离；另一方面，要求人类社会的经济生产融入自然的物质再生产过程中，实现工农业生产的物质代谢与自然物质、能量的循环相整合，在生态系统的整体框架内寻求经济价值。这种生态化生产方式是以生态系统的食物链和价值链为基本构成单位，运用仿生技术，实现工业生产与自然生产的共生体系。"在功能和过程上，以系统内营养循环与价值流转为基础，以生态系统的功能性组分，即功能群结构调剂工业生产布局，配置生产、分解、消费、交换和分配各环节之间的流量与存量，形成合理的营养级结构以实现人工生态系统的平衡有序。通过生物量与非生物量的经济循环与生态循环的有机结合，在发展社会生产力的同时保护自然生态系统的初级生产力和次级生产力，维护和改善环境质量。"[①] 我们通过这种人工生态系统与自然生态系统的各种物质循环活动，实现了经济价值与生态价值的有机结合。并且，有利于实现地球生态系统的物质、能量的良性循环与社会经济的文明发展。当然，这种符合生态文明的生态化生产方式需要一个逐渐被认可的过程，需要经济合理性与生态合理性的支持，那就是在实际中要实现经济价值与生态价值统一。

从上面的论述可知，资源循环再生的经济发展模式，尽管在提高经济效益的同时也提高了环境效益，但它只是一种生态仿生的初级循环模式，而真正的资源与物质循环再生的经济发展模式是在自然的物质、能量大循环框架下，人类社会经济生产必须遵循生态化生产方式，实现社会经济系统与自然生态系统

---

① 张斌等. 人工自然：生态嵌入与经济循环 [J]. 自然辩证法研究，2006 (2): 5～8.

的共生与协调发展。作者认为，传统的农业生产是一种可以遵循生态化生产方式的产业，可以维护"人类—自然—社会—经济"生态系统的动态平衡，使"生产者—消费者—分解者"之间的物质循环、能量转化与生物生长达到动态平衡，从而提高整个生态圈的生产能力、消费能力与转换能力，它是一种生态文明的经济发展方式。因此，我们应该按照生态系统食物链的要求，建立多种类、多结构、多层次的农业生态循环生产体系，大力培育和发展生态农业。因为它的经济再生产过程总是同一个自然的再生产过程交织在一起，具有协调自然生产与社会经济生产的作用。这就表明，生态农业遵循自然的内在规律，能实现物质上多层次、多循环的综合利用，维护生态平衡，保护生态环境。并且，在生产过程中，我们不要使用化学肥料、农药、除草剂或基因工程技术，尽可能地依靠作物轮作、秸秆还田、豆科作物固氮、有机肥料来进行生产。为此，我们要利用好现有 18 亿亩的有限耕地，建设"以生态为基础、以科技为主导"的新型持续发展农业模式，以改善农业生态环境为前提，加大农业生产结构的调整，形成具有物质、能量循环的产业链构成，形成一个包括农、林、牧、禽、渔等综合性农业。依托区域生态和资源的优势，拓宽绿色产业的发展空间，逐步做大做强，形成具有竞争力的产业链，开发出名、优、特、新绿色系列产品。在此基础上，再大力发展生态农业县。

2. 推广健康的生活方式

健康的生活方式是一种倡导绿色消费、鼓励节约资源、提高生命价值并与生态文明要求相适应的生活方式。随着我们对生产方式的革命性变革，我们的生活方式也必将有新的变革，这是因为生产与消费是促进经济发展的动力，在市场经济中消费可以带动生产，消费方式的改变可以从另一方面促进经济发展模式的转变。公民的生态文明意识不断提高，可促使生态文明的新理念得以推行，摒弃诸如"发展必然以牺牲环境为代价""自然资源是取之不尽的""消费必然带来幸福"等错误认识，摆正人类自身在大自然中的位置，改变工业文明时代消费无限、贪欲无度、缺乏理性、远离自然等生活方式。

其一，倡导绿色消费的生活方式。绿色消费是一种热爱自然、追求健康、降低消耗、杜绝浪费的全新消费方式。它要求人们立足于节约资源，而不是通过消耗大量资源来追求舒适生活。同时，绿色消费鼓励购买绿色产品，这是因为绿色产品是符合环保要求、有利于资源的再生、回收的产品，它一般都具有节约资源和能源、不使用有害的化学物质、产品使用后易处理分解等特点。因此，推广绿色消费方式，既可以促进资源利用率的提高，缓解资源供需矛盾，又可以减少污染物的排放，保护生态环境，是一种追求经济发展与环境保护"双赢"的消费方式。

其二，追求适度消费的生活方式。适度消费是一种抑制贪欲、避免物质资源浪费的消费方式。人们追求适度消费，目的就是使物质和能量的循环保持在维持人类基本生存的水平。这就是说，当物质产品满足了人的日常生活的需要后，如果人们再一味贪求过多的物质享受，这不仅降低了人的生存境界，还造成了物质能量的浪费和自然物质良性循环的破坏。因此，人们应该通过追求一定的精神价值来充实和完善自己，丰富人类对生命意义的体验，深化对生存价值的认识。诺贝尔经济学奖获得者阿马迪亚·森在《作为自由的发展》一书中认为，经济增长的目的是增大每个人享受的各种本质上的自由，而自由是提高人的生活质量、丰富人的生活的东西。因此，对每个人来讲，要摆脱感官本能的直接性满足，追求精神生活的质量，提高生命的价值。

其三，提倡节俭的生活方式。节俭的生活方式是一种要求人们厉行节约、合理消费、反对铺张浪费的生活习惯。勤俭节约的生活方式是中华民族的传统美德，也是当前我国生态文明建设的基本要求之一。这种生活方式是对大量生产、大量消费改变为合理生产、合理消费的积极响应。当前，我国政府从节能、节水、节材、节地和资源综合利用等方面，提出了建设节约型社会的基本要求。这是立足于我国基本国情而提出的新举措，对于有 13 亿人口的发展中国家来说，此举绝非权宜之计，对于我们抵制陋习、培养良好的生活方式起到了一定的促进作用，每个公民应该从自身做起，从身边的小事做起，比如，生活中要尽量节约不可再生资源。因此，节俭生活方式的形成可以减少对资源的索取和环境的污染载荷，有利于生态环境的保护。我们应在全社会大力弘扬这种节约资源的生活方式，有利于加快生态文明的建设步伐。

总之，我们不是从父辈那里继承了地球，而是从子孙那里借来了这个星球。我们唯有建构健康的生活方式，抑制贪欲，厉行节俭，才能保护地球生态环境，以此赢得中华民族的世界声誉和子孙后代的敬仰。

三、建设生态文明的制度保障和技术支撑

为了保证生态文明的生产方式和生活方式得以推行，必然要有相配套的制度安排和技术措施来保障。当前，发展循环经济、推广清洁生产技术以及倡导绿色产品消费等一系列变化，必然要求政府改变工业文明时代的一些制度规

定，必然要求科技界加快技术创新的步伐，来建构适应生态文明发展要求的一系列制度法规和生态化技术，为建设生态文明提供制度保障和技术支撑。

1. 生态文明建设的制度保障

在我国的生态文明建设中，政府应当发挥主导作用。这是因为我国是一个发展中国家，经济的不发达以及生态文明建设的超前性决定了政府要对经济的发展起着引领作用，充分展现"后发效应"。当前，我国在深入贯彻落实科学发展观，转变经济发展方式的形势下，政府除了提高自身生态文明意识，树立生态文明理念外，还应综合应用行政、法律和经济等多种措施，从制度上促进经济发展方式的转变，为生态文明的建设提供制度上的保障。

其一，继续深化绿色 GDP 国民经济核算体系。2004 年，当时的国家环保总局推出了绿色 GDP 核算，就是把资源消耗、环境损害和环境效益纳入国名经济核算体系。也就是说，作为一国政府的制度安排，从生态文明建设以及经济安全的国家战略高度出发，对传统的国民经济核算体系进行调整和完善，建立起加入资源、环境因素的国民经济核算体系，切实将环境成本、环境收益、自然资产和环保支出纳入国民账户体系，从而比较完整地反映出自然所具有的生态价值、经济价值以及社会价值，促进资源和生态环境的保护，引导经济生产与自然生产的良性循环，实现经济效益、生态效益和社会效益统一协调的提高。① 这是生态文明建设的一个重要步骤。一方面，可以改变以 GDP 为核心的发展观。这是因为 GDP 政治在我国社会的政治生活中占据了统治地位。GDP 政治就是指政府为了实现经济发展的战略目标，运用国家政权力量调动一切资源，以经济的 GDP 指标发展为中心的政治理念。这种发展观造成了我国相当一部分地方政府和综合经济管理部门只关注 GDP 指标的增长，难以形成对生态环境问题应有的关注，造成生态环境恶化的趋势没有得到根本的改善。另一方面，可以建立自然生态环境具有经济价值的观念，并要求人类对自然生产加以重视，深刻把握生态化的生产方式是自然生产与人类社会生产的结合，加快农业生产方式的转变。这对有效遏止我国经济发展对自然生态环境的破坏起着重要的作用。

因此，我们可以借鉴联合国和世界银行等推出的《综合环境与经济核算手册》（System of Integrated Environmental and Economic Accounting，简称

---

① 蒋京议. 论生态政治社会发展观的演进 [N]. 中国经济时报，2004-4-1.

SEEA 2003），这是当今国际上进行经济与环境核算综合工作的指导性文件。我们还可以吸收一些国家的成功经验，比如，挪威、加拿大等国建立了比较完善的资源与环境核算框架，针对我国的实际，有步骤地大力推进。

其二，积极推广规划环评制度。规划环评是指对有关规划的资源与环境可承载能力进行的科学评价。战略环评可分为法规、政策、规划环评，规划环评是战略环评的重要组成部分。战略环评制度产生于美国 1969 年的《国家环境政策法》，该法案提出"在对人类环境质量具有重大影响的每一项建议或立法建议报告和其他重大联邦行动中，均应由负责官员提供关于该行动可能产生的环境影响说明"[①]。这一制度到 20 世纪 90 年代迅速在世界上许多国家实施。我国在 2003 年 9 月 1 日开始实施的《中华人民共和国环境影响评价法》中确定了规划环评的地位，该法明确要求对土地利用规划，区域、流域、海域开发规划以及工业、农业、能源、城市建设、交通和林业等十个专项规划进行环境影响评价，这是对我国环境影响评价制度的重大完善。当前，我国环评法中只规定了规划环评，因此，规划环评是将环境与发展综合决策的制度化保障。

从环境影响评价的制度体系上看，过去我们只注重对建设项目开展环境影响评价，但建设项目环评与规划环评相比，只是考虑小范围的环境损害，无法从区域或源头上保护资源与环境，更不能解决开发建设活动中对环境产生的宏观影响、间接影响与累积影响。因此，规划环评是环境影响评价制度的一次根本性改革。通过规划环评，分析规划对环境战略资源中的能源资源、淡水资源、耕地资源、矿产资源、生物资源的需求，并根据这些战略资源对规划实施过程中的实际支撑能力提出相应措施；通过规划环评，可以将资源循环再生的生态化生产方式在区域或行业中推广，实现资源循环利用和环境污染减排为零的良好局面；通过规划环评，可以防止规划项目的环境累计影响，能够明确设定整个区域的环境容量，使区域经济发展规模与环境承载能力相协调。

因此，我国政府在推进规划环评时，一是要提高规划环评中的公众参与能力。向广大公民大力宣传普及"环评法"，使每一个公民真正认识到各类发展规划对环境可能产生的重大影响，从而能够主动参与对规划环评的监督，成为推动规划环评的主要力量。比如，2005 年春天，当时的国家环保总局曾在北京举行圆明园整治工程环境影响听证会，就社会广泛关注的北京圆明园遗址公园湖底防渗工程项目的环境影响问题听取专家、公众的意见。这个事例应该成

---

① 潘岳．战略环评与可持续发展战略［N］．学习时报，2007-4-9．

为我国政府通过听证会形式激发公民参与意识的良好开端。二是要选择一些发展和环保矛盾突出的省市开展规划环评试点。通过规划环评，促进这些省市的生产力合理布局、资源优化配置、产业结构调整、可再生能源开发。同时，对不符合环境与资源要求的项目坚决制止上马。

其三，加快推进生态环境保护的政策建设。在资源和环境保护方面，我国已颁布了许多政策和法规。当前，政府的重点是要在执行上建立与政策法规相配套的具体措施。按照社会主义市场经济规律的要求，运用价格、税收、财政、信贷、收费、保险等经济措施，来调节或影响市场主体的行为，实现经济建设与环境保护协调发展。政府运用这些经济的手段与传统的行政手段的"外部约束"相比，是一种"内在约束"力量，它以内化环境成本为原则，对各类市场主体进行基于环境资源利益的调整，从而建立保护环境和利用资源的激励和约束机制。

我国应当建立绿色税收、环境收费、绿色资本市场、生态补偿、排污权交易市场、绿色贸易、绿色保险七项环境经济政策①。通过这些环境经济政策的建立与执行，进一步使我国的财税、金融、价格、市场准入、商品流通等方面与生态文明的建设要求相一致，引导现有工业存量进行生态化的改造，推进清洁生产和资源循环利用的生态化生产方式的实施，引导建立有利于绿色产品流动的市场体系，促进我国的经济发展逐步向资源节约、环境友好的方向转变。当前，我认为要加快生态补偿制度的推行。生态补偿制度是以改善或恢复生态功能为目的，既让生态保护的受益者支付相应的费用，又让生态投资者获得合理回报，从而激励人们从事生态保护投资并使生态资本增值的一种经济制度。这项制度一方面，表明自然环境和资源也是一种资产，并作为自然资本向社会提供其独特的生态服务，政府代表自然资源和环境的产权主体，通过税收的形式来征收；另一方面，从经济学上的外部效应理论、公共产品理论和消费补偿理论来看，实施生态补偿制度是合理的经济行为。它有利于建立保护生态环境的经济运行机制，有利于强化自然资源的产权意识，有利于强化公民的生态保护意识。

2. 生态文明建设的技术支撑

一种新的生产方式的形成必然会对科学技术的发展提出新的要求，正像工

---

① 潘岳. 七项环境经济政策当先行 [EB/OL]. 新华网，2007-09-09.

业化生产方式的形成和发展需要自动化技术、深加工制造技术等一样，生态化生产方式的形成与发展同样需要相应的科学技术来支撑。这就对科学技术的发展提出了新的要求："它不仅是一种高效率获取所需物质资料的技术，而且是一种无公害技术；是一种能对生产过程及其环境影响进行全程监控的技术。"①要求科学技术的创新具有生态文明的价值取向，要体现人及其社会的多重目的，而不是对单一经济增长目的的实现。因此，生态化生产方式的形成与发展有赖于科学技术的创新与广泛应用。

然而，传统技术创新理论的生态缺失，使我们在发展的道路上与建设生态文明的目标渐行渐远，于是，运用生态文明的理念来指导技术创新的思想应运而生，提出了技术创新生态化的价值取向。依靠科学技术的绿色化和生产工艺技术的生态化，使人类的生产和生活愈来愈融入自然界物质大循环中，逼近零污染、零浪费的境界。促使面向生产的科学技术体系逐步向节约生态资源、保护生态环境质量、提高经济效益、满足社会需要、优质高效的方向转变。如果在实践中技术创新生态化问题解决不好，实现文明的转型美好愿望就可能落空。因此，我们需要加强技术创新生态化的研究。

所谓技术创新生态化，就是在技术创新过程中全面引入生态学思想，考虑技术对环境、生态的影响和作用，既要保证技术创新的经济价值，又要确保环境清洁和生态平衡的生态价值，最终目标是协调人类发展和自然环境之间的关系，实现人类的可持续发展。②即追求经济效益、生态效益、社会效益和人的生存与发展效益的有机统一。经济效益是指在技术创新的实施过程中资源消耗的最小化和产出价值的最大化；生态效益要求技术创新在追求经济效益的前提下，以最大限度地减少对环境的污染，保护生态平衡；社会效益要求技术创新有利于社会的和谐与进步，有利于建立和维护人与人之间的合理关系；人的生存与发展效益要求技术创新有利于人的生存与发展的自然与社会环境的建立，提高人的生活质量、促进人的全面发展。③

在实践运用中，技术创新生态化着力点在于发展经济和解决经济发展过程中对资源和生态环境产生的压力与破坏，增强资源与生态环境对经济社会发展的持续支撑能力，促进经济社会发展并实现人与自然的和谐发展。它实际上包括自然生态和社会生态两个层面，第一个层面是要有利于维护自然生态的平

① 赵成等. 论科学技术与生态化生产方式的形成 [J]. 科学技术与辩证法，2007 (5)：9～12.
② 张向前. 试论技术创新生态化 [J]. 郑州经济管理干部学院学报，2006 (4)：24.
③ 彭福扬等. 论技术创新生态化转向 [J]. 湖南大学学报（社会科学版），2004 (11)：51.

衡，要考虑技术对自然环境的影响，要把保护环境作为自己的出发点。第二个层面是要有利于社会生态的和谐有序，人们的生活质量、人口素质、健康水平与社会经济发展水平相适应。因此，技术创新生态化具有适度性、协调性与环保性三个特征①。适度性是从技术创新的速度、规模等方面对人逐利行为的一种规制，防止技术创新的单一化经济取向，简单地将技术创新等同于物质增长或经济增长，无视技术创新的对自然环境的破坏性等问题。比如近年来所倡导的适中技术，即当地制造的、操作上劳动密集型的、分散化的、可修理的、由可再生能源提供燃料、合乎生态环境、有利于社会的小规模技术。在功能上，这种技术比原始的技术优越，但同时比现在昂贵的、复杂技术简单得多，便宜得多。协调性是从技术创新要协调所依赖的自然资源、社会环境、生态环境系统来讲，要求这些系统在技术创新生态化考核指标中高度统一。比如体现绿色或生态意蕴的高新技术，即有助于资源利用率的最大化、垃圾产出率的最小化、废物回收率最高化、污染形成率最低化的技术。环保性是指技术创新创造的产品在生产和使用过程中的对环境的无害性。这就要求技术创新者不仅要考虑产品的经济价值，而且还要考虑产品的环保价值。比如在技术创新的开始，就考虑环境的"为拆卸而设计""循环利用"的清洁制造技术。通过技术创新提高资源的使用效率，保护生物的多样性，增加自然资本的储备及其在国民财富中的构成比例。

在技术创新生态化的开发过程中以及应用之前，还需要对技术进行有效的评价和筛选。这是因为迅猛发展的现代科学技术对人、社会和自然的影响越来越大，特别是目前环境问题的严重性，人们开始意识到对技术的社会价值和生态价值评价的重要性，因此，技术评价越来越受到全社会的重视。通过建立技术评价制度，我们对每一项新技术，在开发和应用之前，都能确定它的技术可行性以及可能对社会、生态环境产生的影响，防止对社会和生态环境有害技术的开发和应用，促进有利于生态文明建设的技术得到进一步的研发。

总之，制度与技术的创新有利于生态化生产方式的形成与发展，有利于生态文明的经济发展方式形成与发展，有利于整个生态系统的循环和平衡，有利于实现"人—社会—自然"三者的和谐统一，最终实现生态文明社会。

---

① 毛洪建等．技术创新生态化——人类文明转型之路［J］．科技情报开发与经济，2004（12）；180．

第七章 加快我国低碳经济的建设步伐

　　全球气候变暖的问题由来已久，但是，最近 50 年来，人类发现这种变化极端显著，这可能与人类生产和生活有直接关系，人类为了获取能源而大量消耗煤炭、石油、天然气等化石能源，致使地层中沉积碳库的碳以较快的速度流向大气碳库，从而引发了温室效应，造成全球温度急剧上升。然而，人类研究表明，全球气候变暖将严重影响了人类环境和自然生态，导致水资源失衡、农业减产、生态系统严重损害，对人类社会的可持续发展带来了巨大冲击。政府间气候变化专门委员会（IPCC）全球气候变化研究第四次评估报告也表明，气候变暖的原因除了自然因素影响以外，主要是归因于人类活动，特别是与人类活动中排放 CO_2 的程度密切相关。低碳经济正是在人类温室效应及由此产生的全球气候变暖问题日趋严重的背景下提出的。人们越来越清楚地认识到，要想解决全球气候变暖问题，必须全人类共同携手，改变高碳经济模式。因此，以低碳经济发展模式为基本内涵的新模式就提到了人类议事日程之上。

　　作为一种新的发展模式，低碳经济将创造一个新的游戏规则，世界各国将在新的规则下重新洗牌，以低碳经济、生物经济等为主导的新能源、新技术将改变未来的世界经济版图；低碳经济将创造一个新的金融市场，碳排放是其新的价值衡量标准，这就使基于美元和高碳企业的国际金融市场将发生大的变革，基于新能源和低碳企业的新金融市场将大有作为；低碳经济将创造新的龙头产业，在企业实现向低碳高增长模式的转型机遇期，率先突破的企业可能成为新一轮经济发展的领跑者。因此，许多学者认为，低碳经济将成为国际金融危机后新一轮经济增长的主要带动力量，成为世界各国关注的焦点。总之，低碳经济是 21 世纪人类最大规模的经济、社会和环境革命，对人类社会从工业文明向生态文明转型来说，其意义尤为重大，影响更为深远。我国政府按照生态文明的建设要求，并且明确提出：立足国情发展绿色经济、低碳经济，把积极应对气候变化作为实现可持续发展战略的长期任务，并纳入国民经济和社会发展规划，明确目标、任务和要求。这充分表明了中国政府发展低碳经济的决心，也标志着低碳经济已经进入了我国的发展战略之中。

第一节　发展低碳经济是大势所趋

人类社会经济的高速发展，使全球面临减排二氧化碳的严峻形势。这是由于人类的活动加剧了温室效应，而温室气体的主要成分就是二氧化碳，它可以在空气里保持数十年到上千年不分解。从大气的角度来看，由于温室效应导致全球异常天气日渐频繁。持续的大面积干旱、冬季的骤冷暴雪、海啸的频繁发生还有不断消融的冰川雪山，可以说不断恶化的气候条件已经使得世界各国逐渐凝聚成共识，纷纷采取行动，通过发展低碳经济来面对气候变化这场影响深远的变化，这是因为低碳经济强调通过对实体经济的技术创新、组织创新以及发展模式的转型来减少对化石燃料的依赖，以降低温室气体排放量、适应和减缓地球气候变暖。

一、低碳经济提出的时代背景

最近一百年来的持续升温，使得全球气候变暖已成为不争的事实。目前国际社会关注的气候变化，主要是指由于人为活动排放温室气体造成以球气候变暖为主要特征的全球气候变化。

从 1979 年第一次世界气候大会呼吁保护气候起，全球关注气候变化开始引起世界各国的关注。1988 年，在欧洲的推动下，世界气象组织和联合国环境规划署共同建立了政府间气候变化专门委员会（Intergovernmental Panel on Climate Change，IPCC）。在同年召开的多伦多会议上，有关气候变化问题科学辩论演变为国际政治辩论的一部分。紧接其后的 1990 年，欧共体代表在"第二次世界气候大会部长级会议"中首次提出保护大气层和控制二氧化碳排放的主张，并提出立即开始"气候变化公约"谈判的主张，1992 年通过的《联合国气候变化框架公约》，标志着全世界 180 多个国家（缔约国）一致认为，气候变暖是威胁人类生存与发展的首要环境问题，从而拉开《气候变化框架公约》谈判的序幕。

在促进全球治理气候变化的过程中，IPCC 发挥了主导性的作用。1990

年，IPCC 发布了第一次《气候变化评估报告》，确认了对有关气候变化问题的科学基础，直接推动 1992 年 6 月在联合国环境与发展大会上，各国政府签署《联合国气候变化框架公约》。1995 年，IPCC 发布了第二次《气候变化评估报告》，直接推动《公约》缔约国通过了《京都议定书》的签订。《京都议定书》则提出了采用市场机制来解决环境问题的思路。其中，规定了《公约》附件一国家（发达国家和经济转型国家）的量化减排指标，即在 2008 年至 2012 年间其温室气体排放量在 1990 年的水平上平均削减 5.2%。具体说，各发达国家从 2008 年到 2012 年必须完成的削减目标：与 1990 年相比，欧盟削减 8%、美国削减 7%、日本削减 6%。2001 年 7 月，IPCC 发布了第三次《气候变化评估报告》，直接推动马拉喀什会议的成功。2007 年 12 月，IPCC 发布了第四次《气候变化评估报告》，促使在印度尼西亚巴厘岛举行的联合国气候变化大会通过了"巴厘岛路线图"，明确了气候变化谈判机制和时间表，确定了 2009 年 12 月在丹麦哥本哈根举行的缔约方第 15 次会议将成为"后京都时代"谈判的最后关口，制定出一项新协定。欧盟、澳大利亚、瑞士等发达国家也强调各国应基于 IPCC 第四次评估报告的结论来安排 2012 年之后全球减排的国际谈判。

政府间气候委员会（IPCC）的第四次评估报告指出，温室气体浓度正以前所未有的速度增加，最近 100 年（1906—2005 年）全球平均地表温度上升了 0.74℃，过去 50 年的升温速度是过去 100 年升温速度的 2 倍。全球变暖已被证实。在过去 65 万年中，温室气体浓度的波动始终被控制在一定的范围之内，这告诉我们，在漫长的演化过程中，大自然形成了某种维持平衡的负反馈机制，正是这种稳定性使生态圈成为人类生存与发展的摇篮。在进入文明史后很长时间内，温室气体浓度依然在这种稳定机制的控制下波动。然而，从 20 世纪初开始，温室气体浓度急剧上升，并明显突破了 65 万年来一直维持的上限。这意味着，存在了至少 65 万年的稳定机制在短短 100 年内就被打破了。而稳定机制被破坏的逻辑后果是：整个系统瓦解。

前世界银行首席经济学家、现任英国首相经济顾问的尼古拉斯·斯特恩爵士领导撰写的《斯特恩回顾：气候变化经济学》研究报告，全面分析了全球变暖对世界经济可能造成的影响，并认为如果人类在未来几十年内不及时采取行动，全球变暖带来的经济和社会危机将堪比两次世界大战和世界经济危机后的大萧条，全世界将可能造成每年 5%～20%GDP 的损失；如果全球立即采取有力的减排行动，将大气中温室气体浓度稳定在 500ppm～550ppm，其成本可以控制在每年全球 GDP 的 1%左右。

欧盟的研究报告也表明，100 多个国家已接受了全球增温 2℃的极限值。如果 2000 年至 2050 年累积二氧化碳排放总量限制在 1 万亿吨以下，超过 2℃增温的概率将只有 25％；如果二氧化碳排放达到 14400 亿吨，则超过 2℃的概率达到 50％。2000 年到 2006 年，二氧化碳排放已达到 2340 亿吨，只剩下 7000 多亿吨可在 2050 年之前排放（排放基准年为 1990 年）。并且认为 2020 年作为二氧化碳排放峰值的拐点年，到那时，如果全球温室气体排放仍然高于 2000 年水平的 25％，则超过 2℃的概率上升到 53％～87％。这说明达到 2℃的概率与排放路径有密切关系。

这些研究充分表明，尽管全球气候在人类的工业化之前一直在反复变化，但是，最近 50 年来这种气温变暖的趋势非常明显，这不能不说与人类的活动直接相关。由于人类活动燃烧了很多煤炭、石油、天然气等化石能源，使得二氧化碳在大气中的浓度一下子达到 370ppm，而在过去的 40 万年里，其波动在 280ppm（百万分之一）到 180ppm 之间。2009 年，哥本哈根世界气候大会上争论的焦点就是，能否将大气中的二氧化碳含量控制在 500ppm 以下，只有这样，才能保证到 2050 年时，把全球升温的幅度控制在 2℃以内。如果全球升温 2℃的话，太平洋里的许多小岛国可能会被海水淹没，这是因为海平面会上升 4 米；而我国的上海就有可能像荷兰那样，由于整个城市低于海平面，必须依靠建造很高的堤坝来保卫城市。① 因此，2008 年的世界环境日主题定为"转变传统观念，推行低碳经济"，更是希望国际社会能够重视并采取措施使低碳经济的共识纳入到决策之中。

在此背景之下，转变经济发展模式，从传统的高碳经济向低能耗、低排放、低污染的低碳经济模式转型必将被世界各国所重视，同时也加快了低碳经济的建设步伐。

我国二氧化碳排放面临严峻的形势和巨大的国际压力。与全球气温的上升趋势相一致，我国近百年来的气温也呈明显上升趋势。改革开放的 30 多年，国民经济基本上以年均 10％左右的速度迅猛发展，全国的气温也呈直线上升。虽然气候变化有自然变化的客观因素，但是与人类社会的生产与生活的方式有直接关系。

有数据表明，中国在过去的 4 年里（2006—2009 年），能源消耗超过了之前 25 年能耗的总和，我们的发电能力从 2 亿多千瓦增加到 7 亿多千瓦，煤炭

---

① 徐匡迪．转变发展方式，建设低碳经济 [J]．上海大学学报（社会科学版），2010（4）．

的消耗从 15 亿吨上升到 27 至 28 亿吨的标准，这就大大地增加了二氧化碳的排放。2007 年我国二氧化碳排放总量已超过美国居世界首位，全球二氧化碳排放量在过去的 8 年里增长 1/3，其中有 2/3 来自于中国。如果从人均指标来考虑，尽管已经超过世界人均水平，但我国人均二氧化碳排放量明显低于美国和日本等。我国政府在哥本哈根世界气候会议上，提出了应对全球气候变化的原则，其主要观点就是，从 1760 年工业革命开始到 1950 年发展中国家开始独立，在此期间，发达国家排放的温室气体占世界总量的 95%，到 2006 年，发达国家的温室气体排放量仍然占到 80%。所以，温室气体排放的主要责任在发达国家。中国在高速发展的过程中，严格遵守《联合国气候变化框架公约》，承担"共同但有区别的责任"，即发达国家要在现有水平往下降，而中国保证 GDP 每增长 1000 美元所耗能源量逐年递减；中国不但要达到这个目标，而且也要保证自己的发展。这个原则立场得到广大发展中国家的支持和用户。

我国政府对气候变化高度重视，多年来一直采取措施积极应对。1990 年，设立了国家气候变化协调小组。1998 年，签署并在 2002 年批准了《京都议定书》。2007 年，公布了《中国应对气候变化国家方案》，其中包含了中期减排目标：明确提出 2005 年到 2010 年降低单位国内生产总值能耗和主要污染物排放、提高森林覆盖率和可再生能源比重等有约束力的国家指标。仅通过降低能耗 20% 一项，中国 5 年内可以节省能源 6.2 亿吨标准煤，相当于少排放 15 亿吨二氧化碳。这个指标占《京都议定书》中所有附件一国家在 2012 年前减排总量的五分之一。与此同时，还成立了国家应对气候变化领导小组，目的就是贯彻国家气候方案，2009 年 8 月 17 日，在国务院常务会议，研究部署了应对气候变化等一系列工作，明确强调，把应对气候变化纳入国民经济和社会发展规划；把控制温室气体排放和适应气候变化目标作为各级政府制定中长期发展战略和规划的重要依据；培育以低碳排放为特征的新的经济增长点，加快建设以低碳排放为特征的工业、建筑、交通体系；强化应对气候变化综合能力建设；制定应对气候变化的科技发展战略与规划，开展低碳经济试点示范，推动形成资源节约、环境友好的生产方式、生活方式和消费模式。

今后，中国将进一步把应对气候变化纳入经济社会发展规划，并继续采取强有力的措施。一是加强节能、提高能效工作，争取到 2020 年单位国内生产总值二氧化碳排放比 2005 年下降 40%～45%，并作为约束性指标纳入国民经济和社会发展中长期规划。二是大力发展可再生能源和核能，争取到 2020 年非化石能源占一次能源消费比重达到 15% 左右。三是大力增加森林碳汇，争

取到 2020 年森林面积比 2005 年增加 4000 万公顷，森林蓄积量比 2005 年增加
13 亿立方米。四是大力发展绿色经济，积极发展低碳经济和循环经济，研发
和推广气候友好技术。

气候变化是环境问题，但归根到底是发展问题。中国作为一个发展中的大
国，人口数量众多，经济发展、消除贫困、保障民生的任务极为繁重。我国正
处于工业化的中后期、全面建设小康社会的关键时期，人均 GDP 需要保持持
续的增长，然而，我国能源消费中煤炭所占比重远远超过石油、天然气等相对
洁净的能源，煤炭与天然气、石油相比，其温室气体排放的强度和控制的难度
都要大，外加上我国能源技术相对较为落后，与发达国家相比还有差距，实施
技术改造和产业转型升级的难度也比较大。因此，我们必须清醒地认识到，我
国发展低碳经济面临着相当大的挑战，必须从我国基本国情和发展的阶段性特
征出发，坚定不移地走生态文明的发展道路，采取有力的政策措施，积极应对
气候变化，为保护全球气候做出新贡献。

二、低碳经济的基本理论

低碳经济的产生与世界各国应对全球性气候变化的认识与行动密切相关。
"低碳经济"的概念最早出现，是在 2003 年的英国能源白皮书《我们能源的未
来：创建低碳经济》中。所谓低碳经济，是低碳发展、低碳产业、低碳技术、
低碳生活等一类经济形态的总称。这是从高碳能源时代向低碳能源时代演化的
一种经济发展模式，是人类社会继工业革命、信息革命之后的又一次重大的社
会变革。它的基本特征是低能耗、低排放、低污染，基本要求是应对碳基能源
对于气候变暖影响，基本目的是实现经济社会的可持续发展。作者认为，低碳
经济实质在于提升能源的高效利用、新能源的开发、推行区域的清洁发展、促
进产品的低碳开发和维持全球的生态平衡，实现绿色 GDP 的增长，关键是能
源技术和减排技术创新、产业结构和制度创新以及人类生存发展观念的根本性
转变。这与当前我国各地贯彻落实科学发展观，建设资源节约型和环境友好型
社会，转变经济发展方式的本质要求是一致的。

低碳经济作为一种新的经济发展形态，其理论形成与发展过程是在相关理
论的基础上，并通过不同方面专家学者从不同的理论途径阐释应对气候环境问
题的基础上逐渐被大家所认可的。生态足迹理论、"脱钩"理论、环境库兹涅
茨曲线和"城市矿山"理论，构成了低碳经济的重要理论基础，为我们理解低
碳经济的内涵和发展的必要性、可能性以及发展态势等内容提供了重要指导。

其一，生态足迹理论。生态足迹这一概念是由加拿大生态学家 W. 雷斯在 1992 年提出，并由 M. 魏克内格逐步完善而形成的。生态足迹是指生产某人口群体所消费的物质资料的所有资源和吸纳这些人口所产生的所有废弃物质所需要的具有生物生产力的地域空间。这个理论将每个人消耗的资源折合成为全球统一的、具有生产力的地域面积，由此来计算区域生态足迹总供给与总需求之间的差值，表明该区域是生态赤字还是生态盈余，来准确地反映全球不同区域对于生态环境的贡献程度。人们发现，通过生态足迹理论不仅能够反映出个人或地区的资源消耗强度，而且还能反映出区域的资源供给能力和资源消耗总量，同时也揭示了区域范围人类持续生存的生态阈值。因此，其理论的重要意义在于可以判断某个国家或区域的发展是否处于生态承载力范围内：如果生态足迹表现为生态赤字，那么表明生态环境具有不可持续性，必然导致人类社会经济发展的不可持续性；反之，生态足迹表现为生态盈余，表明生态环境可以支撑人类社会经济发展的可持续性。在生态足迹理论的基础上，人们逐渐引申出了"碳足迹"的概念，用于衡量各种人类活动产生的温室气体排量。如果人类使用化石能源多，导致地球变暖的二氧化碳等温室气体也就制造得多，因此，表明碳足迹也就越大。

其二，生态现代化理论。1985 年，德国学者胡伯提出了生态现代化理论，要求采用预防和创新原则，推动经济增长与环境退化脱钩，实现经济与环境双赢。近年来，经济发展与环境压力脱钩的理论研究进一步拓展到能源与环境、农业政策、循环经济等领域，并取得了许多成果。因此，对经济增长与物质消耗之间的关系的大量研究表明，一国或一地区工业发展初期，物质消耗总量随经济总量的增长而同比增长，甚至更高；但在某个特定阶段后会出现明显变化，经济增长时物质消耗并不同步增长，而开始呈下降趋势。从生态现代化理论来看，通过发展低碳经济大幅度提高资源生产率和环境生产率，完全可以实现用较少的水、地、能、材消耗和较少的污染排放，换来人类经济社会的进一步发展。

其三，环境库兹涅茨曲线理论。生态现代化理论初步证明了人类发展低碳经济的可能性，但从高碳经济到低碳经济的转型并非一帆风顺。美国普林斯顿大学的经济学家 G. 格鲁斯曼和 A. 克鲁格经过研究发现，环境污染物的变动趋势与人均 GDP 的变动趋势之间呈倒 U 型关系，提出了环境库兹涅茨曲线假说。他们认为经济发展和环境压力呈现如下关系：经济发展对环境污染水平有着很强的影响，在经济发展过程中，生态环境会随着经济的增长、人均收入的增加而不可避免地持续恶化，只有人均 GDP 达到 20000 美元左右时，环境污染才会反而随着人均 GDP 的进一步提高而下降。这是因为在人均 GDP 超过20000 美元后，劳动力成本已经大幅度提高，已完成工业化进程进入后工业社会，于是经济增长只能转变成发展第三产业、金融业，所以，整个国家的状况变成经济发展和环境优美，如瑞士、日本等国。这也就是说，在经济发展过程中，环境状况先是恶化而后得到逐步改善。那么，人类从高碳经济到低碳经济的转型轨迹必然也要经历这样一个过程。因此，人类通过相关的制度创新、技术创新和生态创新尽管不能改变倒 U 型轨迹，但可以努力削减倒 U 型轨迹的峰值，并促进倒 U 尽早经过拐点。

其四，"城市矿山"理论。"城市矿山"的概念，是由日本的南条道夫教授提出来的，它是指蓄积在废旧电子电器、机电设备等产品和废料中的可回收金属。按照"城市矿山"理论观点来看，比如，日本国内黄金的可回收量为6800 吨，约占世界现有总储量（4.2 万吨）的约 16%，超过了世界黄金储量最大的南非；银的可回收量达到 6 万吨，占全世界总储量的约 23%，超过了储量世界第一的波兰。他们认为，目前这些"城市矿山"资源大多是使用完后被丢弃的废品，而城市中这样的废品数量巨大，因而被称为是沉睡在城市里的"矿山"，从某种意义上讲，它比真正的矿山更具价值。[①] 因此，进一步论证了"废物是放错地方的资源"的观点。实际上，这个理论与我国提出的"再生资源综合利用"和循环经济中的"静脉产业"理论是相一致的。这就为我们依靠技术创新和政策支持加强再生资源利用，提高能源效率，实现高碳经济向低碳经济转变，提供了重要的理论依据。

作者认为，对于低碳经济概念当前我们应该主要关注以下四个方面，我们可以从这四个关键字：节、减、替、吸，来理解和把握。这四个方面基本上涵盖了低碳经济所要求的内容。

第一，节。就是指节能以及如何节能。我们主要是通过提高能源使用效率来节能，通过新的技术、新的产品，同时淘汰落后的技术。比如，节能电器（包括照明）、小排量汽车、智能电网都具有节能概念。智能电网应该是未来一个五年计划重点投资对象之一，智能电网可以大大提高输变电效率，降低电力输送损耗。至于淘汰落后产能，发改委和工信部一直在做，从高层的态度来看，淘汰落后产能一定还会加大力度，特别是钢铁行业，大量淘汰落后产能的

---

① 冯之浚等. 低碳经济的若干思考［J］. 中国软科学，2009（12）.

小钢铁厂，加大钢铁行业的重组。另外，如新材料的使用同样可以达到节能的效果。比如，新的建筑材料的使用，新的传导材料的使用等。

第二，减。即减少排放。减排主要通过两种方式：一是利用新技术使得排放量本身降低。比如，碳捕获技术、清洁煤技术就可以大量降低排放量；二是通过治理手段来达到减排的效果。比如，行政问责和经济处罚手段来实现减排。

第三，替。就是用新能源来替代目前的化石能源。当前，替代能源主要包括如下几类：水电、核电、风电、光伏发电、生物质能发电、地热能、氢能等。现在看来，这里面最有前途的就是核电、风电和光伏发电，但现在最为成熟的是核电。因此，在中国核电应该是最有前途，但风能和光伏发电在技术上如果能够实现突破，也将有很大的发展空间。风能当前主要受地域限制，而太阳能主要是存在效率问题。新能源产业链的延伸还有新能源汽车、太阳能产品等。

第四，吸。就是减少大气中二氧化碳的含量，即通过植树造林来达到增加对二氧化碳的吸收能力。我们要大力增强森林、草原、耕地碳汇能力，来实现捕获和减少二氧化碳的目的。

三、发展低碳经济　积极面对新挑战

发达国家之所以要积极发展低碳经济，作者认为主要基于如下考虑：一是由于发展中国家人口众多，若都按照发达国家标准来发展，地球环境无法承受，地球气候变暖必然危及自身的生存环境；二是通过发展低碳经济从战略上可以遏制发展中国家继续发展，以控制环境的继续恶化；三是通过对碳排放的控制，发达国家可以从发展中国家购买碳排放量来维持自身的运行，而对碳排放的控制完全可以通过资本市场来实现。在这种理论角度下碳交易和哪种货币捆绑、哪个市场对碳交易作用越大、谁制定的规则就决定了谁坐庄。这是国家战略层面的东西，美元现在捆绑了石油，这种格局现在有崩溃的征兆。欧洲人希望将碳交易与欧元捆绑，我国这次也要努力在发展低碳经济这个竞争中赢得主动。从某种意义上说，我们需要站在国家博弈的高度去看低碳经济的发展问题。

第一，在后危机时代，发展低碳经济已成为世界各国应对全球气候变化、保障能源安全的基本途径和战略选择，我国要积极跟进这一世界潮流。美国、日本、欧盟等发达国家或地区纷纷向低碳经济转型。这是由于在信息时代之

后，下一个科学技术所带动的经济增长点就是新能源技术，基于对人类传统能源耗尽的预测，基于能源是国家的命脉的认识，谁掌握了新能源，谁就掌握了未来经济的话语权。因此，欧美国家不约而同地选择新能源技术作为发展低碳经济的切入点。当前，在新能源和可再生能源开发利用方面投入巨大，这将引领人类社会进入绿色、智能和可持续发展的新时代，为生产力发展打开新的空间，催生战略性新兴产业，推动全球产业结构的新变革。2009 年 4 月，奥巴马在美国科学院的演说中指出，20 世纪，美国之所以领导了世界经济，是因为美国领导了世界的科技创新。他提出要重塑美国科技的领先地位，为未来50 年繁荣奠定基础，并承诺将 R&D 投入提高到占 GDP 的 3％。2009 年 9 月，美国政府出台《美国创新战略》，阐释了清洁能源、电动汽车、信息网络和基础研究等领域的新战略。美国总统奥巴马在 2009 年 9 月联合国气候变化峰会上的讲话中又明确指出，"我国政府正在对可再生能源进行有史以来规模最大的投资——力争在 3 年内将风能和其他可再生能源的发电能力提高一倍。在全美各地，创业者正在利用贷款担保和抵税优惠，组装叶轮机和太阳能板以及供混合动力车使用的电池——这些项目创造了新的就业机会和新兴产业。我们还投资数十亿美元减少我们的住房、建筑和电器的能源浪费——同时，帮助美国家庭节约能源费用。"

我国也明确把发展低碳经济作为促进经济增长、实现节能减排、应对气候变暖的主要着力点。并且，已把发展低碳经济纳入国民经济和社会发展的第十二五规划中。从调整能源结构、建设可持续能源体系目标出发，根据我国能源结构以煤为主的实际情况，据计算，每燃烧一吨煤炭会产生 4.12 吨的二氧化碳气体，比石油和天然气每吨多 30％和 70％。因此，一方面要加强煤的清洁高值综合利用、煤转天然气和煤制重要化学品技术研发，着力发展节能减排和低碳技术，提高能源利用效率，大力发展节能建筑、轨道交通和电动汽车技术；另一方面要在大力发展可再生能源与先进核能等清洁能源的同时，加快专项技术研究和系统集成，比如，在十二五期间，要积极构建覆盖城乡的智能、高效、可靠的电力网络系统。

在此基础上，我国在"十二五"规划中还将引入碳排放强度指数，并积极推动低碳示范。上海世博会向全世界展示了中国大规模应用太阳能技术，使人们逐渐认识和体会到太阳能技术给生活带来的变化。在世博会期间，太阳能技术在中国馆、世博中心、主题馆和南市电厂等大面积使用，我们看到大量的太阳能电池将安装在屋顶、玻璃幕墙上，与建筑融为一体。据计算，建成后的太

阳能总装机容量约为 4.6 兆瓦。世博园区光伏建筑一体化系统年平均发电约为
408 万千瓦时，可减排二氧化碳 3330 吨。见表 7-1。

表 7-1　上海世博会光伏建筑一体化应用

应用地点	应用规模 （兆瓦）	光伏组件类型	年均发电量 （10^4 千瓦时）	减排二氧化碳量 （吨/年）
中国馆	0.3	双面玻璃光伏组件、单晶硅光伏组件	27	225
主题馆	2.8	大面积透光型、与屋顶一体化和防水型光伏组件	246	2010
南市电厂	0.5	非晶硅光伏、多倍聚光和常规光伏组件等	45	365
世博中心	1.0	光伏遮阳组件、常规光伏组件	90	730
合　计	4.6		408	3330

第二，低碳经济已经成为世界各国政治制衡和经济博弈的重要砝码，我国
要积极应对全球碳政治这个新课题。在欧盟的积极推动下，科学家首先建构了
全球气候变暖与全人类毁灭之间的科学联系，然后再建构出人类活动与气候变
暖之间的科学关系，而人类活动与全人类毁灭之间的中介环节就是二氧化碳排
放导致气候变暖的"温室气体效应"的科学理论。这样一套科学话语的建构必
然导致全球"碳政治"的兴起，即必须控制人类经济社会活动中会导致全人类
毁灭的"碳排放"。正是在科学话语与政治权力的互动中，环保问题被转化为
全球气候问题，而气候问题被进一步转化为"碳排放"问题。为此，国际社会
在 1997 年制定了可操作性的《京都议定书》。在《京都议定书》法律文件中，
人们已经把环境问题转化为气候问题并进而在技术上转化为二氧化碳的排放问
题，从而在政治经济层面上各国围绕"碳排放权"展开了全球博弈，由此形成
全新的"碳政治"。

《京都议定书》最具有创造性的法律贡献就在引入了市场经济的机制，使
得在碳排放问题上的实质减排变成了一场围绕"碳排放权"展开的全球贸易。
其中规定了三种交易机制：

其一，排放贸易机制（ET）。一个发达国家将自己超额完成的减排义务指
标以贸易的方式转让给另一个未能完成减排义务指标的发达国家，出让方自然
要从其排放额度中扣除卖出去的额度。

其二，联合履行机制（JI）。一个发达国家向另一个发达国家以技术和资金投入的方式实现减排的项目，由此实现的减排额度可以转让给投入技术和资金的缔约方。

其三，清洁发展机制（CDM）。发达国家向发展中国家进行资金和技术投资实现减排目标的项目，由此产生的减排任务算作发达国家的减排额度。这一个机制被看作是发达国家与发展中国家之间"双赢机制"，发展中国家无偿获得了资金和技术投资，而发达国家以低廉的成本实现了法律要求的减排额度。

正是通过法律建构，"碳排放"这样一个人类实践活动就变成一种抽象的、可分割、可交易的法律权利。国际条约将"碳排放权"分配给国家，并规定国家之间进行"碳排放权"交易的规则。由于国家可对这些"碳排放权"进行地域或行业分割，从而最终将其分配给每一个企业，由此出现市场主体之间的商业交易，形成了一个复杂的全球碳排放权的交易市场。而当金融工具进入这个交易市场之后，就产生了专门的"碳金融"。

世界银行的统计显示，从 2005 年《京都议定书》生效之后，全球"碳交易"的总额从最初不到 10 亿美元，增长到 2008 年的 1260 亿美元。其中，金融衍生工具带来的交易量也在不断上升。从金融衍生工具在美国房地产市场中发挥的威力，人们可以预计到它在大规模进入"碳交易"市场之后的景象。而资本力量进入无疑会为"碳政治"提供更大的动力。在这种金融资本催生的泡沫后面，真正获益的将是掌握新能源技术的企业集团，而英国、法国、德国和北欧等欧洲国家在核能、太阳能、风能等方面无疑是全球新能源技术的引领者。

我国虽已加入《京都议定书》，但由于中国的发展中国家地位，属于不承担减排义务的"非附件一缔约方"国家。由此，目前中国是《京都议定书》的受益国。国内最近开始热炒"碳交易"仅仅指的是通过 CDM 机制进行的碳交易。据统计，在发达国家要实现减排的成本在 100 美元/吨碳以上，而在中国实现减排的成本仅仅是 20 美元/吨碳，这种巨大的成本差异使得中国这样的发展中国家成为发达国家通过 CDM 实现减排义务的庞大市场。中国之所以在 CDM 方面占据如此巨大的市场，一方面，是由于中国的强大实力使得在谈判中比较容易获得发达国家的 CDM 投资项目；另一方面，又是由于中国很快熟悉了这一整套的申请程序规则。

一旦把"碳政治"纳入到国际法中，就需要提出对我有利的法律标准和技术标准，并把这些标准的提出建立在一套科学话语、技术话语和法律话语之上。在"碳政治"中，如何测量和计算"碳排放"，根据怎样的公式来计算每个国家的排放量，碳排放量与经济发展相匹配的计算公式等等无疑是技术关键。为此，我们需要提出一套关于统计和计算的方法学，既要有理论，又要有公式，还要有数据。只有这样才能将一套政治话语转化为技术语言，在国际谈判中提出有利于自己的标准。比如，目前各国"碳排放"的基数计算都以国家为单位，甚至以 GDP 为单位计算，按照这种计算方式，中国的碳排放量仅次于美国，中国由此遭受到越来越巨大的压力。但是，如果我们提出一套新的计算方法，按照人均碳排放量计算，中国目前在世界上排名就会大大靠后。为此，我们就需要给这套新的计算方法提供一套法律和技术话语，我们完全可以借助西方人所熟悉和理解的"自然法"理论。按照这种理论，整个大气属于上帝赋予全人类的公共财产，那么地球上的每个个体都具有平等的"碳排放权"。在确保全人类安全的范围内，每个人享有的"碳排放权"是平等的。按照自然法逻辑，每个国家究竟应当排放多少二氧化碳，其计算公式就应当是全球平均每人的排放量与国家人口总和的乘积。

目前，全球"碳政治"刚刚开始，中国从一开始就参与其中，对规则的熟悉和掌握程度不亚于西方国家。但是，中国能否在未来国际谈判中成为法律规则和技术标准的制定者，无疑是对中国政治家统领能力的考验，是对中国综合实力的考验，是对中国能否成为国际社会的领导者的考验。由此，目前西方主导的"碳政治"对正在崛起的中国而言，与其说是一个压力，倒不如说是一个考验，更不如说是一个绝好的机会。

中国必须在未来的低碳经济战略中意识到建立碳市场的重要性。在未来的全球碳市场中，中国同样面临着在国际石油市场中丧失定价权的前车之鉴。由于没有自己的交易体系，所以自然无法获得相应的定价权；而没有相应的碳市场的规则、制度，自然无法建立自己的碳市场。因此，我国需要充分认识到碳交易的重要意义。我们要结合中国经济发展的现状，设计合理的碳交易金融机制。2008 年 11 月，我国首部《中国碳平衡交易框架研究》报告在北京公布。环保部副部长、中国环境文化促进会会长潘岳同时在《中国碳平衡交易框架研究》研讨会上指出，高碳模式将严重制约我国未来的发展，低碳经济将成为建设生态文明的重要突破口。该报告建议：我国应建立以省级为单位的"碳源—碳汇"交易制度。课题对我国 31 个省（自治区、直辖市）的碳平衡状况，即碳源量与碳汇量进行了统计分析。碳排放量高的生态受益区在享受生态效益的同时，拿出一部分经济效益，对生态保护区，即削除碳的省份进行补偿。这实际上是将碳源排放空间作为一种稀缺资源，碳汇吸收能力作为一种收益手段，利用我国区域间碳源和碳汇拥有量的差异，通过有效的交换形式，形成合理的交易价格，使生态服务从无偿走向有偿。

第三，针对一些发达国家提出对发展中国家出口产品征收碳关税，我国要积极研究新对策。碳关税，是指对高耗能的产品进口征收特别的二氧化碳排放关税。这个概念最早是由法国前总统希拉克提出的，它主要是在欧盟碳排放交易机制运行后，对未遵守《京都协定书》的其他国家课征商品进口税，防止欧盟国家所生产的商品遭遇不公平竞争，尤其是欧盟境内的钢铁业及高耗能产业。可见碳关税最初是出于保护目的，当然在客观上也有助于减少世界二氧化碳的排放量。

美国众议院在 2009 年 6 月 26 日通过的《美国清洁能源安全法案》，授权美国政府今后对因拒绝减排而获得竞争优势的国家的出口产品征收碳关税。该法案从 2020 年开始实施。针对美国的碳关税法案，作者认为，一方面，表明美国政府试图以绿色产业带动国内经济复苏，进而着眼在危机过后抢占未来产业制高点，成为产业主导者、规则缔造者、定价权控制者，这是因为美国本身在新能源技术及产品方面有很大优势；另一方面，表明美国政府在国际上为气候谈判增加筹码，迫使中国、印度、巴西等发展中大国让步。碳关税可以说是实现这一系列目标的手段。美国这一做法无疑遭到世界上大多数国家的强烈反对，这是一种既阻碍全球自由贸易的推进，又扰乱世界经济正常发展的错误法案。

尽管我国商务部在 2009 年 7 月 3 日表态称，在当前形势下提出实施碳关税只会扰乱国际贸易秩序，中方对此表示坚决反对。并指出，征收碳关税违反了世界贸易组织的基本规则，是以环境保护为名，行贸易保护之实。这种做法违反了 WTO 基本规则，也违背了《京都议定书》确定的发达国家和发展中国家在气候变化领域"共同而有区别的责任"原则，严重损害了发展中国家的利益。但是，我国已经不可能躲在发展中国家群体中了，而是会被发达国家单独挑出来给予重点关照。针对这一新问题，我们认为，与其让美国人、欧洲人征收我们的碳关税，去补贴他们的企业，不如我们自己先开征碳税。这是因为碳税与碳关税，有很大的差别。碳税是指针对二氧化碳排放所征收的税。它以环境保护为目的，希望通过削减二氧化碳排放来减缓全球变暖。比如，碳税通过对燃煤和石油下游的汽油、航空燃油、天然气等化石燃料产品，按其碳含量的比例征税来实现减少化石燃料消耗和二氧化碳排放。因此，相对于碳关税来说，碳税可由一国自主决定征收水平，只要是针对国内外产品普遍征收，就不会违反 WTO 的非歧视原则。征收碳税，一方面，可以避免碳关税可能存在的贸易保护倾向；另一方面也可照顾各国由于不同的经济发展阶段而导致碳排放承受能力的差异。

对我国来说，我们可以通过所得的碳税收入再用于企业的节能减排技术研发和利用的补贴，促使我国的经济结构实现从高碳模式向低碳模式的快速转变。

总之，要加快低碳经济的发展，离不开我们坚持不懈地努力。从长期来看，要在坚持强化低碳政策的情景下，到 2050 年基本实现社会经济发展与 CO_2 排放的完全脱钩，达到大幅度减排。从中期看，通过采取强有力的政策和措施，到 2020 年努力实现 GDP 二氧化碳排放强度比 2005 年下降 40%～45% 的目标。从短期看，应该在十二五规划中采取切实可行的措施，实现既定目标。

第二节　加快我国低碳经济发展的重要举措

中国作为一个最大的发展中国家，本着对本国人民、对全人类利益高度负责的态度，统筹考虑经济发展和生态建设、国内与国际、当前与长远的关系，采取了一系列积极的措施推行低碳经济、应对气候变化。近年来，我国在调整经济结构、节约能源、提高能效、淘汰落后产能、发展可再生能源、优化能源结构等方面采取了一系列政策措施，尽管单位国内生产总值温室气体排放强度在降低，但排放总量确实在增加。这是由于我国是发展中国家，我们还要发展经济，改善人们的生活，在工业化和城市化过程中温室气体排放合理增长是必然的。因此，为了应对气候变化，我国按照低碳经济低能耗、低排放、低污染的要求，调整投资、出口和消费这三驾马车的重点和方向，进一步采取措施，破解日益突出的资源能源环境难题，促进经济社会朝着生态文明的方向发展。

一、调整能源结构，发展核能和可再生新能源

我国二氧化碳排放量很大，原因在于我国使用的一次能源里煤的比例比较大，其燃烧形成大量的温室气体。因此，优化能源结构，实现到 2020 年实现

非化石能源占一次能源消费的比重达到 15% 左右，到 2050 年新增能源需求主要由可再生能源和核能来满足。这样就可以有效地降低二氧化碳的排放。

一是要逐步降低煤炭消费比例，大力开发应用清洁煤技术，提高能源转化效率。目前，我国总的能源特征是"富煤、少油、缺气"。煤炭在中国能源结构中占很大比例，占我国各种化石燃料资源总储量的 95% 以上，其储量居世界第三位，产量居世界第一位，占世界总产量的 24.4%。鉴于我国煤炭资源丰富，在一定程度上造成了我们对煤炭的过度依赖。在能源消费结构中，煤炭所占比例一直维持在 2/3 以上，长期形成以煤为主的能源消费结构，而燃煤产生的污染物约占全部大气污染物数量的 70%。因此，如何合理利用煤炭资源，研究开发先进的清洁煤技术，对于减少二氧化碳排放具有重大的现实意义。清洁煤技术是减少污染物排放和提高能源利用效率的煤炭加工、燃烧、转化和污染控制等新技术的总称。目前，我国的清洁煤技术主要包括煤制甲烷、煤炼油、煤制烯烃、煤制甲醇、二甲醚技术等。为此，我们要控制煤炭的过度开采与消耗，大力开发先进燃煤发电技术，提高煤炭转化效率；大力推进热电、热电冷联供等多联产技术，以及煤的液化和气化技术，集约、高效、清洁地利用煤炭资源，提高我国煤炭资源的综合利用效率。

二是大力发展低碳能源。低碳能源是低碳经济的基本保证，与化石能源相比，核能和可再生能源是低碳能源，对推进低碳经济起了很大的作用，我国应重点开发。

在所有的能源中，二氧化碳排放量最低的是核能。核能在各国能源结构中所占的比例也是不同的，全世界平均为 16%，其中法国的核电比例较大，高达 80%。我国也要逐步加大核电站的建设，争取在较短时间内发展成为我国能源的重要组成部分之一。在 2007 年，我国核电只占总供电量的 1.2%，我们的目标是，到 2020 年时，核电将占总电量的 5%，到 2030 年，这一数据将达到 10%。我们希望中国的能源结构实现三分天下的结构，即煤炭占 1/3，油气占 1/3，低碳能源占 1/3，实现能源供应的多元化、清洁化和低碳化。

目前，我国已经商业化运营的核电站均采用二代或经改良的二代（二代半）核电技术。今后，在成熟技术和国际经验的基础上，我国新建核电站将采用世界领先的第三代核电技术，发展自主设计的百万千瓦级的压水堆核电站。此外，随着核聚变技术的发展，产生了第四代核电技术。第四代核电站将采用可控的核聚变技术替代现有的核裂变技术，其安全性和经济性更加优越，废物量极少，无需厂外应急，并具有防核扩散能力。2007 年，我国加入了国际热核聚变实验堆（ITER）组织，不仅使我国在核聚变研究方面进入世界最前沿，也为我国自主地开展核聚变示范电站建设奠定了基础。所谓核聚变技术就是利用氘和氚原子核的聚变反应，实际上就是人造太阳。核聚变反应将释放巨大的能量，据测算，每升海水中含 30mg 氘，通过聚变可释放出相当于 3000 多升汽油的能量。如果我们把海水中存在的 45 亿吨氘，用于核聚变提供能量，按世界目前的能耗水平，足以满足未来几十亿年的能源需求。

目前，可再生能源中的风电和和光伏发电发展最快，技术日趋成熟。风电产业是发电成本最接近常规能源发电新能源产业，因此，目前全球风电装机容量正在以每年 20％～30％左右的速度快速增长，全球累计风电装机最多的前五个国家分别是美国、德国、西班牙、中国和印度。预计到 2020 年风力发电将满足全球电力需求量的 11.2％～11.6％，到 2030 年将满足全球电力需求量的 19.7％～24％，成为主要的能源形式之一。我国的风能资源主要集中在北方，特别是西北地区，据估计，我国风能资源总量约为 7 亿～12 亿 kW，年发电量可以达到 1.4 万亿～2.4 万亿 kWh。我国风力发电发展迅速，预计到 2020 年全国风电装机容量有望达到 15 万兆瓦，规模将是 2008 年的 15 倍。

太阳能光伏发电技术是利用半导体材料的光电效应将太阳直接转化为电能的一种技术形式。过去 10 年里，世界光伏产业的平均增长率达到 38％，已成为世界上发展最快的产业之一。根据国际权威部门预测，2030 年光伏发电将占到世界能源供给的 10％左右，2050 年以后逐步成为最主要的能源形式。目前我国光伏产业进入高速增长期，连续 5 年年增长率超过 200％，成为世界太阳能电池的第一大生产国。中国的太阳能资源集中在青藏高原和西北地区，如果在占全国总面积 2％的戈壁和荒漠面积（2 万平方公里）及 20％的屋顶面积装上光伏发电，年发电量可达 2.9 万亿 kW。此外，太阳能聚热发电也是利用太阳能发电的一种形式，主要是通过换热装置将采集到的太阳能转换成热能并释放蒸汽，再结合传统汽轮发电机将热能转换成电能，但转化效率相对较低。因此，目前尚处于研发阶段，不具备大规模应用的条件。

可再生资源还包括生物质能，它是目前应用最为广泛的可再生能源，在未来的可持续能源系统中占有重要地位。生物质能的转化技术包括直接氧化、压缩成型、热化学转换和生物转化等。当前国内外生物质能开发利用的主要方式包括：生物质液体燃料（燃料乙醇、生物柴油）、生物沼气、生物质发电和生物质成型燃料。我国现有生物质资源总量为 5.4 亿吨标煤，实际可用于能源的有 2.9 亿吨标煤（发电燃料和民用沼气等），估计到 2030—2050 年最高可达

14 亿吨标煤，可供清洁化利用的有 8.9 吨标煤。

三是建立起与可再生能源发展相适应的智能电网系统。随着低碳能源在能源供应中的比重越来越大，对电网的基础设施和调度能力提出更高的要求。一是要建设坚固的电网骨架，扩大资源配置的范围，将风电、核电等新能源基地的电力输送出来。二是要提高配电网对供需信息变化的反应能力，特别是和电动汽车、蓄能装置利用等需求侧管理结合起来，增加可再生能源消纳能力，提高利用可再生能源的能力和效率。

四是大力发展电动汽车、燃料电池等新能源汽车，控制石油消费的过快增长。全球汽车业的"低碳"时代正在悄然来到。据国际能源署（IEA）2008 年的报告预测，到 2030 年，全球石油消耗的 57％将发生在交通领域。另有数据表明，一辆车年平均耗油约为两吨，每年排出的二氧化碳大约为 5000 公斤，同时产生其他大量有害气体。因此，新能源汽车是国际汽车产业发展的主要方向，欧盟制定了严格的限制二氧化碳排放量的目标，即到 2012 年，各汽车厂家生产的全部产品平均二氧化碳排放水平要由 160 克/公里减少到 120 克/公里。比如，2009 年的车展环保主题比往届更高调：宝马、奔驰、标致等巨头都带来了最新的新能源技术、柴油车型或改款新车，这些车要么实现了零排放，要么将二氧化碳排放量控制到了更小的范围内。

目前，我国已将发展新能源汽车产业当作调整和提升汽车业的重要方向。根据科技部的规划，到 2012 年国内将有 10％新生产的汽车是节能与新能源汽车。中国已制定了《节能与新能源汽车技术政策》，该政策内容不仅涉及传统汽车节能的技术标准，还包括了电动车在内的新能源汽车的技术标准。

二、加快建立低碳经济所要求的技术体系

应对气候变化要靠技术，技术创新和技术转让是应对气候变化的基础和支撑。然而，为什么低碳技术的研发和利用并不像我们想象的那么容易？作者认为，原因就在于当今世界的一个重要特征：对化石能源系统高度依赖的技术，为人类进入现代社会奠定了重要的基础，并已成为现代社会的主导技术，这就导致了人类对技术锁定和路径依赖，必将阻碍低碳技术的发展。因此，在后京都时代，发展低碳经济所需要的技术，解除技术锁定，并推广利用自主创新的绿色技术，才是企业替代高碳经济模式的关键所在。

另外，在发展低碳经济的道路上，后发国家是否具有技术后发优势而率先从高碳经济发展模式转向低碳经济发展模式？答案可能是否定的。这是因为许

多发展中国家都把发达国家作为自己现代化的样板，而努力学习和模仿发达国家的发展模式，这其中就包括相关的技术体系。这样，一方面，发展中国家普遍缺乏进行低碳技术研发的资金和能力；另一方面，发达国家自身的低碳经济转型，往往通过投资和技术转移，推动高碳经济的技术扩散，使许多发展中国家成为高碳经济技术的接收者。特别重要的是，从当前来看，低碳经济的技术体系目前正在研发和初步利用阶段，发展中国家不具备实现技术的超越的条件。

我国经济由高碳模式向低碳模式转变的最大制约，是整体科技水平落后，技术研发能力有限。尽管《联合国气候变化框架公约》规定，发达国家有义务向发展中国家提供技术转让，但因受一系列壁垒和障碍的干扰，技术转让进展十分缓慢。随着未来国际社会应对气候的变化和环境的治理，非常有必要寻求通过制度化的手段，来推进发达国家向发展中国家的技术转让，积极帮助发展中国家提高低碳经济的技术水平。因此，对我国来讲必须坚持两条腿走路，对外要积极争取资金和技术援助，对内要加大自主创新的力度，加快技术研发的进程。当前的技术开发主要有：废旧产品与废弃物的回收、循环利用、再生利用以及无害化技术开发，资源效率最大化的技术开发，替代高碳能源的技术开发，资源循环利用技术、物质循环减量化技术开发，环保产业技术，清洁生产技术，以及可再生能源开发等。

当前，我国要整合市场现有的低碳技术，并推广应用先进成熟技术，提高促进低碳经济发展的技术水平。因此，政府要理顺企业风险投融资体制，鼓励企业积极开发先进低碳技术。比如，对于不断取得重大突破的新能源技术、生物技术以及相关的新产品、新产业，政府要加大支持的力度，这是因为在未来一段时期内，这些领域的技术将成为推动全球发展的新的动力。另外，应该在生产领域广泛使用节能减排的技术。比如，通过 ERP、流程再造等节能减排，通过引入碳转化、碳锁定、碳捕捉等绿色技术实现节能减排。同时，政府还要把好新建项目和产品关口，严格执行并逐步提高低碳标准，淘汰落后产业和产品，鼓励低能效产品以旧换新。比如，在北京筹备奥运会期间，我国企业通过引进一项循环再生技术：将回收的废旧矿泉水等饮料瓶进行树脂切片，然后进行饮料瓶再造。这项新技术可形成再生瓶级聚酯切片循环产业链，其中包括回收旧饮料瓶、专业分拣打包、深层净化、变成再生瓶切片，与原生聚酯切片混合，经过瓶坯厂铸坯，饮料罐装进入消费市场，消费后再回收，循环往复，不断利用。这家厂每年可为北京减排二氧化碳 15 万吨，节省石油 30 万吨，折合标准煤约 6 万吨，节约汽油 6500 万升。这样才能从技术上减少全球的二氧化碳总量。

"十二五"期间，我国应大规模推广应用目前成熟先进的能效技术、节能建筑、太阳能热利用、热电联产、热泵、超临界锅炉、二代加核电、混合动力汽车等；着手安排部署新一代低碳技术的研究开发和示范运营，如三代核电、风电、电动汽车、IGCC、太阳能光伏发电技术，加快其商业化进程。同时，还要加强对四代核能、CCS、太阳能热发电、二代生物燃料、先进材料等技术的基础研究。在此基础上，我国应加强与发达国家在控制温室气体排放关键技术的交流合作，比如，碳捕获与封存技术、生物固碳技术等，共同构筑全球能源资源和生态环境的技术合作平台，一方面，促进发达国家对中国的技术转让；另一方面，我们要加强消化吸收和创新，形成互利共赢、技术共享、资源集成的局面。

三、应用物联网技术，发展现代低碳产业

发展物联网是加快低碳经济发展的一个突破点。物联网，英文称为"The Internet of things"，也就是"物物相连的互联网"，由于它是以传感设备为基础形成的，因而也被称为"传感网"。物联网就是通过射频识别（RFID）、红外感应器、全球定位系统、激光扫描器等信息传感设备，按约定的协议，把任何物品与互联网连接起来，进行信息交换和通讯，以实现智能化识别、定位、跟踪、监控和管理的一种网络。所有这些技术融合到一起，就形成了物联网，将世界上的物体从感官上和智能上连接到一起。这里有两层意思：第一，物联网的核心和基础仍然是互联网，是在互联网的基础上的延伸和扩展的网络；第二，其用户端延伸和扩展到了任何物品与物品之间，进行信息交换和通讯。这是更全面的互联和互通，可实现个人、组织和政府储存的信息交互和共享，从而对环境和业务状况进行实时监控。

要实现物联网构想中物品与计算机之间的自动化沟通和交流，其关键就是射频自动识别（RFID）技术，RFID 标签中存储着识别信息和信号接收器，通过无线数据通信网络把它们自动发送到中央信息系统，进而通过网络实现信息的交换和共享，以及对设备的统一管理。传感器技术可以帮助探测收集物体物理状态感变的能力，在连接物理世界与虚拟世界上起到了关键的桥梁作用，它使得物体能够对周围物理世界环境的改变做出反应。如在北京，西门子总部里面所有的灯光都是智能控制的，员工在进入办公室后，头顶上的灯自动打开，

离开位置后头顶上等则自动关闭。如果外面的阳光太强烈，窗帘则会自动拉下，各个光源都是通过自动感应设备连接到电脑上，由电脑进行操控，实现了最大限度的节能。

据权威部门预测，物联网用途广泛，遍及智能交通、环境保护、公共安全、平安家居、智能消防、老人护理、工业检测等许许多多领域。其一，物联网在智能电网中的应用，提高电网利用率。因发电与用电量不匹配，电网利用率很低，美国仅有55%，每年损失790亿美元。2009年美国政府出资34亿美元并带动民间投资47亿美元，建立"智能电网投资基金"。智能电网使用双向通信、高级传感器和分布式计算机来改善电力交换和使用的效率，提高可靠性。这样发电量不平稳的风电、太阳能等就可以并网发电。此外，智能电网实时监控用户的电力负荷，赋予消费者选择电价和能源类型的权利。其二，物联网在智能交通中得到应用，可以减少交通事故。如果在汽车上安装射频识别器，可提前3秒钟预警，能有效避免交通事故发生；可提前1.5秒钟提醒驾驶人员从而防止90%的事故；还能提前0.5秒钟刹车，从而减少50%的碰撞能量，减轻事故造成的不良后果程度。其三，物联网在物流业的广泛应用，可以明显降低物流成本。物流业通过使用分析和模拟软件，可以优化从原材料至成品的供应链网络，帮助企业确定生产设备的位置，优化采购地点，制定库存分配战略，降低成本，减少碳排放，改进客户服务。比如，中远物流公司采用了信息化管理，成功地将分销中心的数量降低了25%，碳排放量减少10%～15%。其四，物联网在智能医疗上的应用，可以促进医疗服务。美国提出，在未来10年内，使大多数美国人都拥有自己的电子医疗信息，里面存有自出生起所有的医疗信息。[①]

到2020年，世界上物物互联的业务，与人与人通信的业务相比，将达到30：1。我们要抓住当前的大好时机，立足提高自主创新能力，加快构建"中国物联网"，推动我国物联网大发展，是我们应该十分重视的问题。2009年8月7日，温家宝总理在江苏无锡调研时，对研发"物联网"关键技术的微纳传感器研发中心予以高度关注，提出要把传感网络中心设在无锡、辐射全国的想法。温家宝总理指出："在传感器发展中，要早一点谋划未来，早一点攻破核心技术"，"尽快建立中国的传感信息中心，或者叫'感知中国'中心。"

① 徐匡迪. 转变发展方式，建设低碳经济 [J]. 上海大学学报（社会科学版），2010（4）.

四、转变观念，倡导低碳的生活方式

目前大家普遍认识到，导致气候变化的过量二氧化碳排放是在人类生产和消费过程中造成的，因此，要减少碳排放就要相应转变人类的生产和生活方式。低碳生活概念的提出，反映了人类因气候变化而对未来产生的担忧，表明大家对此问题的共识日益增多。低碳生活理念的主旨可以概括为"适度吃、住、行、用，不浪费，多运动"。这与当前世界流行的高消费的生活方式相悖，它意味着人类必须拿出足够的政治勇气和能力来改变我们的生活习惯。低碳生活向人类提出的是前所未有的问题，没有现成的经验、理论与选择模式，我们唯一的选择就是创新，创新我们的生活模式，以保护地球家园。

首先，政府通过宣传教育，营造良好的社会氛围，引导大家适度消费和低碳消费。政府及有关部门应该让公众知道和认识到在地球气候日益变暖的今天，低碳生活是一种更好的生活方式。在全社会大力提倡低碳生活，促使大家从自己的生活习惯做起，控制或者注意个人的碳排量，鼓励居民在日常生活中选择低碳产品；反对和限制盲目消费、过度消费、奢侈浪费和不利于环境保护的不良消费。比如，在居民长距离出行时，倡导减少私家车的使用，鼓励乘搭公交车；短距离出行时，鼓励使用自行车或者步行。进一步弘扬节约是美德的观念，养成生活中水电的节约习惯，彻底改变与节能减排背道而驰的陋习。同时采取一些措施来营造低碳生活环境、促进公众改变生活方式。近年来，太原、保定等城市通过制定实施涉及各个行业的绿色标准、印发低碳生活手册等方式，在引导市民生活方式方面取得了明显效果。

其次，通过减免税收、提供财政补贴等措施引导消费者低碳生活。我们认为，在全社会刚开始提倡低碳生活的时候，国家尤其要用好税收和财政补贴资金这些经济手段。比如，通过降低购置税，鼓励引导消费者购买小排量汽车；通过财政补贴，支持推广新能源汽车应用试点；为促进节能减排，通过财政补贴，鼓励汽车、家电"以旧换新"；通过财政补贴方式，推广太阳能等新能源项目和节能灯、高效节能空调等，这些方面仍需在全社会加大推广和监督力度。

第三，建立健全低碳生活的政策法规体系。一方面政府要出台政策和法规鼓励企业、公民和社会组织实行低碳消费。节能的重要途径之一是半导体LED照明。在我国，如果LED照明能占有1/3的照明市场，每年将节约用电1680亿度（约两座三峡水电站发电量）。随着世界三大照明巨头飞利浦、欧司

朗和通用电气均强势介入 LED 的开发与利用，促使 LED 的价格不断下降而性能逐渐提高。因此，国家应该制定具体的政策措施，从城市街道的路灯改造开始，大力推广应用 LED 照明。比如，通过制定建筑物的节能设计要求，发展绿色建筑，推广节能建材和节能设计，减少建筑物建造和使用过程的能耗；另一方面通过税收等政策手段，抑制消费主体的高碳消费方式。比如，对烟草和高档化妆品等制定严格的高额消费税，促使人们减少这种高碳的奢侈消费。

从根本上讲，提倡低碳消费并不是要降低生活标准，而是要倡导一种环保、人本、和谐的道德价值观。这种价值观合乎时代潮流，顺乎社情民意，是一种科学、文明、健康的消费模式和生活方式。

第三节　推动我国低碳经济发展的战略对策

当前，我国已进入改革开放的"后 30 年"，又赶上了全球"低碳化"这样一个时代，可以说，未来的 30 年既是我国全面建设小康社会的重要战略机遇期，又是加快发展低碳经济的重要关键时期。因此，我们要深刻认识发展低碳经济是一种世界潮流，必须积极应对，抓紧制定加快发展低碳经济的具体对策。

一、将发展低碳经济纳入国家战略体系

发展低碳经济是在可持续发展战略的基础上提出的一种新理念，我们应该把建设低碳发展型社会目标与建设资源节约型和环境友好型社会的目标有机结合起来，作为国家战略理念和战略目标。这是因为低碳经济的发展要求是低能耗、低污染、低排放，发展模式既要循环（比如可再生能源），又要绿色（环境和森林），还要可持续。这就表明，低碳社会发展理念与资源节约型和环境友好型社会主张资源节约、循环利用、减少污染，保护环境的做法是一致的。它们都是我国社会建设生态文明、实现可持续发展的具体目标和要求。因此，应把发展低碳经济作为国家战略来考虑，着眼于未来 30～40 年的国际竞争力来培养，积极制定国家战略层面的低碳经济发展的中长期规划，制定低碳经济发展的具体指标体系，并在当前节能减排考核指标体系的基础上，谋划发展低碳经济的考核指标体系。

一是要建立区域性低碳经济的示范区。我们要和可持续发展试验区、资源节约型和环境友好型社会建设试验区做法一样，建设国家层面的低碳经济社会试验区，大力培育发展低碳型社会。我们可在经济较为发达的地区建立区域性低碳经济示范区，比如长三角区域或珠三角区域，也可在江西省发展生态文明战略的基础上形成低碳经济发展的试验区。在试验区进行探索的基础上，总结正反两方面的经验，然后才能在全国范围的推行。只有这样，才能积极发展低碳经济，增强我国社会长期可持续发展的能力。

二是要确立城市化和低碳化并行发展的战略，培育发展低碳城市。过去30年，城市化和工业化是我国经济增长的重要拉动力。2002年时，全国有5.2亿城市人口，而农村人口有7.82亿。预计到2020年我国实现全面小康社会时，城市人口将达到8.4亿，农村人口减少到6.3亿。城市人口将增长3.38亿，其中，城市人口自然增长只有3800万，而从农村直接转化到城市的人口预计为3亿，这样就基本实现了城市化。因此，城市化仍是未来30年新的增长点。与此同时，我们应确立低碳化的发展模式，走新型工业化道路，实现增长方式的转变和产业升级，建设资源节约型、环境友好型和低碳发展型的和谐社会。比如，从建筑节能的角度来讲，到2020年我国会因为城镇化发展而引起建筑面积量增加，如果能耗不相应降低的话，低碳社会建设就会落空。这是因为现在建筑设计存在很多不合理的现象，在追求设计、外观的同时，忽视了节能，造成其单位面积的能耗比老建筑要大10倍。这就要求我们在城市化过程中，注意低碳化的建设。

三是要实现有效的制度整合，形成社会合力。面对全球气候变化，我们实际上已经很难在原有的经济政治制度框架内解决问题，我们的整体制度需要在考虑气候变化的因素下重新调整、组合。如果没有整合的、有效的制度支撑，低碳社会建设也许可以取得一时一地的效果，但注定是不可推广、不可持续的。因此，我们必须系统地贯彻低碳社会建设的各项政策，实现以低碳为中心的政策与制度的整合，才能有效地建设低碳社会。然而，要实现这种整合，就必然会损失一部分地区、一部分人的利益，甚至造成新的利益冲突。这是因为我国社会经济发展非常不均衡，不同地区、不同行业、不同阶层之间都存在着巨大差别。为此，我们需要加强对全体公民的教育。社会学理论认为，一个社会可持续的重要机制是社会化，通过这个过程使全体社会成员接受并内化现有社会的价值观和行为规范。通过教育，促使全体社会成员达成共识，有利于新制度的建立，有利于新政策的贯彻执行。

二、积极参与有关气候变化的国际谈判和国际规则制定

从近代以来中国进入国际体系中，西方人一直是游戏规则的制定者，而中国只有选择进入或不进入的权利，而很少获得游戏规则的制定权。为此，不少有识之士不断提出中国作为大国要参与到国际事务的游戏规则制定中。目前，全球有关碳政治的国际谈判和国际规则制定刚刚开始，我国能否在未来国际谈判中成为法律规则和技术标准的制定者，无疑是对中国综合实力的考验，更是对中国能否成为国际社会的领导者的考验。可以说，目前西方主导的"碳政治"对正在崛起的中国而言，与其说是一个压力，倒不如说是一个考验，更不如说是一个绝好的机会。

我们应充分认识到，低碳经济势必带来新一轮的全球行业标准的制定，包括行业能耗标准、行业碳排放标准等，这必然会影响到国际贸易，发达国家现在提出的"碳关税"就是一个信号。如果我国不参与到这个规划制定之中，就可能受新的环境壁垒的制约，削弱中国产品的竞争力，影响我国社会经济的发展和民族的伟大复兴。

由于应对气候变化减少二氧化碳排放是一个全球性的事务，需要国际社会积极努力。但是，这种协同努力目前看是极其困难的，国际上应对气候变化的外交谈判问题比较复杂，各国之间尤其是发展中国家与发达国家之间的博弈经常陷于困境。这是因为世界各国既有不同利益诉求，又有对责任主体认知的差异的原因，各国都企图保障自己的温室气体排放权。正如英国当代著名社会学家安东尼·吉登斯在2009年出版的新书《气候变化的政治》一书中，提出的"吉登斯悖论"那样，大家都在关注气候问题，但真正愿意做出牺牲的人少之又少，这是阻碍气候问题解决的重要原因。比如，2009年哥本哈根会议在经历了曲折后，以大会决定的形式发表《哥本哈根协议》。该文件坚持了《联合国气候变化框架公约》及其《京都议定书》的双轨制，进一步明确了发达国家和发展中国家根据"共同但有区别的责任"原则，分别应当承担的义务和采取的行动，表达了国际社会在应对气候变化长期目标、资金、技术和行动透明度等问题上的共识。这是各方共同努力的成果，得到广泛认可，来之不易，应该得到珍惜。但仍有五个主要问题有待于解决：一是谈判的基础文件，二是减排目标，三是温室气体减排可测算、可报告、可核查，即"三可"问题，四是长期目标，五是资金问题。

我国作为最大的发展中国家，在应对气候变化的国际博弈中要本着"共同

但有区别的责任"原则进行谈判。历史排放是发展中国家无法让步的重要因素。西方国家在工业革命时期造成了大量的温室气体排放，而当时中国等绝大多数发展中国家几乎没有工业基础。这决定了发展中国家不可能以同样的方式承担减排的责任。即使同样发展低碳经济，在一些机制和政策的设计上，我国需要更宽松的国际环境。当然，如果在哥本哈根会议达成发展中国家仍然不承担具体的减排指标的协议，也并不意味发展中国家对遏制气候变化就没有责任和义务。

我国在应对气候变化方面表现了一个负责任的大国形象。可以说，我国是最早制定实施《应对气候变化国家方案》的发展中国家，并且先后制定和修订了节约能源法、可再生能源法、循环经济促进法、清洁生产促进法、森林法、草原法和民用建筑节能条例等一系列法律法规。这在国际社会面前充分展示了中国积极主动发展低碳经济的有效做法。

三、加快我国碳交易市场的建设

碳排放交易是温室气体排放权交易体系的简称，是为应对气候变化，帮助发达国家履约而设计的一种新型的国际贸易机制。碳排放交易实际上就是通过建立一个碳排放交易所，给不同的企业分配碳排放配额，如果企业的配额不够用就到交易所去购买，如果用不完就到交易所卖出，这样，碳排放权像大宗商品一样，变成了一种可以买卖的有价证券。那么，这里就有个最重要的问题：碳排放权如何分配？发达国家已经高碳排放了两三百年，而发展中国家至今很多仍处在较原始的生活方式中，比如，当前美国人均碳排放是中国人均的四倍。这就关系到谁到底为气候变暖负多少责任的问题。因此，对于我国来说，碳排放必须考虑到历史因素与人口因素，换句话说，就是碳排放要以人均作为基准原则，同时碳排放要考虑到历史碳排放量，把未来碳排放权配额多分配给发展中国家，绝不可让步。

碳交易的运行机制目前有两种形式。一种是基于配额的交易，即在政府强制法规的约束下，规定各地区或行业的温室气体排放总量上限，将其按照配额分配给相关的企业或机构，并根据一定的交易规则，通过市场化的交易手段将环境绩效和灵活性结合起来，使得参与者以尽可能低的成本达到规定的排放要求。另一种是基于项目的交易，即通过项目的合作，买方向卖方提供资金或技术支持，获得温室气体减排额度，CDM 就是这种排放机制。[①] 由于发达国家的企业要在本国减排花费的成本很高，而发展中国家平均减排成本较低。因此发达国家提供资金、技术及设备帮助发展中国家或经济转型国家的企业减排，这些减排额度既可以算作这些发达国家的减排量，又可以到碳排放交易所进一步交易，可以实现发达国家和发展中国家双方互利共赢的结果。由于碳市场在整个低碳经济中的引导性地位以及碳金融的巨大潜力和战略意义，许多发达国家正大力筹备本国的碳交易系统，并在悄无声息地谋划着碳交易的游戏规则。

碳排放交易权本质上是发展低碳经济的动力机制和运行机制。低碳经济最终要通过技术进步来减少对化石燃料的依赖，降低温室气体排放水平。但目前大部分减缓和适应气候变化的技术成本高昂，远远低于市场追逐的基本回报率。在技术商业化尚不成熟，而减排压力非常大的情况下，除了政府采用传统的财税政策促进低碳技术的开发和应用之外，还可以采用市场化的机制来引导私人资本投向低碳行业，正成为世界各国极为重视的手段。碳市场从资本的层面入手，通过划分环境容量，对温室气体排放权进行定义，延伸出碳资产这一新型的资本类型。碳交易将金融资本和实体经济联通起来，通过金融资本的力量引导实体经济的发展，因此，碳市场对实体经济的优化升级将起到越来越重要的推动作用。这是虚拟经济与实体经济的有机结合，代表了未来世界经济的发展方向。

我国是发展中国家，属于非附件一国家，没有被《议定书》纳入强制减排计划中，但我国却一直通过清洁发展机制参与碳交易的市场活动。目前，中国在清洁发展机制项目开发方面已领先全球。2008 年，中国清洁发展机制项目产生的核证减排量的成交量已占世界总成交量的 84%。中国的实体经济企业为碳市场创造了众多的减排额，但一个极为重要的问题是，中国创造的核证减排量被发达国家以低廉的价格购买后，通过它们的金融机构的包装、开发成为价格更高的金融产品、衍生产品及担保产品进行交易。这就像中国为发达国家提供众多原材料与初级产品，发达国家再出售给中国高端产品，赚取"剪刀差"的巨大利润。这就表明，利用碳交易市场机制，借助绿色利益驱动，是发展低碳经济的必由之路。因此，我国许多有识之士充分认识到碳交易在未来的低碳经济战略中的重要意义，纷纷提出建立碳交易所的重要性。

当前，摆在我国面前的最棘手的问题在于：一方面，我国已经成为二氧化

---

① 李建建等．中国步入低碳经济时代［J］．广东社会科学，2009（6）．

碳第一大排放国；另一方面，在现有的框架下，许多中小企业以牺牲生态环境为代价追求高额利润的行为并没有得到有效的遏制。面对我国这种特殊的状况，只有设计合理的碳交易运行机制，才能引导低碳经济从政府扶持走向自我驱动。这是因为在市场经济条件下，引领经济主要是由金融资本实现的，碳交易作为一种新兴金融，或称为一种新的经济产权、技术产权，对于发展低碳经济是一个很好的切入点，我们必须充分发挥碳交易的作用。2008 年，我国已建立了北京环境交易所、上海能源环境交易所以及天津排放权交易所。但由于CDM 市场的特点，这些交易所目前还只能从事信息发布的简单功能。而我国的大多数金融机构对低碳经济方面了解很少，对碳排放交易更是知识欠缺。这就使得碳金融在我国的发展远远落后于发达国家，还有大量的工作要做。

然而，碳交易方面还存在一个重要问题：碳排放用什么货币来结算？因为京都议定书主要是由欧洲各国提出来的，在原始设计上碳排放的交易是以欧元为底本，现在碳交易最大的交易所在伦敦，结算货币是英镑。从某种意义上说，一旦碳排放的游戏规则完善，广泛被世界接受，那谁控制碳排放就意味着谁卡死了别人发展的喉咙。作者分析认为，只要在初期发达国家通过交易从欠发达国家买走碳排放权，然后逐渐让发展中国家发展，那么，它们可以通过期货控制未来数十年的碳排放权，这样，它们利用碳排放权就可以永远奴役发展中国家，而自己却可以安心享受发展中国家发展的红利。因此，碳排放权交易我国必须布局，要建立碳排放交易所；同时，加快研究如何将碳排放和人民币捆绑，选择具有代表性的行业进行试点交易，控制碳排放交易价格。总之，全世界碳交易市场正在构建之中，虽然有很多，但都是零星布局，如果我国积极主动，完全有可能在这场国际游戏规则制定的博弈中掌握主动权和话语权。

结语　中华文明将引领生态文明的未来发展

　　面对日益加剧的全球性的生态危机，人们采取了许多措施，取得了令人瞩目的成就。但是，从总的趋势来看，生态环境并没有好转的迹象，在全球范围内还在进一步恶化。为此，我们认为要从根本上克服生态危机，应该从人类文明范式的角度去反思，人类生态危机的根源恰恰来自于工业文明范式的生产方式和生活方式。如果我们不能从文明范式转变的角度采取行动，即树立生态文明的新理念、新范式，那么解决生态危机的做法只能是一种头痛医头、脚痛医脚的表面措施。因此，如何实现人类文明范式的大转型，是关系到人类兴衰存亡的大问题，人类要么在生态文明转型中新生，要么在工业文明的框架中纷争衰亡。

　　回首人类文明发展的历程，人类的每一次文明转型都是在自然的挑战与人类的应战中实现的。自然对人类的挑战表明，它对人类发展的制约并不能真正阻碍人类的进步，而只能对人类发展的特定文明形态进行选择和调整。从1860 年到 20 世纪末的 150 年间，以工业文明为主要内涵的现代化发展模式，使人类面临自然环境的新挑战：能源危机、资源短缺、生态系统破坏和环境污染严重等。这些新问题表明了工业文明的历史局限性，即以人类中心主义、工具理性主义等为核心的现代西方文明发展模式到了必须大转型的时候，它要求人类开辟一种新文明——生态文明。尤其在当代世界经济的发展已经形成了一个密不可分的整体的前提下，这种文明不仅包含人与自然之间的关系的转变，即技术和生产力的转变，同时也包含人与人之间的社会关系的转变。因此，它将彻底改变人类中心主义、民族中心主义的意识与行为，高扬人类与地球相统一的新时空观，高度重视包括人类社会在内的地球生态系统建设与发展，确立人与自然、人与社会的全方位的动态和谐的生态文明观，积极发展相应的生态化生产方式和生活方式，提倡建立一种以协同而非竞争为基础的新经济发展模式。

　　随着生态文明的实践不断深入，人类对生态文明的认识与研究将是一个不断深化的过程，这是因为生态文明具有鲜明的生成性与开放性特点。生态文明作为一种不同于工业文明的新文明而崛起，绝不是对工业文明现存诸要素的一般性组合，而是全球文明基因在新范式建构中的优化新生。由此可见，生态文明是在工业文明诸要素被改造成新文明要素的基础上不断发展的结果。比如，从生产技术的角度看，在工业生产中，最初是开发污染物清除的技术；其后是开发清洁生产技术和废弃物循环利用技术；再往后才开发真正的生态化生产技术，即在生产全过程的每一个阶段都建立起生产与自然再生循环、产品与生态环境之间的良性互动作用，这不仅仅是生产方式的革命，更是世界观、价值观、思维方式等革命，"例如，如果我们没有把生态保护和经济增长统一起来，地球便很难持久地承受庞大的人口压力。如果我们不能超越物质财富达到精神价值的认同，我们的社会结构就会不断受到侵蚀。如果我们不能把专业技术知识与人的全面发展关联起来，未来几代人在获得成熟人性方面将会遇到更大困难"①。因此，生态文明的发展，并与人类社会的物质文明、政治文明与精神文明的协调发展，将实现人的全面发展的新境界。正如有的学者指出，生态文明必将"包含新科学技术革命、新文化艺术革命、新哲学美学革命三大动力系统及其发展模式的转型"②。

人类文明的转型与中华文明的伟大复兴是有机统一的。我们认为，已经走上现代化的发达国家，不容易改变工业文明建构起来的高能耗的生产方式和生活方式，生态文明的转型将会显得非常困难，而作为最大发展中国家的中国，根据当前的国情，如果走西方文明的发展模式，根本不可能实现现代化。因此，在当代中国，只有利用后发优势，吸取西方发达国家的经验教训，转变人类文明发展的范式，才能在文明范式的创新中走向现代化，这是民族复兴和崛起的必然选择。与古希腊文明交相辉映的古代中华文明，有利于促进现代生态文明思想与民众的生态实践自觉地交汇与整合，这是因为中国传统文明中的"太极说"这种哲学性语言，高度概括了宇宙人类的生成与发展。即太极生阴阳、阴阳生万物，由此构成生生不已的天、地、人生命共同体的有机整体自然观，这种生态智慧深刻地认识到自然的整体性、动态性、有序性、全息性等特征。这是几千年来中华民族在人与自然碰撞中所取得的文化精华，当它与马克思主义的生态文明思想中的自然观和实践观有机整合时，同时借鉴西方建设性

① John B. Cobb, Jr., Why Whitehead? [M]. Claremont, CA: P&F Press, 2004: 15.
② 张涵. 从文明范式看人类文明转型与中华文明复兴 [J]. 郑州大学学报（哲学社会科学版），2005（6）：101~107.

后现代文化中的生态文明新思想，从而建构马克思主义中国化的生态文明范式来指导我国的生态文明实践，这不仅仅是一种理论的综合创新，更是当代中国人民面对自然挑战而必须做出的适应时代发展要求的明智选择。

当前，中华民族的伟大复兴运动是伴随着现代化建设与生态文明建设的相辅相成中而实现。也就是说我们要通过生态文明的建设，来引领和实现现代化发展的目标。为此，从我国的国情和发展现状出发，为了加快我国生态文明的建设，我们必须加强相关理论的研究，来满足我国生态文明的发展需要。正如马克思所指出的"理论在一个国家的实现程度，总是决定于理论满足这个国家的需要的程度"①。首先，作者提出了加强生态文明的普及教育，提高全体民众的生态文明意识，树立生态文明的价值观、发展观和道德观等新观念，倡导整体性、多维性、循环性的生态文明思维方式；其次，在树立人与自然和谐发展的生态文明观基础上，提出了要建立生态化生产方式和健康生活方式的经济发展新模式，目的是改变人们对经济发展必然要对环境产生负外部性的旧范式，树立经济发展要与自然物质循环协调的新范式，为生态文明社会奠定经济发展的基础；最后，经济发展方式的转变，必然要和相应的制度和技术相配套，作者又提出了保证生态文明的生产方式和生活方式得以推行的制度建设和技术创新。在制度建设方面，我们要继续推广绿色 GDP 国民经济核算体系，加强规划环评制度，建立绿色税收、环境收费、绿色资本市场、生态补偿、排污权交易市场、绿色贸易、绿色保险等环境经济政策。在科学技术创新方面，我们要求科学技术的发展具有价值取向，要体现人及其社会的多重目的，而不是对单一目的的实现。要加强技术创新的生态化发展力度，满足生态化生产方式的技术需求。这些方面的理论建构，必将有力地促进我国的生态文明建设，同时，随着生态文明实践的深入，也必将有力地促进生态文明的理论进一步发展。

总之，我们深信：通过理论建构和日常实践相统一，中华民族必将有信心、有能力率先点燃生态文明之光，引领人类社会走向美好的未来。

---

① 马克思恩格斯选集·第 1 卷［M］. 北京：人民出版社，1995：11.

参考文献

一、经典著作部分

[1] 马克思恩格斯选集·第 1 卷 [M]. 北京：人民出版社，1995.

[2] 马克思恩格斯选集·第 2 卷 [M]. 北京：人民出版社，1995.

[3] 马克思恩格斯选集·第 3 卷 [M]. 北京：人民出版社，1995.

[4] 马克思恩格斯选集·第 4 卷 [M]. 北京：人民出版社，1995.

[5] 马克思恩格斯全集·第 1 卷 [M]. 北京：人民出版社，1956.

[6] 马克思恩格斯全集·第 3 卷 [M]. 北京：人民出版社，1960.

[7] 马克思恩格斯全集·第 19 卷 [M]. 北京：人民出版社，1963.

[8] 马克思恩格斯全集·第 20 卷 [M]. 北京：人民出版社，1971.

[9] 马克思恩格斯全集·第 23 卷 [M]. 北京：人民出版社，1972.

[10] 马克思恩格斯全集·第 24 卷 [M]. 北京：人民出版社，1972.

[11] 马克思恩格斯全集·第 25 卷 [M]. 北京：人民出版社，1974.

[12] 马克思恩格斯全集·第 31 卷 [M]. 北京：人民出版社，1972.

[13] 马克思恩格斯全集·第 32 卷 [M]. 北京：人民出版社，1974.

[14] 马克思恩格斯全集·第 35 卷 [M]. 北京：人民出版社，1971.

[15] 马克思恩格斯全集·第 42 卷 [M]. 北京：人民出版社，1979.

[16] 马克思恩格斯全集·第 45 卷 [M]. 北京：人民出版社，1985.

[17] 马克思恩格斯全集·第 46 卷（上）[M]. 北京：人民出版社，1979.

[18] 马克思恩格斯全集·第 47 卷 [M]. 北京：人民出版社，1979.

二、国内著作部分

[1] 余谋昌. 生态文化论 [M]. 石家庄：河北教育出版社，2001.

[2] 余谋昌. 生态哲学 [M]. 西安：陕西人民教育出版社，2000.

[3] 钱俊生等. 生态哲学 [M]. 北京：中共中央党校出版社，2004.

[4] 胡筝. 生态文化：生态实践与生态理性交汇处的文化批判 [M]. 北京：中国社会科学出版社，2006.

[5] 余谋昌. 自然价值论 [M]. 西安：陕西人民教育出版社，2003.

[6] 陈其荣. 自然哲学 [M]. 上海：复旦大学出版社，2004.

［7］傅佩荣．傅佩荣解读易经［M］．北京：线装书局，2006，547.

［8］郭艳华．走向绿色文明［M］．北京：中国社会科学出版社，2004.

［9］徐艳梅．生态学马克思主义研究［M］．北京：社会科学文献出版社，2007.

［10］余谋昌．生态伦理学［M］．北京：首都师范大学出版社，1999.

［11］何怀宏．生态伦理——精神资源与哲学基础［M］．河北大学出版社，2002.

［12］高中华．环境问题抉择论——生态文明时代的理性思考［M］．北京：社会科学文献出版社，2004.

［13］蒙培元．人与自然——中国哲学生态观［M］．北京：人民出版社，2004.

［14］李明华等．人在原野——当代生态文明观［M］．广州：广东人民出版社，2003.

［15］陈敏豪．归程何处——生态史观话文明［M］．北京：中国林业出版社，2002.

［16］廖福霖．生态文明建设理论与实践［M］．北京：中国林业出版社，2001.

［17］韩立新．环境价值论［M］．昆明：云南人民出版社，2005.

［18］解保军．马克思自然观的生态哲学意蕴［M］．哈尔滨：黑龙江人民出版社，2002.

［19］吴伟赋．论第三种形而上学——建设性后现代主义哲学研究［M］．上海：学林出版社，2002.

［20］张坤．循环经济的理论与实践［M］．北京：中国环境出版社，2003.

［21］李培超．自然的伦理尊严［M］．南昌：江西人民出版社，2001.

［22］雷毅．深层生态学思想研究［M］．北京：清华大学出版社，2001.

［23］陈昌曙．哲学视野中的可持续发展［M］．北京：中国社会科学出版社，2000.

［24］王进．我们只有一个地球：关于生态问题的哲学［M］．北京：中国青年出版社，1999.

［25］黄鼎成等．人与自然关系导论［M］．武汉：湖北科学技术出版社，1997.

［26］刘宗超．生态文明与中国可持续发展走向［M］．北京：中国科学技术出版社，1997.

［27］冯天瑜．文明的可持续发展之道［M］．北京：人民出版社，1999.

［28］刘湘溶．生态文明论［M］．长沙：湖南教育出版社，1999.

［29］童天湘等．新自然观［M］．北京：中共中央党校出版社，1998.

［30］张坤民．可持续发展论［M］．北京：中国环境科学出版社，1997.

［31］余谋昌．文化新世纪——生态文化的理论阐释［M］．哈尔滨：东北林业大学出版社，1996.

［32］余谋昌．当代社会与环境科学［M］．沈阳：辽宁人民出版社，1986.

［33］赵凯荣．复杂性哲学［M］．北京：中国社会科学出版社，2001.

［34］钟明．横向智慧——系统方法论新论［M］．南京：江苏科学技术出版社，2000.

［35］郇庆治．自然环境价值的发现：现代环境中的马克思、恩格斯自然观的研究［M］．南宁：广西人民出版社，1994.

［36］张掌然．“问题”的哲学研究［M］．北京：人民出版社，2005.

[37] 赵光武．后现代主义哲学述评 [M]．北京：西苑出版社，2000．

[38] 宋元学案（第一册）[M]．北京：中华书局，1980．

[39] 庞元正．全球化背景下的环境与发展 [M]．北京：当代世界出版社，2005．

[40] 江泽民．中国能源问题研究 [M]．上海：上海交通大学出版社，2008．

[41] 魏一鸣等．中国能源报告（2008）：碳排放研究 [M]．北京：科学出版社，2008．

[42] 中国科学院可持续发展战略研究组．2009 中国可持续发展战略报告——探索中国特色的低碳道路 [M]．北京：科学出版社，2009．

[43] 诸大建．中国循环经济与可持续发展 [M]．北京：科学出版社，2007．

[44] 庄贵阳．低碳经济——气候变化背景下中国的发展之路 [M]．北京：气象出版社，2007．

[45] 吕学都等．清洁发展机制在中国 [M]．北京：清华大学出版社，2005．

三、国外著作部分

[1] ［美］莱斯特·布朗．林自新等译．B 模式 2.0：拯救地球，延续生命 [M]．北京：东方出版社，2006．

[2] ［英］克莱夫·庞廷．王毅等译．绿色世界史——环境与伟大文明的衰落 [M]．上海：上海人民出版社，2002．

[3] 世界环境与发展委员会．王之佳等译．我们共同的未来 [M]．长春：吉林人民出版社，1997．

[4] ［美］利奥波德．侯文蕙译．沙乡年鉴 [M]．长春：吉林人民出版社，1997．

[5] ［英］怀特海．杨富斌译．过程与实在——宇宙论研究 [M]．北京：中国城市出版社，2003．

[6] ［法］亨利·柏格森．姜志辉译．创造进化论 [M]．北京：商务印书馆，2004．

[7] ［加］威廉·莱斯．岳长龄等译．自然的控制 [M]．重庆：重庆出版社，1993．

[8] ［加］本·阿格尔．慎之等译．西方马克思主义概论 [M]．北京：中国人民大学出版社，1991．

[9] ［美］莱斯特·布朗．林自新等译．地球不堪重负——水位下降、气温上升时代的食物安全挑战 [M]．北京：东方出版社，2005．

[10] ［美］莱斯特·布朗．林自新等译．生态经济——有利于地球的经济构想 [M]．北京：东方出版社，2002．

[11] ［美］詹姆斯·奥康纳．唐正东等译．自然的理由——生态学马克思主义研究 [M]．南京：南京大学出版社，2003．

[12] ［英］彼得·辛格．孟祥森等译．动物解放 [M]．北京：光明日报出版社，1999．

[13] ［英］汤因比等．苟春生等译．展望二十一世纪——汤因比与池田大作对话录 [M]．北京：国际文化出版公司，1997．

[14] ［美］大卫·格里芬．马季方译．后现代科学——科学魅力的再现 [M]．北京：中央编译出版社，1995．

[15] ［美］大卫·格里芬．王成兵译．后现代精神 [M]．北京：中央编译出版社，1998．

[16] ［美］丹尼斯·米都斯等．李宝恒译．增长的极限——罗马俱乐部关于人类困境的报告 [M]．长春：吉林人民出版社，1997．

［17］［美］赫尔曼·戴利．褚大建等译．超越增长——可持续发展的经济学［M］．上海：
上海译文出版社，2001．

［18］［美］阿尔温·托夫勒．朱志焱等译．第三次浪潮［M］．北京：生活·读书·新知三
联书店，1984．

［19］［英］柯林武德．吴国盛等译．自然的观念［M］．北京：华夏出版社，1998．

［20］［美］霍尔姆斯·罗尔斯顿．刘开等译．哲学走向荒野［M］．长春：吉林人民出版
社，2000．

［21］［美］霍尔姆斯·罗尔斯顿．杨通进译．环境伦理学［M］．北京：中国社会科学出版
社，2000．

［22］［美］R. F. 纳什．杨通进译．大自然的权利［M］．青岛：青岛出版社，1999．

［23］［法］施韦兹．陈泽环译．敬畏生命［M］．上海：上海社会科学出版社，1992．

［24］［德］约阿希姆·拉德卡．王国豫，付天海译．自然与权力——世界环境史［M］．保
定：河北大学出版社，2004．

［25］［美］巴里·康芒纳．侯文蕙译．封闭的循环——自然、人和技术［M］．长春：吉林
人民出版社，1997．

［26］［美］托马斯·库恩．金吾伦等译．科学革命的结构［M］．北京：北京大学出版
社，2003．

［27］［美］塞缪尔·亨廷顿．周琪等译．文明的冲突与世界秩序的重建［M］．北京：新华
出版社，1998．

［28］［美］巴巴拉·沃德等．《国外公害丛书》编委会译．只有一个地球［M］．北京：石
油工业出版社，1981．

［29］［美］唐纳德·沃斯特．侯文蕙译．自然的经济体系——生态思想史［M］．北京：商
务印书馆，1999．

［30］［美］弗·卡特，汤姆·戴尔．庄庬，鱼姗玲译．表土与人类文明［M］．北京：中国
环境科学出版社，1987．

［31］［美］皮特·斯特恩斯等．赵铁峰等译．全球文明史［M］．北京：中华书局，2006．

［32］［美］丹尼尔·A. 科尔曼．梅俊杰译．生态政治［M］．上海：上海译文出版社，2002．

［33］［美］保罗·费耶阿本德．陈健等译．告别理性［M］．南京：江苏人民出版社，2002．

［34］［美］欧文·拉兹洛．钱兆华译．微漪之塘——宇宙进化的新图景［M］．北京：社会
科学文献出版社，2002．

［35］［美］诺曼·迈尔斯．王正平等译．最终的安全：政治稳定的环境基础［M］．上海：
上海译文出版社，2001．

［36］［美］安德鲁·芬伯格．陆俊等译．可选择的现代性［M］．北京：中国社会科学出版
社，2003．

［37］［日］岩佐茂．韩立新等译．环境的思想［M］．北京：中央编译出版社，1997．

［38］［美］亨利·梭罗．徐迟译．瓦尔登湖［M］．长春：吉林人民出版社，1997．

［39］［法］埃德加·莫兰．陈一壮译．复杂思想——自觉的科学［M］．北京：北京大学出版社，2001．

［40］［美］M．盖尔曼．杨建邺等译．夸克与美洲豹［M］．长沙：湖南科学技术出版社，1998．

［41］［美］阿尔·戈尔．陈嘉映等译．濒临失衡的地球［M］．北京：中央编译出版社，1997．

［42］［美］蕾切尔·卡逊．吕瑞兰，李长生译．寂静的春天［M］．长春：吉林人民出版社，1997．

［43］［荷兰］E．舒尔曼．李小兵，谢京生，汪东风等译．科技文明与人类未来——在哲学深层的挑战［M］．北京：东方出版社，1997．

［44］［德］加达默尔．夏镇平等译．哲学解释学［M］．上海：上海译文出版社，1994．

［45］［德］汉斯·萨克塞．文韬等译．生态哲学——自然、技术、社会［M］．北京：东方出版社，1991．

［46］［美］L．劳丹．刘新民译．进步及其问题［M］．北京：华夏出版社，1990．

［47］［美］E．拉兹洛．闵家胤译．进化——广义综合理论［M］．北京：社会科学文献出版社，1988．

［48］［波］维克多·奥辛廷斯基．徐元译．未来启示录：苏美思想家谈未来［M］．上海：上海译文出版社，1988．

［49］［美］里夫金，霍华德．吕明，袁舟译．熵：一种新的世界观［M］．上海：上海译文出版社，1987．

［50］［瑞典］托马斯·思德纳（T. Sterner）．张蔚文，黄祖辉译．环境与自然资源管理的政策工具［M］．上海：上海人民出版社，2005．

四、文章部分

［1］苗东升．文明的转型［J］．湖北师范学院学报（哲学社会科学版），2007（1）．

［2］李红卫．生态文明——人类文明发展的必由之路［J］．社会主义研究，2004（6）．

［3］张孝德等．生态文明与未来世界的发展图景［J］．中国人民大学学报，1998（3）．

［4］曹孟勤．人是与自然界的本质统一［J］．自然辩证法研究，2006（9）．

［5］陈炎．文明与文化［J］．学术月刊，2002（2）．

［6］李良美．生态文明的科学内涵及其理论意义［J］．毛泽东邓小平理论研究，2005（2）．

［7］邱耕田．三个文明协调发展：中国可持续发展的基础［J］．福建论坛（经济社会版），1997（3）．

［8］俞可平．科学发展观与生态文明［J］．马克思主义与现实，2005（4）．

［9］廖才茂．论生态文明的基本特征［J］．当代财经，2004（9）．

［10］潘岳．社会主义生态文明［N］．学习时报，2006-9-27．

［11］傅先庆．略论"生态文明"的理论内涵与实践方向［J］．福建论坛（经济社会版），1997（12）．

［12］廖才茂．生态文明的内涵与理论依据［J］．中共浙江省委党校学报，2004（6）．

［13］杨冬梅．生态文化的哲学蕴涵［J］．襄樊学院学报，2007（4）．

［14］刘仁胜．马克思和恩格斯关于人口与自然、社会和谐发展的基本观点［J］．当代世界与社会主义，2007（3）．

［15］弗朗西斯科·布埃．评福斯特的《马克思生态学》［N］．参考消息，2004-10-13.

［16］孙建平等．论福斯特对马克思生态学说的重新解释［J］．郑州航空工业管理学院学报（社科版）2007（3）．

［17］王雨辰．文化、自然与生态政治哲学概论［J］．国外社会科学，2005（6）．

［18］刘仁胜．生态学马克思主义发展概况［J］．当代世界与社会主义，2006（3）．

［19］李晓．儒家"天人合一"的生态伦理思想［J］．青海师范大学学报（哲学社会科学版），2004（2）．

［20］鄈爱红．佛教的生态伦理思想与可持续发展［J］．齐鲁学刊，2007（3）．

［21］［美］罗尔斯顿．初晓译．尊重生命：禅宗能帮助我们建立一门环境伦理学吗？［J］．哲学译丛，1994（5）．

［22］［美］小约翰·柯布．李义天译．文明与生态文明［J］．马克思主义与现实，2007（6）．

［23］［澳］彼得·辛格．江娅译．所有动物都是平等的［J］．哲学译丛，1994（5）．

［24］杨明等．人类学思维范式下的自然权利［J］．自然辩证法通讯，2006（2）．

［25］张连国．后现代生态世界观的形成及其意义［J］．山东理工大学学报（社会科学版），2004（3）．

［26］于文秀．生态后现代主义：一种崭新的生态世界观［J］．学术月刊，2007（6）．

［27］余谋昌．生态文明：人类文明的新形态［J］．长白学刊，2007（2）．

［28］邹丽芬．论马克思主义生态文明理论与全面建设小康社会的关系［J］．湖北教育学院学报，2006（9）．

［29］庞昌伟．树立生态文明观——中国特色社会主义理论体系的伟大创举［EB/OL］．新华网，2007-10-25.

［30］李清源．生态文明：中国实现可持续发展的必由之路［J］．青海社会科学，2005（5）．

［31］潘岳．生态文明将促进中国特色社会主义的建设［EB/OL］．新华网，2007-10-22.

［32］胡锦涛．在中央人口资源环境工作座谈会上的讲话［N］．光明日报，2004-4-5.

［33］刘福森．自然中心主义生态伦理观的理论困境［J］．中国社会科学，1997（3）．

［34］黄志斌．论人与自然和谐的超循环本质［J］．科学技术与辩证法，2007（4）．

［35］张斌等．人工自然：生态嵌入与经济循环［J］．自然辩证法研究，2006（2）．

［36］蒋京议．论生态政治社会发展观的演进［N］．中国经济时报，2004-4-1.

［37］潘岳．战略环评与可持续发展战略［N］．学习时报，2007-4-9.

［38］潘岳．七项环境经济政策当先行［EB/OL］．新华网，2007-9-9.

［39］赵成等．论科学技术与生态化生产方式的形成［J］．科学技术与辩证法，2007（5）．

[40] 张向前. 试论技术创新生态化 [J]. 郑州经济管理干部学院学报，2006（4）.

[41] 彭福扬等. 论技术创新生态化转向 [J]. 湖南大学学报（社会科学版），2004（11）.

[42] 毛洪建等. 技术创新生态化——人类文明转型之路 [J]. 科技情报开发与经济，2004（12）.

[43] 徐春. 生态文明与价值观转向 [J]. 自然辩证法研究，2004（4）.

[44] 万光侠. 建构科学的生态环境发展价值观 [J]. 山东社会科学，2004（12）.

[45] 徐燕秋等. 构建人与自然和谐发展的生态文明 [J]. 兰州学刊，2006（8）.

[46] 王国聘. 现代生态思维方式的哲学价值 [J]. 南京工业大学学报（社会科学版），2002（1）.

[47] 陈淑芬等. 生态文明——人类文明发展的必然选择 [J]. 山东行政学院山东省经济管理干部学院学报，2005（4）.

[48] 张德昭等. 自然观和价值观的转折与互动 [J]. 自然辩证法研究，2005（5）.

[49] 于海量. 统筹人与自然和谐发展的生态伦理意蕴 [J]. 社会主义研究，2005（6）.

[50] 中国社会科学院邓小平理论和"三个代表"重要思想研究中心. 论生态文明 [N]. 光明日报，2004-4-30.

[51] 张丽. 马克思主义生态文明理论及其当代创新 [J]. 云南师范大学学报，2004（3）.

[52] 李金侠. 马克思主义生态文明观的新发展 [J]. 兰州学刊，2004（1）.

[53] 白雪涛. 马克思生态哲学思想的当代价值 [J]. 南京工业大学学报（社会科学版），2005（4）.

[54] 历玉英. 历史生存论：马克思的新自然观 [J]. 自然辩证法研究，2006（7）.

[55] 张秀芹. 关于马克思生态哲学思想的几个问题 [J]. 青海社会科学，2004（1）.

[56] 徐民华. 论马克思主义生态思想 [J]. 江苏行政学院学报，2006（6）.

[57] 曹志清. 马克思、恩格斯环境哲学思想新探 [J]. 学术论坛，2007（8）.

[58] 黄邦根. 论马克思再生产理论对我国经济可持续发展的指导意义 [J]. 华东经济管理，2007（5）.

[59] 黄炎平等. 论奥康纳的"生态学马克思主义"理论 [J]. 中南大学学报（社会科学版），2006（4）.

[60] 陈食霖. 生态批判与历史唯物主义的重构 [J]. 武汉大学学报（人文科学版），2006（2）.

[61] 王雨辰. 生态辩证法与解放的乌托邦 [J]. 武汉大学学报（人文科学版），2006（2）.

[62] 秦龙等. 西方马克思主义生态危机理论及其启示 [J]. 理论探索，2007（5）.

[63] 杜秀娟. 论福斯特对马克思主义生态观的辩护 [J]. 东北大学学报（社会科学版），2007（4）.

[64] 刘仁胜. 生态马克思主义的生态价值观 [J]. 江汉论坛，2007（7）.

[65] 董西彩. 简论佛教生态观中的和谐思想 [J]. 传承，2007（5）.

[66] 任俊华. 论儒家生态伦理思想的现代价值 [J]. 自然辩证法研究，2006（3）.

［67］ 李映聪 . 荀子的生态伦理思想的当代价值［J］. 自然辩证法研究，2006（8）.

［68］ 邹丽芬 . 儒家和道家的生态伦理思想及其当代意义［J］. 伊犁教育学院学报，2006（3）.

［69］ 王书云等 . 中华传统文化的深生态学机理［J］. 河北理工学院学报（社会科学版），2005（5）.

［70］ 刘少坤 . 生态智慧：道家哲学的现代反思［J］. 佳木斯大学社会科学学报，2005（5）.

［71］ 黄爱宝 . 生态文明与政治文明协调发展的理论意蕴与历史必然［J］. 探索，2006（1）.

［72］ 黄爱宝 . 自然价值与环境伦理［J］. 自然辩证法研究，2002（8）.

［73］ 黄爱宝 . 生态思维与伦理思维的契合方式［J］. 南京社会科学，2003（4）.

［74］ 孙丽 . 现代生态思维：思维方式变革的一种路径选择［J］. 广西社会科学，2005（11）.

［75］ 卢巧玲 . 生态价值观：从传统走向后现代［J］. 社会科学家，2006（7）.

［76］ 盛国军 . 环境伦理学的后现代性、意义及困境［J］. 山东工商学院学报，2005（5）.

［77］ 李军纪 . 人与自然和谐的后现代哲学分析［J］. 中北大学学报（社会科学版），2007（2）.

［78］ 杨丽 . 生态世界观：后现代主义的世界观［J］. 牡丹江教育学院学报，2006（2）.

［79］ 王建明 . 当代西方环境伦理学的后现代向度［J］. 自然辩证法研究，2005（12）.

［80］ 郭明哲等 . 后现代主义语境下的生态哲学［J］. 兰州学刊，2005（5）.

［81］ 李红卫 . 生态文明建设——构建和谐社会的必然要求［J］. 学术论坛，2007（6）.

［82］ 郑玮华等 . 生态文明建设：社会主义和谐社会的基础［J］. 西北工业大学学报（社会科学版），2005（3）.

［83］ 孙美堂 . 环境伦理的三层境界［J］. 自然辩证法研究，2007（6）.

［84］ 黄顺基 . 建设生态文明的战略思考［J］. 教学与研究，2007（11）.

［85］ 张风帆等 . 循环经济的生态哲学意蕴探析［J］. 自然辩证法研究，2006（8）.

［86］ 张思纯等 . 论生态意识、资源忧患与生态经济观［J］. 燕山大学学报（哲学社会科学版），2007（2）.

［87］ 张术环等 . 生态生产力——社会和谐发展的动力［J］. 河北学刊，2005（4）.

［88］ 申曙光 . 生态文明及其理论与现实基础［J］. 北京大学学报（哲学社会科学版），1994（3）.

［89］ 陈少英等 . 论生态文明与绿色精神文明［J］. 江汉学刊，2002（5）.

［90］ 杨通进 . 人类中心论与非人类中心论：分歧、共识与整合［J］. 环境与社会，1999（2）.

［91］ 吴宏政 . 论自然伦理的绝对法则［J］. 自然辩证法研究，2007（11）.

［92］ IPCC. 气候变化 2007：综合报告［R］//政府间气候变化专门委员会第四次评估报告第一、第二和第三工作组的报告［核心撰写组，Pachauri R K，Reisinger A（编辑）］. 日内瓦：IPCC，2007.

［93］ 中华人民共和国 . 中国应对气候变化的政策与行动（白皮书）［R］. 2008（10）.

［94］ 中国环境与发展国际合作委员会 . 中国发展低碳经济途径研究——国合会政策研究报告 2009［R］. 2009.

［95］政府间气候变化专门委员会（IPCC）. 气候变化 2007 综合报告［R］. 政府间气候变化专门委员会出版（中文版），2008.

［96］麦肯锡. 中国的绿色革命：实现能源与环境可持续发展的技术选择［R］. 2009.

［97］李增福等. 低碳城市的实现机制研究［J］. 经济地理，2010（6）.

［98］韩民青. 从人类中心主义到大自然主义［J］. 东岳论丛，2010（6）.

［99］徐匡迪. 转变发展方式，建设低碳经济［J］. 上海大学学报（社会科学版），2010（4）.

［100］杨志等. 低碳经济的由来、现状与运行机制［J］. 学习与探索，2010（2）.

［101］冯之浚等. 低碳经济的若干思考［J］. 中国软科学，2009（12）.

［102］李建建等. 中国步入低碳经济时代［J］. 广东社会科学，2009（6）.

［103］戴亦欣. 中国低碳城市发展的必要性和治理模式分析［J］. 中国人口资源与环境，2009（3）.

［104］刘传江等. 低碳经济对武汉城市圈建设"两型社会"的启示［J］. 中国人口资源与环境，2009，（19）.

［105］谢来辉. 碳锁定、"解锁"与低碳经济之路［J］. 开放导报，2009（5）.

［106］杨志等. 低碳经济、绿色经济、循环经济之辨析［J］. 广东社会科学，2009（6）.

［107］郭万达等. 低碳经济：未来四十年我国面临的机遇与挑战［J］. 开放导报，2009（4）.

［108］宋德勇等. 我国发展低碳经济的政策工具创新［J］. 华中科技大学（社会科学版），2009（3）.

［109］王文军. 低碳经济：国外的经验启示与中国的发展［J］. 西北农林科技大学学报（社会科学版），2009（6）.

［110］雷明. 应对碳关税的战略和对策［J］. 环境保护与循环经济，2009（8）.

［111］张君. 碳关税是一种新型的贸易保护形式［J］. 中国经贸，2009（8）.

［112］任力. 国外发展低碳经济的政策及启示［J］. 发展研究，2009（2）.

［113］毕军. 后危机时代我国低碳城市的建设路径［J］. 南京社会科学，2009（1）.

［114］李俊峰等. 低碳经济是规制世界发展格局的新规则［J］. 世界环境，2008（2）.

［115］辛章平等. 低碳经济与低碳城市［J］. 城市发展研究，2008（4）.

［116］夏堃堡. 发展低碳经济，实现城市可持续发展［J］. 环境保护，2008（2）.

［117］付允等. 低碳城市的发展路径研究［J］. 科学对社会的影响，2008（2）.

［118］张坤民. 低碳世界的中国：地位、挑战与战略［J］. 中国人口资源环境，2008（3）.

［119］苏瑾等. 低碳经济的成长［J］. 世界环境，2007（4）.

［120］姚良军等. 意大利的低碳经济发展政策［J］. 中国科技产业，2007（11）.

［121］如明. 发达国家温室气体减排策略［J］. 中国科技投资，2006（7）.

［122］庄贵阳. 中国经济低碳发展的途径与潜力分析［J］. 国际技术经济研究，2005（3）.

五、外文部分

［1］William H. Murdy. Anthropocentrism：A Modern Version，Science，Vol. 187.

［2］Pojman，Louis P.（ed）.Environmental Ethics，Readings in Theory and Application ［M］. Boston：Jones and Bartlett Publishers，Inc.

［3］P. W. Taylor. Respect for nature ［M］. Princeton University Press，1986.

［4］Holmes Rolston Ⅲ，Environmental Ethics：Duties to and Value in the Nature World ［M］. Philadelphia：Temple University Press，1988.

［5］Holmes Rolston Ⅲ，Value in Nature and the Nature of Value ［M］. Cambridge：Cambridge University Press，1994.

［6］John Bellamy Foster. Ecology against capitalism ［M］. New York：Monthly Review Press，2002.

［7］John Bellamy Foster. Marx's ecology：materialism and nature ［M］. New York：Monthly Review Press，2000.

［8］Mickibben Bill. The end of nature ［M］. New York：Random House，1989. 48.

［9］John B. Cobb，Jr.，Why Whitehead? ［M］. Claremont，CA：P&F Press，2004.

［10］A. Hurrell. Internationl Political Theory and the Global Environment. in Ken Booth and Steve Smith，eds. International Relations Theory Today. The Pennsy Lvnia State University Press，1995.

［11］J. G. Roederer. Information and its role in nature ［M］. Springer Berlin Heidelberg New York，2005.

［12］John Passmore. Man's Responsibility for Nature ［M］. New York：Ecological Problems and Western Traditions，1974.

［13］John Bellamy Foster. Organizing Ecological Revolution ［J］. monthly Review：An Independent Socialist Magazine，Oct2005，Vol. 57 Issue 5.

［14］Diamond，Jared. The Ends of the World as We Know Them ［N］. New York Times，1 January 2005.

［15］W. H. Murdy. Anthropocentrism：A Modern View ［J］. Environmental Ethics：Divergence and Convergence ［C］. Susan J. Armstrong，Richard G. Botzler，Eds.，New York：Mcgraw-hill Inc.，1993. 302～309.

［16］UK Government Energy White Paper，Our Energy Future：Creating a Low Carbon Economy ［R］. 2003.

［17］Stern Nicolas. The Economics of Climate Change：The Stern Review ［M］. Cambridge：Cambridge University Press，2006.

［18］Streets D G，Jiang K J，Hu X L，Sinton J E，Zhang X Q，Xu D Y，Jacobson M Z，Hansen J E，Recent Reductions in China's Greenhouse Gas Emissions ［J］. Science 2001，294：1835—1837.

［19］CD IAC. National CO_2 Emissions from Fossil-Fuel Burning，Cement Manufacture，and

Gas Flaring: 1751—2005 [R]. Carbon Dioxide Information Analysis Center, 2006.

[20] EIA. Energy Information Administration, International Energy Annual, 2006&International Energy Outlook [R]. 2007.

[21] David W Pearce, R Kerry Turner. Economics of Natural Resources and the Environment [M]. London: Harvester Wheatsheaf, 1990.

[22] Baumol W J, W E Oates. The Theory of Environmental Policy [M]. Cambridge UK: Cambridge University Press, 1988.